建设工程质量监督与安全管理研究

宋 磊 王金亮 钱小平 著

東北林業大學出版社
Northeast Forestry University Press
·哈尔滨·

图书在版编目（CIP）数据

建设工程质量监督与安全管理研究 / 宋磊，王金亮，钱小平著. —哈尔滨：东北林业大学出版社，2023.6

ISBN 978-7-5674-3169-0

Ⅰ. ①建… Ⅱ. ①宋… ②王… ③钱… Ⅲ. ①建筑工程－工程质量监督 Ⅳ. ①TU712

中国国家版本馆CIP数据核字（2023）第102142号

责任编辑：任兴华
封面设计：鲁 伟
出版发行：东北林业大学出版社
（哈尔滨市香坊区哈平六道街 6 号 邮编：150040）
印 装：廊坊市广阳区九洲印刷厂
开 本：787 mm × 1 092 mm 1/16
印 张：17.75
字 数：290千字
版 次：2023年 6 月第 1 版
印 次：2023年 6 月第 1 次印刷
书 号：ISBN 978-7-5674-3169-0
定 价：68.00元

前　言

建筑工程施工与质量安全监督对企业的发展具有至关重要的作用，随着经济全球化的趋势愈演愈烈，世界市场的竞争性逐渐增强，建筑企业也面对着更加强烈的竞争环境，而企业想要在竞争中脱颖而出，必须提升建设质量和效率，建设质量的高低将会对企业产生巨大的影响。

目前，我国正处在工业化加快发展时期，社会生产规模急剧扩大，城市建设大规模进行，建筑业在继工业、农业、贸易之后成为第四大支柱产业的同时，安全事故也成为仅次于交通、矿山事故而处于第三位。同样，工程项目的质量是工程项目建设的核心，是决定工程项目建设成败的关键，抓住质量和安全，生产建设就能顺利进行，就能获得良好的社会效益、经济效益和环境效益。因此，施工项目在质量管理的同时必须重视安全管理。

本书对建设工程质量监督与安全管理进行了研究和论述，内容包括建设工程质量监督管理概论、责任主体和有关机构质量行为监督、工程验收、工程质量监督报告及档案管理、土建工程质量监督、建筑安全生产管理、安全文化。

作者力图为工程建设行业从业人员提供一本有理论价值与实用价值的参考书。限于作者水平和经验，本书不足之处在所难免，希望读者批评指正。

作　者

2023 年 6 月

目　录

第一章　建设工程质量监督管理概论

第一节　相关概念

一、质量监督

（一）质量监督概念

质量监督是指根据国家法律、法规规定，对产品、工程、服务质量和企业保证质量所具备的条件进行监督检查的活动。

（二）质量监督的方针和工作原则

质量监督作为管理职能之一，其方针原则既要符合客观规律的要求，又要体现管理目标、计划。

1. 质量监督方针

质量监督方针是指质量监督活动的宗旨。主要有以下三条：

（1）为经济建设服务的方针。

（2）坚持公正科学监督的方针。

（3）坚持以规范、标准为依据，公正执法，站在维护国家、人民利益的立场，第三方公正的立场。

2. 质量监督工作的原则

（1）统一管理与分级分工管理相结合的原则。

（2）对生产、施工和流通领域的产（商）品质量监督一齐抓的原则。

（3）突出重点、宽严适度的监督原则。

（4）质量监督检查后，要及时进行处理。

（三）质量监督的职能和作用

1. 质量监督职能

（1）预防职能。提前排除问题和潜在的危险，并弄清原因，采取措施，防止实现质量目标过程中出现大的失误。

（2）补充职能。排除产生质量缺陷的因素和弥补其后果。

（3）完善职能。发现和利用提高质量的现有潜力，对不断完善整个社会经济活动做出积极的贡献。

（4）参与解决职能。指导企业的生产检验工作，协助群众或社团参与质量监督活动，促进产品质量和企业管理水平的提高。

（5）评价职能。证实和评估取得的质量成果和存在的问题，以便给予奖惩或仲裁。

（6）情报职能。向决策部门提供制定决策所需要的质量信息。

（7）教育职能。宣传社会主义经济工作方针、原则和质量目标要求，提高全民的质量意识，推广正面的经验和吸取反面的教训。

2. 质量监督工作主要作用

（1）在经济活动中采取有力手段，对忽视质量、粗制滥造、以次充好，甚至弄虚作假、欺骗用户，损害消费者和国家利益的现象进行揭露曝光。质量监督就是发现和纠正这些危害质量的做法。

（2）是保证实现国民经济计划质量目标的重要措施。

（3）发展进出口贸易，提高我国出口产品质量，以提高我国产品在国际上的竞争能力；同时限制低劣商品进口，保障我国的经济权益。

（4）是维护消费者利益和保障人民权益的需要。

（5）是贯彻质量法规和技术标准，建立社会主义商品经济秩序的重要保证。

（6）是促进企业提高素质健全质量体系的重要条件。

（7）是经济信息的重要渠道，是客观可信的质量信息源；发现技术标准本身的缺陷和不足，为修订标准和制定新标准以及改进标准化工作提供依据。

二、建设工程质量监督

（一）建设工程质量监督管理概念

工程质量监督管理是指主管部门依据有关法律法规和工程建设强制性标准，对工程实体质量和工程建设、勘察、设计、施工、监理单位（以下简称工程质量责任主体）和质量检测等单位的工程质量行为实施监督。

县级以上地方人民政府建设主管部门负责本行政区域内工程质量监督管理工作，具体工作可以由县级以上地方人民政府建设主管部门委托所属的工程质量监督机构实施。

（二）建设工程质量监督制度

近些年来，我国的建设工程质量监督事业快速发展，取得了显著成绩。一是构建了一套具有相对完备的多层级的建筑施工项目的法律规范；健全了以《中华人民共和国建筑法》《建设工程质量管理条例》《建设工程勘察设计管理条例》为主要规章，以勘察质量管理、施工图审查、竣工验收备案、质量检验、质量保证等为主要内容的规范文件，形成了一套完整的质量管理体制。二是有一支机构健全、结构合理的建筑施工监理团队。三是健全了全面、科学、公正的项目管理制度。除了农户自建的低层住房和临时建筑之外，大多数定额以上的建设工程都被列入了常规的工程质量监督的范畴之中。监管的方式也从最初的眼看、手摸，发展到了如今的各种现代化仪器，信息化技术得到了广泛的运用。备案制、质量巡查等多种监管模式的实行和推广，使监管工作更加公正高效。

国务院2000年出台的《建设工程质量管理条例》，明确规定国家实行建设工程质量监督管理制度，从行政法规层面确立了质量监督工作的法律地位。2003年，建设部发布了《工程质量监督工作导则》，但该文件作为规范性文件，法律层级较低，指导性和约束力不足，已不能完全适应工作实践中面临的新形势和新问题，无法为质量监督工作提供有力的法律支撑。为进一步强化工程质量监督的法律地位和执法属性，必须改进监督方式方法，加强监督队伍建设，提高监督工作效能。住房和城乡建设部第5号令《房屋建筑和市政基础设施工程质量监督管理规定》（以下简称《规定》）2010年8月1日颁布，并于

2010 年 9 月 1 日起正式施行，《工程质量监督工作导则》（建质〔2003〕162 号，以下简称《导则》）同时废止。

《导则》虽然已经废止，但其中有关质量控制点设置，监督抽查重点内容、监督检测主要项目等技术要求对我们的监督工作仍有重要指导意义。因此，本书仍引用了《导则》中的若干技术要求，以提高具体监督工作的可操作性。

三、施工质量管理和质量控制的基础知识

（一）掌握施工质量管理和质量控制的概念和特点

1. 施工质量管理和质量控制的基本概念

（1）质量的关注点是一组固有特性，而不是赋予的特性。

（2）质量的要求是动态的、发展的和相对的。

（3）质量特性主要体现在由施工形式的建筑工程的适用性、安全性、耐久性、可靠性、经济性及与环境的协调性六个方面。

（4）质量管理的定义是：在质量方面指挥和控制组织协调的活动。

（5）与质量有关的活动，通常包括质量方针和质量目标的建立、质量策划、质量控制、质量保证和质量改进等。

2. 施工质量控制的特点

（1）工程项目的工程特点和施工生产的特点：

①施工的一次性；

②工程的固定性和施工生产的流动性；

③产品的单件性；

④工程体量庞大；

⑤生产的预约性。

（2）施工质量控制的特点：

①控制因素多；

②控制难度大；

③过程控制要求高；

④终检局限大。

（二）掌握施工质量的影响因素

（1）施工质量的影响因素主要有“人、材料、机械、方法及环境”五大方面。

（2）施工方法包括施工技术方案、施工工艺、工法和施工技术措施等。

（3）环境的因素主要包括现场自然环境因素、施工质量管理环境因素和施工作业环境因素。

四、施工质量管理体系的建立和运行

（一）掌握施工质量保证体系的建立和运行

1. 质量保证体系的概念

质量保证体系是企业内部的一种管理手段，在合同环境中，质量保证体系是施工单位取得建设单位信任的手段。

2. 施工质量保证体系的内容

（1）项目施工质量目标。

（2）项目施工质量计划。

（3）思想保证体系。

（4）组织保证体系。

（5）工作保证体系。主要明确工作任务和建立工作制度，要落实在以下三个阶段：

①施工准备阶段的质量控制；

②施工阶段的质量控制；

③竣工验收阶段的质量控制。

3. 施工质量保证体系的运行

施工质量保证体系的运行：计划（plan），实施（do），检查（check），处理（action）。

（二）了解施工企业质量管理体系的建立和运行

1. 质量管理原则

我国的 GB/T 19001—2016《质量管理体系要求》中，质量管理原则包括八个方面。

原则一：以顾客为关注焦点，组织依存于顾客。因此，组织应当理解顾客当前和未来的需求，满足顾客要求并争取超越顾客期望。

原则二：领导作用。领导者建立组织统一的宗旨及方向，他们应当创造并保持使员工能充分参与实现组织目标的内部环境。

原则三：全员参与的原则。各级人员是组织之本，只有他们的充分参与，才能使他们的才干为组织带来收益。

原则四：过程方法。将活动和相关资源作为过程进行管理，可以更高效地得到期望的结果。

原则五：管理的系统方法。将相互关联的过程作为系统加以识别、理解和管理，有助于组织提高实现目标的有效性和效率。

原则六：持续改进整体业绩是组织的一个永恒目标。

原则七：基于事实的决策方法。有效的决策应建立在数据和信息分析的基础上。

原则八：与供方互利的关系。组织与供方建立相互依存、互利的关系可增强双方创造价值的能力。

2. 施工企业质量管理体系文件的构成

（1）GB/T 19001—2016《质量管理体系要求》明确要求，企业应有完整的和科学的质量体系文件，这是企业开展质量管理和质量保证的基础，也是企业为达到所要求的产品质量，实施质量体系审核、质量体系认证，进行质量改进的重要依据。

（2）质量管理体系的文件主要由质量手册、程序文件、质量计划和质量记录等构成。

（3）施工企业质量管理体系的建立与运行。质量管理体系的建立和运行一般可分为三个阶段，即质量管理体系的建立、质量管理体系文件的编制和质量管理体系的实施运行。

（4）质量管理体系的认证与监督。

①质量管理体系认证的程序，由具有公正的第三方认证机构进行认证。

②获准认证后的监督管理，企业获准认证的有效期为三年。企业获准认证后，应经常性地进行内部审核，保持质量管理体系的有效性，并每年一次接受

认证机构对企业质量管理体系实施的监督管理。获准认证后监督管理工作的主要内容有企业通报、监督检查、认证注销、认证暂停、认证撤销、复评及重新换证等。

五、施工质量控制的内容和方法

（一）掌握施工质量控制的基本内容和方法

1. 施工质量控制的基本环节

在施工质量控制应贯彻全面全过程质量管理的思想，运用动态控制原理进行质量的事前控制、事中控制和事后控制。

2. 施工质量控制的依据

（1）共同性依据，指适用于施工阶段，且与质量管理有关的通用的、具有普遍指导意义和必须遵守的基本条件。主要包括：工程建设合同；设计文件、设计交底及图纸会审记录、设计修改和技术变更等；国家和政府有关部门颁布的与质量管理有关的法律和法规性文件，如《中华人民共和国建筑法》《中华人民共和国招标投标法》《建设工程质量管理条例》等。

（2）专门技术法规性依据，指针对不同的行业、不同质量控制对象指定的专门技术法规文件，包括规范、规程、标准、规定等。

3. 施工质量控制的基本内容和方法

（1）现场质量检查的内容包括：

①开工前的检查；

②工序交接检查；

③隐蔽工程的检查；

④停工后复工的检查；

⑤分项、分部工程完工后的检查；

⑥成品保护的检查。

（2）现场质量检查的方法主要有：

①目测法，其手段可概括为“看、摸、敲、照”四个字；

②实测法，其手段可概括为“靠、量、吊、套”四个字；

③试验法，主要包括理化试验、无损试验。

（二）掌握施工准备的质量控制

1. 施工质量控制的准备工作

（1）工程项目划分，就是要把整个工程逐级划分为：

①单位工程；

②分部工程；

③分项工程和检验批。

（2）单位工程的划分应按下列原则确定：

①具备独立施工条件并能形成独立使用功能的建筑物或构筑物为一个单位工程；

②建筑规模较大的单位工程，可将其能形成独立使用功能的部分划为若干个子单位工程。

（3）分部工程的划分应按下列原则确定：

①分部工程的划分应按专业性质、建筑部位确定；

②当分部工程较大或较复杂时，可按材料种类、施工特点、施工程序、专业系统及类别等划分为若干子分部工程；

③分项工程应按主要工种、材料、施工工艺、设备类别等进行划分；

④分项工程可由一个或若干个检验批组成，检验批可根据施工及质量控制和专业验收需要按楼层、施工段、变形缝等进行划分；

⑤室外工程可根据专业类别和工程规模划分单位工程。一般室外单位工程可划分为室外建筑环境工程和室外安装工程。

2. 现场施工准备的质量控制

现场施工准备的质量控制：工程定位和标高基准的控制，施工平面布置的控制。

3. 材料的质量控制

施工单位应从以下几个方面把好原材料的质量控制关。

（1）采购订货关

①材料供货商对下列材料必须提供《生产许可证》：钢筋混凝土用热轧带肋钢筋、冷轧带肋钢筋、预应力混凝土用钢材、建筑防水卷材、水泥、建筑外窗、建筑幕墙、建筑钢管脚手架扣件、人造板、铜及铜合金管材、混凝土输水管、

电力电缆等材料产品。

②材料供货商对下列材料必须提供《建材备案证明》：水泥、商品混凝土、商品砂浆、混凝土掺和料、混凝土外加剂、烧结砖、砌块、建筑用砂、建筑用石、排水管、给水管、电工套管、防水涂料、建筑门窗、建筑涂料、饰面石材、木质板材、沥青混凝土、三渣混合料等材料产品。

③材料供货商要对外墙外保温、外墙内保温材料实施建筑节能材料备案登记。

④材料供货商要对下列产品实施强制性产品认证（简称 3C 认证）：建筑安全玻璃（包括钢化玻璃、夹层玻璃、安全中空玻璃）、瓷质砖、混凝土防冻剂、溶剂型木器涂料、电线电缆、断路器、漏电保护器、低压成套开关设备等产品。

⑤除上述材料或产品外，材料供货商对其他材料或产品必须提供出厂合格证或质量证明书。

（2）进场检验关

①做好进货接收时的联检工作。在材料、半成品及加工订货进场时，项目材料室负责组织质检员、材料员参加的联合检查验收。检查内容包括产品的规格、型号、数量、外观质量、产品出厂合格证、准用证以及其他应随产品交付的技术资料是否符合要求。材料室负责填写《材料进场检验》表格，相关人员签字。

②做好材料进场复试工作。对于钢材、水泥、砂石料、砼、防水材料等需复试的产品，由项目试验员严格按规定进行，对原材料进行取样，送实验室试验。同时，做好监理参加的见证取样工作，材料复试合格后方可使用。专业工程师对材料的抽样复试工作进行检查监督。

③对于设备的进场验证，由项目各专业技术负责人主持。专业工程师进行设备的检查和调试，并填写相关记录。

④在进行材料、设备的检验工作完成后，相关的内业工作（产品合格证、试验报告、准用证等按要求归档的材质证明文件的收集、整理、归档）应及时做到位。

⑤在检验过程中发现的不合格材料，双倍复检后不合格的应做退货处理，并进行记录，按“外部进入不合格品”进行处置，报项目技术负责人审批。如可进行降级使用或改做其他用途，由项目技术负责人签署处理意见。

⑥材料、设备进场检验时严格按有关验收规范执行，检验合格后方可使用。出现问题扣发当事人当月奖金，并追究其责任。

⑦材料、设备进场检验要做到100%，发现一次未经检验进场或未留下检验记录，分别给予当事人适当罚款。

⑧材料室做好材料的品种、数量清点，进货检验后要全部入库，及时点验，库管员要做好发放记录。

4. 施工机械设备的质量控制

质量控制主要从机械设备的选型、主要性能参数指标的确定和使用操作要求等方面进行。

（三）掌握施工过程的质量控制

1. 技术交底

做好技术交底是保证施工质量的重要措施之一。项目开工前应由项目技术负责人向承担施工的负责人或分包人进行书面技术交底。

2. 计量控制

（1）计量控制是保证工程项目质量的重要手段和方法，是施工项目开展质量管理的一项重要基础工作。

（2）计量控制主要任务是统一计量单位制度，组织量值传递，保证量值统一。

3. 工序施工质量控制

（1）对施工过程的质量控制，必须以工序质量控制为基础和核心。因此，工序的质量控制是施工阶段质量控制的重点。

（2）工序施工质量控制主要包括：

①工序施工条件质量控制，就是控制工序活动的各种投入要素和环境条件质量；

②工序施工效果质量控制，主要反映工序产品的质量特征和特性指标。

4. 特殊过程的质量控制

（1）特殊过程的质量控制是施工阶段质量控制的重点。

（2）质量控制点的选择应以那些保证质量的难度大、对质量影响大或是发生质量问题时危害大的对象进行设置。

5. 成品保护的控制

成品保护的措施一般有防护、包裹、封闭等几种方法。

（四）掌握工程施工质量验收的规定与方法

工程施工质量验收是施工质量控制的重要环节，也是保证工程施工质量的重要手段，它包括施工过程的工程质量验收和施工项目竣工质量验收两个方面。

1. 施工过程的工程质量验收

（1）检验批质量验收合格应符合下列规定。

①主控项目和一般项目的质量经抽样检验合格；

②具有完整的施工操作依据、质量检查记录。

（2）分项工程质量验收合格应符合下列规定。

①分项工程所含的检验批均应符合合格质量的规定；

②分项工程所含的检验批的质量验收记录应完整。

（3）分项工程的验收在检验批的基础上进行。

（4）分部工程所含分项工程的质量均应验收合格。

（5）涉及安全和使用功能的地基基础、主体结构及有关安全及重要使用功能的安装分部工程应进行有关见证取样送样试验或抽样检测。

（6）单位工程所含分部工程的质量均应验收合格。

（7）当建筑工程质量不符合要求时，应按下列规定进行处理：

①经返工重做或更换器具，设备的检验批，应重新进行验收；

②经有资质的检测单位检测鉴定能够达到设计要求的检验批，应予以验收；

③经有资质的检测单位检测鉴定达不到设计要求，但经原设计单位核算认可能够满足结构安全和使用功能的检验批，可予以验收；

④经返修或加固处理的分项、分部工程，虽然改变外形尺寸但仍然满足安全使用要求，可按技术处理方案和协商文件进行验收。

（8）通过返修或加固处理仍不能满足安全使用要求的分部工程、单位工程，严禁验收。

2. 施工项目竣工质量验收

（1）施工项目竣工质量验收是施工质量控制的最后一个环节，是对施工过程质量控制成果的全面检验。

（2）施工项目竣工质量验收的要求。

①建筑工程施工质量应符合《建筑工程施工质量验收统一标准》和相关专业验收规范的规定；

②建筑工程施工应符合工程勘察、设计文件的要求；

③参加工程施工质量验收的各方人员应具备规定的资格；

④工程质量的验收均应在施工单位自行检查评定的基础上进行；

⑤隐蔽工程在隐蔽前由施工单位通知有关单位进行验收，并应形成验收文件；

⑥涉及结构安全的试块、试件以及有关材料，应按规定进行见证取样检测；

⑦检验批的质量应按主控项目和一般项目验收；

⑧对涉及结构安全和使用功能的重要分部工程应进行抽样检测；

⑨承担见证取样检测有关结构安全检测的单位应具有相应资质；

⑩工程的观感质量应由验收人员通过现场检查，并应共同确认。

（3）工程项目竣工验收工作，通常可分为三个阶段，即准备阶段、初步阶段和正式验收。

六、施工质量事故处理

（一）掌握工程质量事故分类

1. 工程质量事故的概念

（1）质量不合格，GB/T 19001—2016《质量管理体系要求》规定，凡工程产品没有满足某个规定的要求，就称之为质量不合格；而没有满足某个预期使用要求或合理的期望（包括安全性方面）要求，称之为质量缺陷。

（2）质量问题，凡是工程质量不合格，必须进行返修、加固或报废处理，由此造成直接经济损失低于 5 000 元的称为质量问题。

（3）质量事故，凡是工程质量不合格，必须进行返修、加固或报废处理，由此造成直接经济损失在 5 000 元（含 5 000 元）以上的称之为质量事故。

2. 工程质量事故的分类

（1）按事故造成损失严重程度划分：

①一般质量事故，指经济损失在 5 000 元（含 5 000 元）以上，不满 5 万元的；

或影响使用功能与工程结构安全，造成永久质量缺陷的。

②严重质量事故，指直接经济损失在 5 万元（含 5 万元）以上，不满 10 万元的；或严重影响使用功能与工程结构安全，存在重大质量隐患的；或事故性质恶劣或造成 2 人以下重伤的。

③重大质量事故，指工程倒塌或报废；或由于质量事故，造成人员死亡或重伤 3 人以上；或直接经济损失 10 万元以上。

④特别重大事故，凡具备国务院发布的《特别重大事故调查程序暂行规定》所列发生一次死亡 30 人及以上，或直接经济损失达 500 万元及以上，或其他性质特别严重的情况之一均属特别重大事故。

（2）按事故责任分类：

①指导责任事故，指由于工程实施指导或领导失误而造成的质量事故；

②操作责任事故，指在施工过程中，由于施工操作者不按规程和标准实施操作而造成的质量事故。

（3）按质量事故产生的原因分类：

①技术原因引发的质量事故，如结构设计计算错误，地质情况估计错误，采用了不适宜的施工方法或施工工艺等；

②制度不严密，质量控制不严格，质量管理措施落实不力，检测仪器设备管理不善而失准，材料检验不严等原因引起的质量事故；

③社会、经济原因引发的质量事故，如某些施工企业盲目追求利润而不顾工程质量；在投标报价中随意压低标价，中标后则依靠违法手段修改方案追加工程款或偷工减料等。

（二）掌握施工质量事故处理方法

1. 施工质量事故处理的依据

（1）质量事故的实况资料；

（2）有关合同及合同文件；

（3）有关技术文件和档案；

（4）相关的建设法规。

2. 施工质量事故的处理程序

（1）事故调查；

（2）事故的原因分析；

（3）制定事故处理的方案；

（4）施工处理；

（5）施工处理的检查验收。

3. 施工质量事故处理的基本要求

（1）质量事故的处理应达到安全可靠、不留隐患，满足生产和使用要求、施工方便、经济合理的目的；

（2）重视消除造成事故的原因，注意综合治理；

（3）正确确定处理的范围和正确选择处理的时间和方法；

（4）加强事故处理的检查验收工作，认真复查事故处理的实际情况；

（5）确保事故处理期间的安全。

4. 施工质量事故处理的基本方法

（1）修补处理；

（2）加固处理主要是针对危及承载力的质量缺陷的处理；

（3）返工处理，当工程质量缺陷经过修补处理后仍不能满足规定的质量标准要求，或不具备补救可能性则必须采取返工处理；

（4）限期使用，当工程质量缺陷按修补方法处理后无法保证达到规定的使用要求和安全要求，而又无法返工处理的情况下，不得已时可做出诸如结构卸荷或减荷以及限制使用的决定；

（5）不做处理，不影响结构安全、生产工艺和使用要求的。后道工序可以弥补的质量缺陷，法定检测单位鉴定合格的，出现的质量缺陷，经检测鉴定达不到设计要求，但经原设计单位核算，仍能满足结构安全和使用功能的；

（6）报废处理。

七、施工质量的政府监督

（一）熟悉施工质量政府监督的职能

1. 监督管理部门职能的划分

（1）国务院建设行政主管部门对全国的建设工程质量实施统一监督管理；

（2）县级以上地方人民政府建设行政主管部门对本行政区域内的建设工

程质量实施监督管理。

2. 监督管理的基本原则

（1）监督的主要目的是保证建设工程使用安全和环境质量；

（2）监督的基本依据是法律、法规和工程建设强制性标准；

（3）监督的主要方式是政府认可的第三方即质量监督机构的强制性监督；

（4）监督的主要内容是地基基础、主体结构、环境质量和与此相关的工程建设各方主体的质量行为；

（5）监督的主要手段是施工许可制度和竣工验收备案制度。

3. 政府质量监督的职能

政府对建设工程质量监督的职能主要包括以下几个方面：

（1）监督检查施工现场工程建设参与各方主体的质量行为；

（2）监督检查工程实体的施工质量；

（3）监督工程质量验收。

（二）熟悉施工质量政府监督的实施

1. 受理建设单位对工程质量监督的申报

建设单位凭工程质量监督文件，向建设行政主管部门申领施工许可证。

2. 开工前的质量监督；

在工程项目开工前，监督机构首先在施工现场召开由参与工程建设各方代表参加的监督会议，公布监督方案，提出监督要求，并进行第一次监督检查工作。

3. 施工过程的质量监督

监督机构按照监督方案对工程项目全过程施工的情况进行不定期检查，检查的内容主要是：参与工程建设各方的质量行为及质量责任制的履行情况、工程实体质量和质量控制资料的完成情况，其中对基础和主体结构阶段的施工应每月安排监督检查。

4. 竣工阶段的质量监督

编制单位工程质量监督报告，在竣工验收之日起 5 天内提交到竣工验收备案部门。

第二节　工程质量监督机构

建设工程质量监督机构（以下简称监督机构）是指受县级以上地方人民政府建设主管部门或有关部门委托，经省级人民政府建设主管部门或国务院有关部门考核认定，依据国家法律、法规和工程建设强制性标准，对工程建设实施过程中各参建责任主体和有关单位的质量行为及工程实体质量进行监督管理的具有独立法人资格的单位。监督机构经考核合格后，方可依法对工程实施质量监督，并对工程质量监督承担监督责任。

一、监督机构应当具备下列条件

（1）具有符合《房屋建筑工程和市政基础设施工程质量监督管理规定》第十三条规定的监督人员。人员数量由县级以上地方人民政府建设主管部门根据实际需要确定。监督人员应当占监督机构总人数的75%以上。

（2）有固定的工作场所和满足工程质量监督检查工作需要的仪器、设备和工具等。

（3）有健全的质量监督工作制度，具备与质量监督工作相适应的信息化管理条件。

二、主要工作内容

工工程质量监督管理应当包括下列内容。

1. 执行法律法规和工程建设强制性标准的情况

（1）对工程质量责任主体及质量检测单位执行有关法律法规和工程建设强制性标准的情况进行监督检查；

（2）对工程项目采用的材料、设备是否符合强制性标准的规定实施监督检查；

（3）对工程实体的质量是否符合强制性标准的规定实施监督检查。

2. 抽查涉及主体结构安全和主要使用功能的工程实体质量

（1）对工程实体质量的监督采取抽查施工作业面的施工质量与对关键部位重点监督相结合的方式。

（2）检查结构质量、环境质量和重要使用功能。其中重点监督检查工程地基基础、主体结构和其他涉及结构安全的关键部位。

（3）抽查涉及结构安全和使用功能的主要材料、配件和设备的出厂合格证、试验报告、见证取样送检资料及结构实体检测报告。

（4）抽查结构混凝土及承重砌体施工过程的质量控制情况。

（5）实体质量检查要辅以必要的监督检测，由监督人员根据结构部位的重要程度及施工现场质量情况进行随机抽检。

（6）监督机构经监督检测发现工程质量不符合工程建设强制性标准或对工程质量有怀疑的，应责成有关单位委托有资质的检测单位进行检测。

3. 抽查工程质量责任主体和质量检测等单位的工程质量行为

（1）抽查责任主体和检测机构履行质量责任的情况；

（2）抽查责任主体和有关机构质量管理体系的建立和运行情况；

（3）发现存在违法违规行为的，按建设行政主管部门委托的权限，对违法违规事实进行调查取证，对责任单位、责任人提出处罚建议或按委托权限实施行政处罚。

4. 抽查主要建筑材料、建筑构配件的质量

（1）检查材料和预制构件的外观质量、尺寸、性状、数量等；

（2）检查材料和预制构件的质量证明文件和进场验收、复试资料；

（3）检查材料和预制构件的性能是否符合设计要求；

（4）检查材料、构件的现场存放保管情况。

5. 对工程竣工验收进行监督

（1）对建设单位组织的工程竣工验收进行监督检查；

（2）在规定时间内完成工程质量监督报告，并提交备案管理机构。

6. 组织或者参与工程质量事故的调查处理

（1）负责该项目的监督工程师应将工程建设质量事故及时向质量监督机构负责人汇报，并参与调查、搜集和整理与事故有关的资料；

（2）质量监督机构将事故报告、处理方案、处理结果等有关资料整理好，

存入监督档案。

7. 定期对本地区工程质量状况进行统计分析

（1）根据工程质量监督管理的需求，确定质量信息收集的类别和内容；

（2）用数据统计方法进行整理加工，为有关部门宏观控制管理提供依据。

8. 依法对违法违规行为实施处罚

（1）发现有影响工程质量的问题时，发出“责令整改通知单”，限期进行整改；

（2）对责任单位、责任人按建设行政主管部门的委托，对违规违法行为进行调查取证和核实，提出处罚建议，报上级主管部门进行处罚；

（3）对责任单位、责任人按建设行政主管部门委托的权限实施行政处罚。

三、工程项目质量监督管理制度

1. 建设工程质量监督注册（登记）制度

（1）建设工程质量监督注册（登记）是指对新建、改建、扩建的房屋建筑和市政基础设施工程，建设单位在申领建设工程施工许可证前，应按规定向工程质量监督机构办理的工程质量监督注册（登记）手续；

（2）办理手续时应向监督机构提交《建设工程质量监督登记表》等相关表格，施工、监理中标通知书和施工、监理合同，施工图设计文件审查报告和批准书、施工组织设计和监理规划（监理实施细则）及其他文件资料；

（3）《建设工程质量监督登记表》等相关表格由工程建设各责任主体填写并加盖公章；

（4）工程质量监督机构根据建设单位提交的《建设工程质量监督登记表》等相关表格，审核工程有关文件、资料，办理监督注册（登记）手续；

（5）工程质量监督注册（登记）手续办理完毕后，监督机构应将监督的工作要求，书面通知建设单位，开始实施质量监督工作；

（6）未办理工程质量监督注册（登记）手续的工程项目，不得进行施工。

2. 建设工程质量监督方案

建设工程质量监督方案是指监督机构针对工程项目的特点、根据有关法律、法规和工程建设强制性标准编制的、对该工程实施质量监督活动的指导性文件。

（1）对一般工程，宜制定工程质量监督方案；对一些重点工程和政府投资的公共工程，工程质量监督工程师应制定工程质量监督方案。

（2）监督方案应根据受监工程的规模和特点、投资形式、责任主体和有关机构的质量信誉及质量保证能力、设计图纸以及有关文件而制定，并根据监督检查中发现问题的情况及时做出调整。

（3）在监督方案的编制中应明确以下几点：

①工程概况；

②监督人员配备；

③监督方式；

④重点监督检查的责任主体和有关机构质量行为；

⑤工程实体质量监督检查的重点部位（包括监督检测）；

⑥工程竣工验收的重点监督内容。

（4）监督方案由项目监督工程师编制，重点工程监督方案报监督机构负责人或技术负责人审定，一般工程监督方案报监督科室负责人审定。监督方案的主要内容应书面告知参建各方责任主体。

3. 建设工程质量监督交底

建设工程质量监督交底是工程质量监督机构根据相关法律、法规、规范、工程建设标准强制性条文、地方标准等文件而编制，发给工程项目参建各方责任主体，用以解决工程项目常见质量问题、防治质量通病、规范参建各方主体质量行为的交底通知。交底的主要内容如下。

（1）对工程参建各方主体质量行为监督的内容；

（2）对建设工程实体质量监督的方式、方法；

（3）工程竣工验收监督的要求；

（4）工程检测及原材料、半成品、构配件的检验要求；

（5）监督工作的主要职责；

（6）明确工程参建各方责任、义务及罚则。

4. 对责任主体及有关机构违反规定的处理

（1）发现有影响工程质量的问题时，发出“责令整改通知单”，限期进行整改；

（2）对责任单位及责任人，按建设行政主管部门的委托，对违规违法行为进行调查取证和核实，提出处罚建议，报上级主管部门进行处罚；

（3）对责任单位及责任人按建设行政主管部门委托的权限实施行政处罚。

5. 工程竣工验收监督

（1）建设单位应当在工程竣工验收 5 个工作日内，将验收的时间、地点及验收组名单，书面通知负责监督该工程的工程质量监督机构；

（2）质量监督机构在对建设工程竣工验收实施监督时，重点对工程竣工验收的组织形式、验收程序、执行验收规范标准等情况实行监督，对违规行为责令改正，当参与各方对竣工验收结果达不成统一意见时进行协调。

（3）建设工程质量监督机构在对建设工程竣工验收实施监督时，应对工程实体质量进行抽测，对观感质量进行检查；

（4）竣工验收完毕后 7 个工作日内，监督机构向备案部门提交工程质量监督报告。

6. 工程质量监督报告

工程质量监督报告，是指监督机构在建设单位组织的工程竣工验收合格后向备案机关提交的、在监督检查（包括工程竣工验收监督）过程中形成的、评估各方责任主体和有关机构履行质量责任、执行工程建设强制性标准的情况，以及工程是否符合备案条件的综合性文件。

（1）监督机构对符合施工验收标准的工程应在工程竣工验收合格后 5 个工作日内向备案部门提交工程质量监督报告。

（2）建设工程质量监督报告应由负责该项目的质量监督工程师编写、有关专业监督人员签认、工程质量监督机构负责人审查签字并加盖公章。

（3）工程质量监督报告应根据监督抽查情况，客观反映责任主体和有关机构履行质量责任的行为及工程实体质量的情况。

（4）工程质量监督报告应包括以下内容：

①工程概况和监督工作概况；

②对责任主体和有关机构质量行为及执行工程建设强制性标准的检查情况；

③工程实体质量监督抽查（包括监督检测）情况；

④工程质量技术档案和施工管理资料抽查情况；

⑤工程质量问题的整改和质量事故处理情况；

⑥各方质量责任主体及相关有资格人员的不良行为记录内容；

⑦工程质量竣工验收监督记录；

⑧对工程竣工验收备案的建议。

7. 混凝土预制构件及预拌混凝土质量监督检查程序

（1）抽查生产厂家主管部门颁发的资质证书；

（2）抽查生产厂家相应的生产设备、质量检查仪器、持证上岗人员等生产条件；

（3）检查混凝土生产企业试验室的设立情况，检测设备、检测人员是否齐全；

（4）抽查原材料，检查原材料是否符合有关标准的规定，是否按有关标准的规定进行检验复试，存放留样是否符合要求；

（5）监督检查混凝土配合比是否符合有关标准及产品性能的要求；

（6）检查预拌混凝土的制备、运输及检测是否符合标准要求；

（7）监督检查有关制度及质量保证体系和落实情况；

（8）监督检查出厂产品质量及有关质量控制资料和质量检测数据。

8. 建设工程质量检测机构监督管理程序及内容

（1）各省建筑工程管理局（以下简称省建管局）负责对全省建设工程质量检测活动实施监督管理和检测机构资质审批。省外注册的检测机构在省行政区域内承揽工程质量检测项目的，应到省建管局进行备案。未经备案不得在省行政区域内承担检测业务。

（2）省建设行政主管部门所属的建设工程质量监督机构，负责对建设工程质量检测机构资质审批和备案的具体工作，对检测活动进行监督检查。设区的市、县（市）建设行政主管部门，可委托其所属的工程质量监督机构负责对本行政区域内的建设工程质量检测活动实施监督管理。

（3）检测机构是具有独立法人资格的中介机构，应取得省级及以上技术质量监督机构计量认证证书及相应的资质证书。

（4）检测机构不得与行政机关，法律、法规授权的具有管理公共事务职能的组织以及所检测工程项目相关的设计单位、施工单位、监理单位有隶属关系或者其他利害关系，且不得转包检测业务。

（5）各级建设行政主管部门应当加强对检测机构的监督检查，主要检查下列内容：

①是否符合本办法规定的资质标准；

②是否超出资质范围从事质量检测活动；

③是否有涂改、倒卖、出租、出借或者以其他形式非法转让资质证书的行为；

④是否按规定在检测报告上签字盖章，检测报告是否真实；

⑤检测机构是否按有关技术标准和规定进行检测；

⑥仪器设备及环境条件是否符合计量认证要求；

⑦法律、法规规定的其他事项。

（6）建设主管部门实施监督检查时，有权采取下列措施：

①要求检测机构或者委托方提供相关文件和资料；

②进入检测机构的工作场地（包括施工现场）进行抽查；

③组织进行比对试验以验证检测机构的检测能力；

④发现有不符合国家有关法律、法规和工程建设标准要求的检测行为时，责令改正。

（7）各级建设主管部门在监督检查中为收集证据需要，可以对有关试样和检测资料采取抽样取证的方法；在证据可能灭失或者以后难以取得的情况下，经部门负责人批准，可以先行登记保存有关试样和检测资料，并应当在 7 个工作日内及时做出处理决定。在此期间，当事人或者有关人员不得销毁或者转移有关试样和检测资料。

（8）各级建设主管部门在监督检查中发现检测人员未严格按照国家规范、规程、技术标准的要求从事检测工作，未严格实行管理手册制度，应记入管理手册。情节严重或拒不纠正错误的，收回管理手册，检测人员不得继续进行检测工作。具体违规行为包括：

①超越从业资格项目范围从事检测工作；

②不按国家、省技术标准进行检测和严重违反操作规程；

③伪造检测数据、出具虚假检测报告；

④未按要求参加专业教育培训；

⑤其他违反国家和省有关规定的行为。

第三节　工程质量监督人员的基本要求

一、工程质量监督人员概念

建设工程质量监督人员（以下简称监督人员）是指经省级人民政府建设主管部门或国务院有关部门考核认定，依法从事建设工程质量监督工作的专业技术人员。监督人员应当具备下列条件：

（1）具有工程类专业大学专科以上学历或者工程类执业注册资格；

（2）具有三年以上工程质量管理或者设计、施工、监理等工作经历；

（3）熟悉掌握相关法律、法规和工程建设强制性标准；

（4）具有一定的组织协调能力和良好的职业道德。

监督人员符合上述条件经考核合格后，方可从事工程质量监督工作。监督机构也可以聘请中级职称以上的工程类专业技术人员协助实施工程质量监督。

二、工程质量监督人员岗位职责

（1）监督人员应当具备一定的专业技术能力和监督执法知识，熟悉掌握国家有关法律、法规和工程建设强制性标准，具有良好的职业道德。

（2）编制工程质量监督工作方案。

（3）负责对分管的受监工程参建各方质量行为的监督，收集、整理、填写受监工程责任主体和有关机构的质量信誉管理记录。

（4）对地基基础、主体结构等部位实施重点监督，对隐蔽工程进行监督检查；对涉及结构安全、使用功能、关键部位的实体质量或材料进行监督检测，并填写监督记录。

（5）下发质量整改通知、局部停工整改等通知书，按相关程序报批后实施。

（6）对建设各方责任主体及有关机构的违法违规行为进行调查取证和核实，提出处罚建议。

（7）参与工程质量事故的调查处理。

（8）依据国家工程质量验收规范，监督建设单位组织的工程竣工验收，审查组织形式、验收程序、参验人员资格，抽查质量评定文件和参与实体质量检查。

（9）负责质量监督报告的审查、审签，对内容真实性负责。

（10）负责受监工程监督档案的整理、审核及归档工作。

（11）完成领导交办的其他工作。

第四节　建设工程质量监督信息管理

建设工程质量监督管理具有很强的权威性，国家强制建设工程参建各方要服从政府委托的质量监督机构实施建设工程质量监督，任何单位和个人从事建设工程活动都应当服从这种监督管理。建设工程质量监督不是局部的，而是对工程全过程、全面的监督，涉及参建各方主体。

建设工程质量监督的信息管理，要随着政府职能的转变而改进，不能沿用过去传统的、落后的管理方式和管理办法。随着信息化进程的加快，信息管理也成为建设工程质量监督管理的一个主要内容。

1. 质量监督信息管理系统的建立

各级建设工程质量信息系统的建立是关系到全面有效地开展质量信息工作的关键问题，是项复杂而细致的工作，应该统筹规划、合理设计，从而为质量信息管理工作打下良好的基础。建立质量信息管理系统应注意以下几个原则：

（1）满足工程质量监督实际工作的需求；

（2）满足工程质量监督系统管理的需要；

（3）工程质量监督系统的信息管理要坚持经济可行和有效性；

（4）工程质量监督信息管理要逐步发展。

2. 工程质量信息管理的职能

（1）提出并确定对信息的要求；

（2）实现信息的闭环管理；

（3）确定信息流程各环节的工作程序和要求；

（4）制定信息管理的规章制度；

（5）对信息工作人员进行培训；

（6）考核和评估信息工作的有效性。

3. 建设工程质量监督信息的内容

在工程质量监督过程中，涉及的信息量大、面广，质量监督机构应当根据不同的要求，对相关工程质量监督信息进行收集。工程质量监督信息除国家和本地区有关工程质量的法律、法规、规范性文件和强制性标准外，主要还有以下几方面的内容：

（1）建设单位质量管理信息包括规划许可证、施工许可证、施工图设计文件审查意见、工程竣工报告、土地使用证；规划、公安消防、环保等部门出具的认可文件或者准许使用的文件以及法规、规章规定的其他有关文件。

（2）勘察、设计单位质量信息包括勘察、设计单位的资质等级证书；注册建筑师、注册结构工程师等注册执业人员的执业证书；勘察单位有关地质、测量、水文等勘察信息，设计单位有关初步设计、技术设计和施工图设计信息；在施工过程中的有关设计洽商和变更信息，设计单位对工程质量事故做出的技术处理方案等。

（3）施工单位的质量信息包括施工单位的资质等级证书；施工单位质量、技术管理负责人资格；建设单位与总承包单位合同书、总承包企业与分包企业的施工分包合同书；施工中的质量责任制和建立健全质量管理和质量保证体系信息，施工组织设计信息，施工技术资料信息，建筑材料、配构件、设备和商品混凝土的检验信息，建设工程质量检验和隐蔽工程检查记录涉及结构安全的试块、试件以及有关材料进行检测的信息，不合格工程或质量事故信息，施工单位参加工程竣工验收资料，施工企业人员教育培训信息，施工企业创建设工程鲁班奖、国优，省、市优质工程等奖项信息等。

（4）监理单位的质量信息包括监理单位的资质证书，监理单位质量、技术负责人资格，建设单位与监理单位的合同书，施工阶段实施监理职责有关资料，驻施工现场监理负责人月报，工程质量记录、整改措施，工程竣工阶段资料等。

（5）质量监督机构的信息包括：

①在监工程的质量监督机构的设置情况；

②质量监督机构负责人及质量监督员的基本情况；

③在监工程中质量监督人员对工程参建各方责任主体质量行为及对工程实体质量的监督意见；

④在工程抽查中，质量监督人员做的质量监督记录、工程质量整改通知书及企业整改情况；

⑤行政管辖区域内在建工程及主体、装饰阶段工程数量统计情况；

⑥对违反有关法律、法规、规范性文件和技术标准的，质量监督机构向建设行政主管部门提交的建议、行政处罚的报告；

⑦质量监督机构在工程竣工验收后，向建设行政主管部门提交的工程质量情况的报告；

⑧质量监督机构对用户关于工程质量低劣的单位和个人的投诉、控告、检举处理情况。

4. 信息的传递

信息的传递是信息的重要特征，任何形式的信息收集、反馈与交换都是通过信息传递实现的。只有通过信息传递才能实现信息的价值。质量信息的传递是实现工程质量信息活动的必要手段，也是联系质量管理有机整体的纽带。信息传递方式主要包括直接传递、邮寄传递、电信传递、传真传递和网络传递。

5. 质量监督机构的信息管理

（1）监督机构应加强工程质量监督的信息化建设，运用工程质量监督信息系统，实现监督注册行为监督、实体质量监督、不良行为记录、竣工验收备案等工作的在线作业。

（2）监督机构应建立工程质量监督信息数据库，将工程建设责任主体和有关机构信息、在建及竣工工程信息、监督检查中发现的工程建设责任主体违规和违反强制性标准信息、工程质量状况统计信息、工程竣工验收备案信息等纳入数据库。

（3）市（地）级以上工程质量监督机构及有条件的县（市）级监督机构应设置质量信息局域网，其设置应满足上级部门对质量信息管理及数据传递的要求。

（4）监督机构应将所发现的工程建设各方责任主体和有关机构的不良行为进行记录、核实，按规定的程序和权限，通过信息系统向社会公示并向上级有关部门传递。

第二章　责任主体和有关机构质量行为监督

第一节　建设单位质量行为监督

工程参建的建设、勘察、设计、施工、监理单位和相关施工图审查机构、工程质量检测机构均为建设工程不良质量行为的责任主体。

建设单位是建设工程质量的第一责任人，对工程质量有着不可推卸的责任和义务。

一、建设单位责任和义务

（1）建设单位应将工程发包给具有相应资质等级的单位。建设单位不得将建设工程肢解发包。

建设单位发包工程时，应根据工程特点，以有利于工程质量、进度、成本控制为原则，合理划分标段，不得直接发包工程。直接发包是指建设单位将应当由一个承包单位完成的建设工程分解成若干部分发包给不同的承包单位的行为。

（2）建设单位应依法对工程建设项目的勘察、设计、施工、监理以及与工程建设有关的重要设备、材料等的采购进行招标。

招标采购包括公开招标和邀请招标。根据《中华人民共和国招标投标法》第三条规定，在中华人民共和国境内进行下列工程建设项目的勘察、设计、施工、监理以及与工程建设有关的重要设备、材料等的采购，必须进行招标：

①大型基础设施、公用事业等关系社会公共利益、公众安全的项目；

②全部或者部分使用国有资金投资或者国家融资的项目；

③使用国际组织或者外国政府贷款、援助资金的项目。

（3）建设单位必须向有关的勘察、设计、施工、监理等单位提供与建设工程有关的原始资料。原始资料必须真实、准确、齐全。

建设单位作为建设活动的总负责方，向有关勘察单位、设计单位、施工单位、工程监理单位提供原始资料，并保证这些资料的真实、准确、齐全，是其基本的责任和义务。一般情况下，建设单位根据委托任务必须向勘察单位提供如勘察任务书、项目规划总平面图、地下管线、地下构筑物、地形地貌等在内的基础资料；向设计单位提供政府有关部门批准的项目建设书、可行性研究报告等立项文件，设计任务、有关城市规划、专业规划设计条件、勘察成果及其他基础资料；向施工单位提供概算批准文件，建设项目正式列入国家、部门或地方的年度固定资产投资计划，建设用地的征用资料，有能够满足施工需要的施工图纸及技术资料，建设资金和主要建筑材料、设备的来源落实资料，建设项目所在地规划部门批准文件，施工现场完成“三通一平”的平面图等资料；向工程监理单位提供的原始资料除包括给施工单位的资料外，还要有建设单位与施工单位签订的承包合同文本。

（4）建设工程发包单位不得迫使承包方以低于成本价格竞标，不得任意压缩合理工期。建设单位不得迫使承包方以低于成本价格竞标。这里的承包方包括勘察、设计、施工和工程监理单位。建设单位不得任意压缩合理工期，这里的合理工期是指在正常建设条件下，采取科学合理的施工工艺和管理方法，以现行的建设行政主管部门颁布的工期定额为基础，结合项目建设的具体情况而确定的使投资方、各参建单位均获得满意的经济效益的工期。

（5）建设单位不得明示或暗示设计单位或施工单位违反工程建设强制性标准，按照国家有关规定，保障建筑物结构安全和功能的标准大多数属强制性标准。这些强制性标准包括：

①工程建设勘察、规划、设计、施工（包括安装）及验收通用的综合标准和重要的通用质量标准；

②工程建设通用的有关安全、卫生和环境保护的标准；

③工程建设重要的通用术语、符号、代号、量与单位、建筑模数和制图方法的标准；

④工程建设重要的通用试验、检验和评定方法等的标准；

⑤工程建设重要的通用信息技术标准；

⑥国家需要控制的其他工程建设通用的标准。

强制性标准是保证建设工程结构安全可靠的基础性要求，违反了这类标准，必然会给建设工程带来重大质量隐患。强制性标准以外的标准是推荐性标准，对于这类标准，甲乙双方可根据情况选用，并在合同中约定。一经约定，甲乙双方在勘察、设计、施工中也要严格执行。

（6）建设单位应当将施工图设计文件报县级以上人民政府建设行政主管部门或者其他有关部门审查。施工图设计文件未经审查批准的，不得使用。

施工图设计文件审查是基本建设的一项法定程序。建设单位必须在施工前将施工图设计文件送政府有关部门审查，未经审查或审查不合格的不准使用。否则，将追究建设单位的法律责任。

按照《建筑工程施工图设计文件审查暂行办法》（建设〔2000〕41号）的规定，施工图由建设行政主管部门委托有关审查机构审查。审查的主要内容如下：

①建筑物的稳定性、安全性审查，包括地基基础和主体结构体系是否安全可靠；

②是否符合消防、节能、环保、抗震、卫生人防等有关强制性标准、规范；

③施工图是否达到规定的深度要求；

④是否损害公众利益。

（7）实行监理的建设工程，建设单位应当委托具有相应资质等级的工程监理单位进行监理，也可以委托具有工程监理相应资质等级并与被监理工程的施工承包单位没有隶属关系或者其他利害关系的该工程的设计单位进行监理。

下列建设工程必须监理：

①国家重点建设工程；

②大中型公用事业工程；

③成片开发建设的住宅小区工程；

④利用外国政府或者国际组织贷款、援助资金的工程；

⑤国家规定必须监理的其他工程。

（8）建设单位在领取施工许可证或者开工报告之前，应当按照国家有关规定办理工程质量监督手续。

根据《建筑工程施工许可管理办法》（建设部 71 号命令）规定，在中华人民共和国境内从事各类房屋建筑及其附属设施的建造、装修装饰和与其配套的线路、管道、设备的安装，以及城镇市政基础设施工程的施工，工程投资额在 30 万元以上或者建筑面积在 300 m^2 以上的建筑工程，必须申请办理施工许可证（按照国务院规定的权限和程序批准开工报告的建筑工程不再领取施工许可证）。建设单位在开工前应当依照规定，向工程所在地的县级以上人民政府建设行政主管部门申请领取施工许可证。必须申请领取施工许可证的建筑工程未取得施工许可证的，一律不得开工。

（9）建设单位在领取施工许可证或者开工报告之前，应当按照国家有关规定，到建设行政主管部门或国务院铁路、交通、水利等有关部门，或其委托的建设工程质量监督机构，或专业工程质量监督机构（以下简称工程质量监督机构）办理工程质量监督手续，接受政府部门的工程质量监督管理。

（10）按照合同约定，由建设单位采购建筑材料、建筑构配件和设备的，建设单位应当保证建筑材料、建筑构配件和设备符合设计文件和合同要求。建设单位不得明示或者暗示施工单位使用不合格的建筑材料、建筑构配件和设备。

（11）涉及建筑主体和承重结构变动的装修工程，建设单位应当在施工前委托原设计单位或者具有相应资质等级的设计单位提出设计方案；没有设计方案的，不得施工。

（12）建设单位收到建设工程竣工报告后，应当组织设计、施工、工程监理等有关单位进行竣工验收。建设工程经验收合格的，方可交付使用。建设工程竣工验收应当具备下列条件：

①完成建设工程设计和合同约定的各项内容；

②有完整的技术档案和施工管理资料；

③有工程使用的主要建筑材料、建筑构配件和设备的进场试验报告；

④有勘察、设计、施工、工程监理等单位分别签署的质量合格文件；

⑤有施工单位签署的工程保修书。

（13）建设单位应按规定向建设行政主管部门委托的管理部门备案。

（14）建设单位应当严格按照国家有关档案管理的规定，及时收集、整理建设项目各环节的文件资料，建立、健全建设项目档案，并在建设工程竣工验收后，及时向建设行政主管部门或者其他有关部门移交建设项目档案。

二、房地产开发企业市场准入管理

根据《房地产开发企业资质管理规定》（建设部令第 77 号），房地产开发企业按照企业条件分为一级、二级、三级、四级、固定资质 5 个资质等级。一级资质的房地产开发企业承担房地产项目的建设规模不受限制，可以在全国范围承揽房地产开发项目。二级资质开发企业可承担 20 hm^2 以下的土地和建筑面积 25 万 m^2 以下的居住区以及与其投资能力相当的工业、商业等建设项目的开发建设，可以在全省范围承揽房地产开发项目。三级资质开发企业可承担建筑面积 15 万 m^2 以下的住宅区的土地、房屋以及与其投资能力相当的工业、商业等建设项目的开发建设，可以在全省范围承揽房地产开发项目。四级资质开发企业可承担建筑面积 10 万 m^2 以下的住宅区的土地、房屋以及与其投资能力相当的工业、商业等建设项目的开发建设，仅能在所在地城市范围承揽房地产开发项目。固定资质开发企业可承担的开发项目规模，原则上按与其注册资本和人员结构等资质等级条件相应开发企业可承担的开发项目规模来确定，仅能在所在地城市范围承揽房地产开发项目（注：二级资质及二级资质以下的房地产开发企业承担业务的具体范围由省、自治区、直辖市人民政府建设行政主管部门确定）。各资质等级企业应当在规定的业务范围内从事房地产开发经营业务，不得越级承担任务。

三、建设单位质量不良行为记录

根据《建设工程质量责任主体和有关机构不良记录管理办法（试行）》（建质〔2003〕113 号），勘察、设计、施工、施工图审查、工程质量检测、监理等单位的不良记录应作为建设行政主管部门对其进行年检和资质评审的重要依据。其中建设单位对以下情况应予以记录。

（1）施工图设计文件应审查而未经审查批准，擅自施工的；设计文件在施工过程中有重大设计变更，未将变更后的施工图报原施工图审查机构进行审查并获批准，擅自施工的。

（2）采购的建筑材料、建筑构配件和设备不符合设计文件和合同要求的；

明示或者暗示施工单位使用不合格的建筑材料、建筑构配件和设备的。

（3）明示或者暗示勘察、设计单位违反工程建设强制性标准，降低工程质量的。

（4）涉及建筑主体和承重结构变动的装修工程，没有经原设计单位或具有相应资质等级的设计单位提出设计方案，擅自施工的。

（5）其他影响建设工程质量的违法违规行为。

第二节　勘察单位质量行为监督

建设工程勘察，是指根据建设工程的要求，查明、分析、评价建设场地的地质地理环境特征和岩土工程条件，编制建设工程勘察文件的活动。

从事建设工程勘察活动，应当坚持先勘察、后设计、再施工的原则。

一、勘察企业市场准入及人员资格管理

工程勘察资质分为工程勘察综合资质、工程勘察专业资质、工程勘察劳务资质。工程勘察综合资质只设甲级；工程勘察专业资质设甲级、乙级；根据工程性质和技术特点，部分专业可以设丙级工程勘察；劳务资质不分等级。

建设工程勘察单位应当在其资质等级许可的范围内承揽建设工程勘察业务。禁止建设工程勘察单位超越其资质等级许可的范围，或者以其他建设工程勘察单位的名义承揽建设工程勘察业务。禁止建设工程勘察单位允许其他单位或者个人以本单位的名义承揽建设工程勘察业务。取得工程勘察综合资质的企业，可以承揽各专业（海洋工程勘察除外）、各等级工程勘察业务；取得工程勘察专业资质的企业，可以承揽相应等级、相应专业的工程勘察业务；取得工程勘察劳务资质的企业，可以承揽岩土工程治理、工程钻探、凿井等工程勘察劳务业务。

国家对从事建设工程勘察活动的专业技术人员，实行执业资格注册管理制度。未经注册的建设工程勘察人员，不得以注册执业人员的名义从事建设工程

勘察活动。

建设工程勘察注册执业人员和其他专业技术人员只能受聘于一个建设工程勘察单位，未受聘于建设工程勘察单位的，不得从事建设工程的勘察活动。

二、勘察单位质量责任和义务

（1）工程勘察企业必须依法取得工程勘察资质证书，并在资质等级许可的范围内承揽勘察业务。工程勘察企业不得超越其资质等级许可的业务范围，或者以其他勘察企业的名义承揽勘察业务；不得允许其他企业或者个人以本企业的名义承揽勘察业务；不得转包或者违法分包所承揽的勘察业务。

（2）工程勘察企业应当健全勘察质量管理体系和质量责任制度。

（3）工程勘察企业应当拒绝用户提出的违反国家有关规定的不合理要求，有权提出保证工程勘察质量所必需的现场工作条件和合理工期。

（4）工程勘察企业应当参与施工验槽，及时解决工程设计和施工中与勘察工作有关的问题。

（5）工程勘察企业应当参与建设工程质量事故的分析，并对因勘察原因造成的质量事故，提出相应的技术处理方案。

（6）工程勘察项目负责人、审核人、审定人及有关技术人员应当具有相应的技术职称或者注册资格。

（7）项目负责人应当组织有关人员做好现场踏勘、调查，按照要求编写（勘察纲要），对勘察过程中各项作业资料验收和签字。

（8）工程勘察企业的法定代表人、项目负责人、审核人、审定人等相关人员，应当在勘察文件上签字或者盖章，并对勘察质量负责。

工程勘察企业法定代表人对本企业勘察质量全面负责，项目负责人对项目的勘察文件负主要质量责任，项目审核人、审定人对其审核、审定项目的勘察文件负审核、审定的质量责任。

（9）工程勘察工作的原始记录应当在勘察过程中及时整理核对，确保取样、记录的真实和准确，严禁离开现场追记或者补记。

（10）工程勘察企业应当确保仪器、设备的完好。钻探、取样的机具设备、原位测试、室内试验及测量仪器等应当符合有关规范、规程的要求。

（11）工程勘察企业应当加强职工技术培训和职业道德教育，提高勘察人员的质量责任意识。观测员、试验员、记录员、机长等现场作业人员应当接受专业培训方可上岗。

（12）工程勘察企业应当加强技术档案的管理工作。工程项目完成后，必须将全部资料分类编目，装订成册，归档保存。

三、勘察单位质量不良行为记录

按照《建设工程质量责任主体和有关机构不良记录管理办法（试行）》，勘察、设计、施工图审查、工程质量检测、监理等单位的不良记录应作为建设行政主管部门对其进行年检和资质评审的重要依据。其中勘察单位存在下列行为的，应予以记录。

（1）未按照政府有关部门的批准文件要求进行勘察、设计的。

（2）设计单位未根据勘察文件进行设计的。

（3）未按照工程建设强制性标准进行勘察、设计的。

（4）勘察、设计中采用可能影响工程质量和安全，且没有国家技术标准的新技术、新工艺、新材料，未按规定审定的。

（5）勘察、设计文件没有责任人签字，或者签字不全的。

（6）勘察原始记录不按照规定进行记录，或者记录不完整的。

（7）勘察、设计文件在施工图审查批准前，经审查发现质量问题，进行1次以上修改的。

（8）勘察、设计文件经施工图审查未获批准的。

（9）勘察单位不参加施工验收的。

（10）在竣工验收时未出具工程质量评估意见的。

（11）设计单位对经施工图审查批准的设计文件，在施工前拒绝向施工单位进行设计交底的；拒绝参与建设工程质量事故分析的。

（12）其他可能影响工程勘察、设计质量的违法违规行为。

第三节 设计单位质量行为监督

一、设计企业市场准入及人员资格管理

（一）建设工程设计

建设工程设计是指根据建设工程的要求，对建设工程所需的技术、经济、资源、环境等条件进行综合分析、论证，编制建设工程设计文件的活动。从事建设工程设计活动，应当坚持先勘察、后设计、再施工的原则。建设工程设计单位应当在其资质等级许可的范围内承揽建设工程设计业务。禁止建设工程设计单位超越其资质等级许可的范围，或者以其他建设工程设计单位的名义承揽建设工程设计业务。禁止建设工程设计单位允许其他单位，或者个人以本单位的名义承揽建设工程设计业务。

（二）资质分类

工程设计资质分为工程设计综合资质、工程设计行业资质、工程设计专业资质和工程设计专项资质。工程设计综合资质只设甲级，工程设计行业资质、工程设计专业资质和工程设计专项资质设甲级、乙级。根据工程性质和技术特点，个别行业、专业、专项资质可以设丙级，建筑工程专业资质可以设丁级。

取得工程设计综合资质的企业，可以承接各行业、各等级的建设工程设计业务；取得工程设计行业资质的企业，可以承接相应行业、相应等级的工程设计业务及本行业范围内同级别的相应专业、专项工程设计业务（设计施工一体化资质除外）；取得工程设计专业资质的企业，可以承接本专业相应等级的专业工程设计业务及同级别的相应专项工程设计业务（设计施工一体化资质除外）；取得工程设计专项资质的企业，可以承接本专项相应等级的专项工程设计业务。

（1）工程设计综合资质。

工程设计综合资质是指 21 个行业的设计资质。

（2）工程设计行业资质。

工程设计行业资质是指涵盖某个行业资质标准中的全部设计类型的设计资质。

（3）工程设计专业资质。

工程设计专业资质是指某个行业资质标准中的某一个专业的设计资质。

（4）工程设计专项资质。

工程设计专项资质是指为适应和满足行业发展需求，对已形成产业的专项技术独立进行设计以及设计、施工一体化而设立的资质。

建筑工程设计范围包括建设用地规划许可证范围内的建筑物、构筑物设计，室外工程设计，民用建筑修建的地下工程设计，住宅小区、工厂前区、工厂生活区、小区规划设计和单体设计等，以及所包含的相关专业的设计内容（总平面布置、竖间设计、各类管网管线设计、景观设计、室内外环境设计及建筑装饰、道路、消防、智能、安保、通信、防雷、人防、供配电、照明、废水治理、空调设施、抗震加固设计等）。

（三）人员资格要求

国家对从事建设工程设计活动的专业技术人员，实行执业资格注册管理制度。未经注册的建设工程设计人员，不得以注册执业人员的名义从事建设工程设计活动。建设工程设计注册执业人员和其他专业技术人员只能受聘于一个建设工程设计单位我。未受聘于建设工程设计单位的，不得从事建设工程的设计活动。取得资格证书的人员，应受聘于一个具有建设工程勘察、设计、施工、监理、招标代理、造价咨询等一项或多项资质的单位，经注册后方可从事相应的执业活动。注册工程师的执业范围如下：

（1）工程勘察或者本专业工程设计；

（2）本专业工程技术咨询；

（3）本专业工程招标、采购咨询；

（4）本专业工程的项目管理；

（5）对工程勘察或者本专业工程设计项目的施工进行指导和监督；

（6）国务院有关部门规定的其他业务。

二、设计单位质量责任和义务

（1）从事建设工程勘察、设计活动的企业，申请资质升级、资质增项，在申请之日起前1年内有下列情形之一的，资质许可机关不予批准企业的资质升级申请和增项申请：企业相互串通投标或者与招标人申请投标承揽工程勘察、工程设计业务的；将承揽的工程勘察、工程设计业务转包或违法分包的；注册执业人员未按照规定在勘察设计文件上签字的、违反国家工程建设强制性标准的；因勘察设计原因造成过重大生产安全事故的设计单位、未根据勘察成果文件进行工程设计的设计单位违反规定指定建筑材料、建筑构配件的生产厂供应商的；无工程勘察、工程设计资质或者超越资质等级范围承揽工程勘察、工程设计业务的；涂改、倒卖、出租、出借或者以其他形式非法转让资质证书的；允许其他单位、个人以本单位名义承揽建设工程勘察、设计业务的；其他违反法律、法规行为的。

（2）有下列情形之一的，资质许可机关或者其上级机关，根据利害关系人的请求或者依据职权，可以撤销工程勘察、工程设计资质；资质许可机关工作人员滥用职权、玩忽职守做出准予工程勘察、工程设计资质许可的；超越法定职权做出准予工程勘察、工程设计资质许可的；违反资质审批程序做出准予工程勘察、工程设计资质许可的；对不符合许可条件的申请人做出工程勘察、工程设计资质许可的，依法可以撤销资质证书的其他情形。

三、设计单位质量不良行为记录

具体内容见勘察单位质量不良行为记录。

第四节　施工单位质量行为监督

一、施工企业市场准入及人员资格管理

（一）施工企业市场准入管理

《中华人民共和国建筑法》规定：从事建筑活动的建筑施工企业，按照其拥有的注册资本、专业技术人员、技术装备和已完成的建筑工程业绩等资质条件，划分为不同的资质等级。经资质审查合格，取得相应等级的资质证书后，方可在其资质等级许可的范围内从事建筑活动。

根据《建筑业企业资质管理规定》（建设部令第 159 号），建筑业企业资质分为施工总承包、专业承包和劳务分包三个序列。施工总承包资质企业，可以对工程实行施工总承包或者对主体工程实行施工承包。承担施工总承包的企业可以对所承接的工程全部自行施工，也可以将非主体工程或者劳务作业分包给具有相应专业承包资质或者劳务分包资质的其他建筑业企业。专业承包资质企业，可以承接施工总承包企业分包的专业工程或者建设单位按照规定发包的专业工程。专业承包企业可以对所承接的工程全部自行施工，也可以将劳务作业分包给具有相应劳务分包资质的劳务分包企业。劳务分包资质企业，可以承接施工总承包企业或者专业承包企业分包的劳务作业。

根据《建筑业企业资质等级标准》（建质〔2001〕82 号），工程施工总承包企业资质等级分为特级、一级、二级、三级。特级企业指可承担各类房屋建筑工程的施工。一级企业指可承担单项建安合同额不超过企业注册资本金 5 倍的下列房屋建筑工程的施工：40 层及以下、各类跨度的房屋建筑工程：高度 240 m 及以下的构筑物；建筑面积 20 万 m^2 及以下的住宅小区或建筑群体。二级企业指可承担单项建安合同额不超过企业注册资本金 5 倍的下列房屋建筑工程的施工：28 层及以下、单跨跨度 36 m 及以下的房屋建筑工程；高度 120 m 及以下的构筑物；建筑面积 12 万 m^2 及以下的住宅小区或建筑群体。三级企业

指可承担单项建安合同额不超过企业注册资本金 5 倍的下列房屋建筑工程的施工：14 层及以下、单跨跨度 24 m 及以下的房屋建筑工程；高度 70 m 及以下的构筑物；建筑面积 6 万 m^2 及以下的住宅小区或建筑群体。

（二）项目经理资格管理

工程施工实行项目经理负责制。根据《建筑业企业资质等级标准》和《注册建造师管理规定》（建设部令第 153 号），项目经理必须由具有施工资质的企业受聘，取得注册建造师职业资格的人员承担。

一级建造师可以承担特级、一级建筑业企业资质的建设工程项目施工的项目经理；二级建造师可以承担二级及以下建筑业企业资质的建设工程项目施工的项目经理。

二、施工单位质量责任和义务

（1）施工单位应当依法取得相应等级的资质证书，并在其资质等级许可的范围内承揽工程。禁止施工单位超越本单位资质等级许可的业务范围或者以其他施工单位的名义承揽工程。禁止施工单位允许其他单位或者个人以本单位名义承揽工程。施工单位不得转包或者违法分包工程。

（2）施工单位对建设工程的施工质量负责，施工单位应当建立质量责任制，确定工程项目的项目经理、技术负责人和施工管理负责人。建设工程实行总承包的，总承包单位应当对全部建设工程质量负责；建设工程勘察、设计、施工、设备采购的一项或者多项实行总承包的，总承包单位应当对其承包的建设工程或者采购的设备质量负责。

（3）总承包单位依法将建设工程分包给其他单位的，分包单位应当按照合同的约定，对其分包工程的质量承担连带责任。

（4）施工单位必须按照工程设计图纸和施工技术标准施工，不得擅自修改工程设计，不得偷工减料。施工单位在施工过程中发现设计文件和图纸有差错的，应当及时提出意见和建议。

（5）施工单位必须按照工程设计要求、施工技术标准和合同约定，对建筑材料、建筑构配件、设备和商品混凝土进行检验。检验应当有书面记录和专人签字；未经检验和检验不合格的，不得使用。

（6）施工单位必须建立健全施工质量的检验制度，严格工序管理，做好隐蔽工程的质量检查和记录。隐藏工程在隐蔽前，施工单位应当通知建设单位和建设工程质量监督机构。

（7）施工人员对涉及结构安全的试块、试件以及有关材料，应当在建设单位或者工程监理单位监督下现场取样，并送具有相应资质等级的质量检测单位进行检测。

（8）施工人员对施工出现质量问题的建设工程或者竣工验收不合格的建设工程，应当负责返修。

（9）施工单位应当建立健全教育培训制度，加强对职工的教育培训；未经培训或者考核不合格的人员，不得上岗作业。检查结果不符合要求，禁止使用。

三、施工单位质量不良行为记录

根据《建设工程质量责任主体和有关机构不良记录管理办理（试行）》，勘察、设计、施工、施工图审查、工程质量检测、监理等单位的不良记录应作为建设行政主管部门对其进行年检和资质评审的重要依据。其中施工单位以下情况应予以记录：

（1）未按经施工图审查批准的施工图或施工技术标准施工的；

（2）未按规定对建筑材料、建筑构配件、设备和商品混凝土进行检验，或检验不合格，擅自使用的；

（3）未按规定对隐蔽工程的质量进行检查和记录的；

（4）未按规定对涉及结构安全的试块、试件以及有关材料进行现场取样，未按规定送交工程质量检测机构进行检测的；

（5）未经监理工程师签字，进入下一道工序施工的；

（6）施工人员未按规定接受教育培训、考核，或者培训、考核不合格，擅自上岗作业的；

（7）施工期间，因为质量原因被责令停工的；

（8）其他可能影响施工质量的违法、违规行为。

第五节　监理单位质量行为监督

工程建设监理是指针对工程项目建设社会化、专业化的工程建设监理单位，接受业主的委托和授权，根据国家批准的工程项目建设文件，有关工程建设的法律、法规和工程建设监理合同，以及其他工程建设合同所进行的旨在实现项目投资目的的微观监督管理活动。

一、监理企业市场准入及人员资格管理

（一）监理企业市场准入管理

根据《工程监理企业资质管理规定》（建设部令第 158 号），工程监理企业资质分为综合资质、专业资质和事务所资质。综合资质、事务所资质不分级别。专业资质分为甲级、乙级；其中，房屋建筑、水利水电、公路和市政公用专业资质可设立丙级。

综合资质企业可以承担所有专业工程类别建设工程项目的工程监理业务。房屋建筑工程专业甲级资质企业可以承担房屋建筑工程类别所有建设工程项目的工程监理业务。房屋建筑工程专业乙级资质企业可以承担房屋建筑工程类别二级以下（含二级）建设工程项目的工程监理业务。房屋建筑工程专业丙级资质企业可以承担相应房屋建筑工程三级建设工程项目的，工程监理业务。事务所资质企业可承担三级建设工程项目的工程监理业务。但是，国家规定必须实行强制监理的工程除外。

（二）监理企业人员资格管理

根据《关于进一步推动建设监理行业规范发展的意见》，工程监理实行项目总监负责制，项目总监理工程师必须取得国家监理工程师执业注册证书，必须具有三年以上同类工程监理经验。经企业法人合法授权，对具体项目的监理工作负全部责任。一名总监理工程师只宜担任一项委托监理合同的项目总监工

作。对依法必须监理的工程，项目总监不得同时在其他项目任职；项目总监确需同时在其他工程任职的，需征得同期服务的所有建设单位的同意，且最多不得超过三项；总监理工程师不得同时在跨设区市的两个及以上工程任职。项目总监要切实履行主持编写监理规划及实施细则、签发项目监理机构文件和指令、主持召开监理例会以及审查施工单位开工报告、施工组织设计、技术方案、进度计划等职责。

专业监理工程师必须取得国家监理工程师执业注册证书，具有一年以上同类工程监理工作经验。专业监理工程师和监理员不得同时在两个及以上工程项目从事监理工作。监理人员要有强烈的责任心和责任感。工程实施阶段，专业监理工程师和监理员必须常驻施工现场，坚守工作岗位，严格按照监理工作程序客观、公正地履行监理职责。凡需要监理方签字的各类文件、表格、资料，项目总监或专业监理工程师在根据职责权限签字认可的同时必须加盖本人执业印章，不得由监理员代签。

二、监理单位质量责任和义务

监理单位对施工质量承担监理责任，主要有违法责任和违约责任两个方面。如果监理单位故意弄虚作假，降低工程质量标准，造成质量事故的，要按照《中华人民共和国建筑法》及《建设工程质量管理条例》的规定，承担相应的法律责任。根据《建设工程质量管理条例》第六十条、第六十八条对监理单位的违法责任的规定，工程监理单位与承包单位申请，谋取非法利益，给建设单位造成损失的，应当与承包单位承担连带赔偿责任。如果监理单位在责任期内，不按照监理合同约定履行监理职责，给建设单位或其他单位造成损失的，属违约责任，应当向建设单位赔偿。

工程监理单位受建设单位委托进行监督，其本身行为也应受到规范和限制。

（1）工程监理单位应当依法取得相应等级的资质证书，并在其资质等级许可的范围内承担工程监理业务。禁止工程监理单位超越本单位资质等级许可的范围或者以其他工程监理单位的名义承担工程监理业务，禁止工程监理单位允许其他单位或者个人以本单位的名义承担工程监理业务。工程监理单位不得转让工程监理业务。

（2）工程监理单位应客观、公正地执行监理任务。监理单位必须实事求是，遵循客观规律，按工程建设的科学要求进行监理活动。监理单位执行监理任务时要公平正直、平等地对待各方当事人；没有偏私，真实、合理地进行监督检查，提出意见，为建设单位服务，这是对工程监理单位执行监理任务的基本要求。

（3）由于工程监理单位与被监理工程的承包单位以及建筑材料、建筑构配件和设备供应单位之间是一种监督与被监督的关系，为了保证工程监理单位能客观、公正地执行监理任务，工程监理单位不得与被监理工程的承包单位以及建筑材料、建筑构配件和设备供应单位有隶属关系或者其他利害关系。

（4）工程监理单位应当依照法律、法规以及有关技术标准、设计文件和建设工程承包合同，代表建设单位对施工质量实施监理，并对施工质量承担监理责任。

（5）工程监理单位应当选派具有相应资格的总监理工程师进驻施工现场。未经监理工程师签字，建筑材料、建筑构配件、设备不得在工程上使用或者安装，施工单位不得进行下一道工序的施工。未经总监理工程师签字，建设单位不得拨付工程款，不得进行竣工验收。

（6）监理工程师应当按照工程监理规范，采取旁站、巡视和平行检验等形式，对建设工程实施监理。所谓“旁站”，是指对工程施工中有关地基和结构安全的关键工序和关键施工过程，进行连续不断监督检查或检验的监理活动，有时甚至连续跟班监理。“巡视”主要是强调除了关键点的质量控制外，监理工程师还应对施工现场进行面上的巡查监理。“平行检验”主要是强调监理单位对施工单位已经检验的工程及时进行检验。

根据《房屋建筑工程施工旁站监理管理办法（试行）》，需要监理旁站的关键部位、关键工序，基础工程方面包括土方回填，混凝土灌注桩浇筑，地下连续墙、土钉墙后浇带及其他结构混凝土、防水混凝土浇筑，卷材防水层细部构造处理，钢结构安装；主体结构、工程方面包括梁柱节点钢筋隐蔽过程，混凝土浇筑，预应力张拉，装配式结构安装，钢结构安装，网架结构安装，素膜安装。

（7）工程监理单位必须全面、正确地履行监理合同约定的监理义务，对应当监督检查的项目认真、全面地按规定进行检查，发现问题及时要求施工单位改正。工程监理单位不按照委托监理合同的约定履行监理义务，对应当监督检查的项目不检查或者不按规定检查，给建设单位造成损失的，应当承担相应赔偿责任。

三、监理单位质量不良行为记录

根据《建设工程质量责任主体和有关机构不良记录管理办法（试行）》，勘察、设计、施工、施工图审查、工程质量检测、监理等单位的不良记录应作为建设行政主管部门对其进行年检和资质评审的重要依据。其中监理单位以下情况予以记录：

（1）未按规定选派具有相应资格的总监理工程师和监理工程师进驻施工现场的；

（2）监理工程师和总监理工程师未按规定进行签字的；

（3）监理工程师未按规定采取旁站、巡视和平行检验等形式进行监理的；

（4）未按法律、法规以及有关技术标准和建设工程承包合同对施工质量实施监理的；

（5）未按经施工图审查批准的设计文件以及经施工图审查批准的设计变更文件对施工质量实施监理的；

（6）在竣工验收时未出具工程质量评估报告的；

（7）其他可能影响监理质量的违法、违规行为。

第六节　施工图审查机构质量行为监督

一、施工图审查机构市场准入及人员资格管理

施工图审查，是指建设主管部门认定的施工图审查机构（以下简称审查机构）按照有关法律法规，对施工图涉及公共利益、公众安全和工程建设强制性标准的内容进行的审查。施工图未经审查合格的，不得使用。

审查机构是不以营利为目的的独立法人。

审查机构按承接业务范围分两类：一类机构承接房屋建筑、市政基础设施工程的施工图审查业务范围不受限制；二类机构可以承接二级及以下房屋建筑、市政基础设施工程的施工图审查。

二、施工图审查机构负责任和义务

（1）建设单位应当将施工图送审查机构审查。建设单位可以自主选择审查机构，但是审查机构不得与所审查项目的建设单位、勘察设计企业有隶属关系或者其他利害关系。

（2）县级以上人民政府建设主管部门应当加强对审查机构的监督检查，主要检查下列内容：是否符合规定的条件；是否超出认定的范围从事施工图审查；是否使用不符合条件的审查人员；是否按规定上报审查过程中发现的违法、违规行为；是否按规定在审查合格书和施工图上签字盖章；施工图审查质量；审查人员的培训情况。

建设主管部门实施监督检查时，有权要求被检查的审查机构提供有关施工图审查的文件和资料。

（3）审查机构违反本办法规定，有下列行为之一的，县级以上地方人民政府建设主管部门责令改正，处 1 万元以上 3 万元以下的罚款；情节严重的，省、自治区、直辖市人民政府建设主管部门撤销对审查机构的认定，超出认定的范围从事施工图审查的；使用不符合条件审查人员的；未按规定上报审查过程中发现的违法违规行为的；未按规定在审查合格书和施工图上签字盖章的；未按规定的审查内容进行审查的。

三、施工图审查机构不良行为记录

按照《建设工程质量责任主体和有关机构不良记录管理办法（试行）》，勘察、设计、施工、施工图审查、工程质量检测、监理等单位的不良记录应作为建设行政主管部门对其进行年检和资质评审的重要依据。其中施工图审查机构以下情况应予以记录：

（1）未经建设行政主管部门核准备案，擅自从事施工图审查业务活动的；

（2）超越核准的等级和范围从事施工图审查业务活动的；

（3）未按国家规定的审查内容进行审查，存在错审、漏审的；

（4）其他可能影响审查质量的违法、违规行为。

第七节 检测机构质量行为监督

一、检测机构市场准入及人员资格管理

建设工程质量检测是指工程质量检测机构接受委托，依据国家有关法律法规和工程建设强制性标准，对涉及结构安全项的抽样检测和对进入施工现场的建筑材料、建筑构配件的见证取样检测。

检测机构是具有独立法人资格的中介机构。检测机构从事《建设工程质量检测管理办法》附件一规定的质量检测业务，应当依据该办法取得相应的资质证书。检测机构资质按照其承担的检测业务内容分为专项检测机构资质和见证取样检测机构资质。检测机构未取得相应的资质证书，不得承担该办法规定的质量检测业务。

二、检测机构负责任和义务

（1）任何单位和个人不得涂改、倒卖、出租、出借或者以其他形式非法转让资质证书。

（2）该办法规定的质量检测业务，由工程项目建设单位委托具有相应资质的检测机构进行检测。委托方与被委托方应当签订书面合同。

（3）检测结果利害关系人对检测结果发生争议的，由双方共同认可的检测机构复检，复检结果由提出复检方报当地建设主管部门备案。

（4）质量检测试样的取样应当严格执行有关工程建设标准和国家有关规定，在建设单位或者工程监理单位监督下现场取样。提供质量检测试样的单位和个人，应当对试样的真实性负责。

（5）检测机构完成检测业务后，应当及时出具检测报告。检测报告经检测人员签字、检测机构法定代表人或者其授权的签字人签署，并加盖检测机构公章或者检测专用章后方可生效。检测报告经建设单位或者工程监理单位确认后，由施工单位归档。见证取样检测的检测报告中应当注明见证人单位及姓名。

（6）任何单位和个人不得明示或者暗示检测机构出具虚假检测报告，不得篡改或者伪造检测报告。

（7）检测人员不得同时受聘于两个或者两个以上的检测机构。

（8）检测机构和检测人员不得推荐或者监制建筑材料、构配件和设备。

（9）检测机构不得与行政机关，法律、法规授权的具有管理公共事务职能的组织以及所检测工程项目相关的设计单位、施工单位、监理单位有隶属关系或者其他利害关系。

（10）检测机构不得转包检测业务。

（11）检测机构跨省、自治区、直辖市承担检测业务的，应当向工程所在地的省、自治区、直辖市人民政府建设主管部门备案。

（12）检测机构应当对其检测数据和检测报告的真实性和准确性负责。

（13）检测机构违反法律法规和工程建设强制性标准，给他人造成损失的，应当依法承担相应的赔偿责任。

（14）检测机构应当将检测过程中发现的建设单位、监理单位、施工单位违反有关法律、法规和工程建设强制性标准的情况，以及涉及结构安全检测结果的不合格情况，及时报告工程所在地建设主管部门，并提交验收部门备案。作为监督抽样检验的检验结果，必须在检验结果中写明监督机构及其名称。

（15）检测机构应当建立档案管理制度。检测合同、委托单、原始记录、检测报告应当按年度统一编号，编号应当连续，不得随意抽撤、涂改。

（16）检测机构应当单独建立检测结果不合格项目台账。

（17）检测机构在资质证书有效期内有下列行为之一的，原审批机关不予延期：超出资质范围从事检测活动的；转包检测业务的；涂改、倒卖、出租、出借或者以其他形式非法转让资质证书的；未按照国家有关工程建设强制性标准进行检测，造成质量安全事故或致使事故损失扩大的；伪造检测数据、出具虚假检测报告或者鉴定结论的。

三、质量检测机构质量不良行为记录

按照《建设工程质量责任主体和有关机构不良记录管理办法(试行)》,勘察、设计、施工、施工图审查、工程质量检测、监理等单位的不良记录应作为建设行政主管部门对其进行年检和资质评审的重要依据。其中工程质量检测机构以下情况应予以记录:

(1)未经批准擅自从事工程质量检测业务活动的;

(2)超越核准的检测业务范围从事工程质量检测业务活动的;

(3)出具虚假报告,以及检测报告数据和检测结论与实测数据严重不符的;

(4)其他可能影响检测质量的违法、违规行为。

第三章　工程验收

第一节　统一标准

一、概述

《建筑工程施工质量验收统一标准》（GB 50300—2013）是用技术立法的形式，统一建筑工程施工质量验收的方法、内容和质量指标，统一验收组织和程序，促进企业加强管理，保证工程质量，提高社会效益。坚持“验评分离、强化验收、完善手段、过程控制”的指导思想。统一标准规定了建设工程验收的基本条件和要求，是过程的要求，也是对各专业验收规范的指导和要求。其有以下几个主要作用。

统一整个“验收规范”，将其中的重要思路给予明确，对保证质量验收的有关方面提出要求；提出了全过程进行质量控制的主导思路；将检验批的检验项目抽样方案给予了原则提示。

1. 适用范围及主要内容

（1）适用于建筑工程施工质量的验收，不包括设计及使用中的质量问题，建筑工程包括 10 个部分：

①地基与基础工程；

②主体结构工程；

③建筑装饰装修工程；

④建筑屋面工程；

⑤建筑给水、排水及采暖工程；

⑥建筑电气工程；

⑦通风与空调工程；

⑧电梯工程；

⑨智能建筑工程；

⑩建筑节能工程。

（2）主要内容：

①对房屋建筑工程各专业工程施工质量验收规范编制的统一准则做了规定；

②直接规定了单位工程（子单位工程）的验收，从单位工程的划分和组成，质量指标的设置，到验收程序都做了具体规定。

2. 统一标准的编制依据及与各专业验收规范的关系

（1）依据《中华人民共和国标准化法》《中华人民共和国标准化法实施条例》《工程建设标准管理办法》《中华人民共和国建筑法》《建设工程质量管理条例》《建筑结构可靠度设计统一标准》及其他有关设计规范的规定；

（2）统一标准是规定质量验收程序及组织的规定和单位（子单位）工程的验收指标，各相应标准是各分项工程质量验收指标的具体内容，因此二者必须相互协调、配套使用。

二、建筑工程质量验收基本规定

1. 施工单位的质量管理

（1）相应的施工技术标准。具体内容包括施工企业依据有关国家标准、行业推荐性标准、检验方法标准，结合企业实际所编制的施工工艺、施工操作规程以及达到相应的质量控制指标的措施等。

（2）健全的质量管理体系。包括原材料，工艺流程，施工过程的控制。

（3）施工质量检验制度。具体内容包括每道工序质量检查、各相关工序的交接检验、各专业工种之间等中间环节的质量管理和控制要求，以及满足设计施工图和功能要求的抽样检验测试制度。

（4）综合施工质量水平考核制度。应从施工技术、管理制度、工程质量控制和工程质量等方面制定对施工企业综合质量控制水平的指标。

2. 建筑工程施工质量控制

建筑安装工程应按照下列规定进行施工质量控制：

（1）建筑工程采用的主要原材料、半成品、成品、构配件、器具及设备应进行现场验收。凡涉及安全、功能的产品应按各专业验收规范进行复验，并经监理工程师（建设单位技术负责人）检查认可。

（2）各工序应按施工技术标准进行质量控制，每道工序完成后应进行工序交接检验。未经监理工程师签字，不得进行下道工序施工。

（3）相关各专业工程之间，应进行中间交接检验，并形成记录。

3. 建筑工程验收依据

建筑工程应依据下列文件（强制性条文）进行验收。

（1）《建筑工程施工质量验收统一标准》和相关专业验收规范的规定。

建筑工程施工质量验收应依据《建筑工程施工质量验收统一标准》和各专业验收规范所规定的程序、方法、内容和质量标准。检验批、分项工程的质量验收应符合专业验收规范的要求，并应符合《建筑工程施工质量验收》的规定；单位工程质量验收应符合《建筑工程施工质量验收统一标准》的规定。

（2）建筑工程施工应符合工程勘察、设计文件的要求。

工程勘察是指地质勘察报告。设计文件包括各专业施工图及设计变更等。施工图设计文件应经过审查，并取得施工图设计文件审查批准书。施工单位应严格按图施工，不得擅自变更或不按图纸要求施工。如有变更，应有设计单位同意变更的书面（文字或变更图）的文件。

4. 建筑工程质量验收

建筑工程质量验收应符合下列要求。

（1）参加工程施工质量验收各方人员应具备规定的资格。本条规定了参加施工质量验收的人员必须是具备相关资质的专业技术人员，为质量验收的正确提出了基本要求，来保证整个质量验收过程的质量。

（2）工程质量的验收均应在施工单位自行检查评定的基础上进行。工程质量验收的基础是检验批分项工程，验收前应由施工企业先行自检评定。检查结果能够满足设计和相关专业验收规范的规定，达到合格质量标准后，方可提交建设或监理单位进行验收。分清生产、验收两个质量阶段，将质量落实到企业，谁生产谁负责。

（3）隐蔽工程在隐蔽前应由施工单位通知有关单位进行验收，并应形成验收文件。作为施工过程的重要控制点，隐蔽工程的验收，建设单位可以按照合同约定由监理单位代为验收，并形成验收文件，供检验批、分项、分部（子分部）验收时备查。对于隐蔽工程中的地基验收的隐蔽检查，按照相关要求，勘察和设计单位也应参加工程地基基础检验。

（4）涉及结构安全的试块、试件以及有关材料，应按规定进行见证取样检测。见证检验是指在建设单位或工程监理单位人员见证下，由施工单位的现场试验人员对工程中涉及结构安全的试块、试件和材料在现场取样，并送至经过省级以上建设行政主管部门对其资质认可和质量技术监督部门对其计量认证的质量检测单位进行检测。

①用于承重结构的混凝土试块、砂浆试块、钢筋及连接接头试件、砖和混凝土小型砌块、混凝土中使用的掺加料；

②用于拌制混凝土和砌筑砂浆的水泥，地下、屋面、厕浴间使用的防水材料等。

（5）检验批的质量应按主控项目和一般项目验收。

①主控项目：对材料、构配件或建筑工程项目的质量起决定性影响的检验项目。也就是这些检验项目如不符合规定的质量标准，将会直接影响结构安全或使用功能；影响到工程的合理使用年限，因此必须从严要求。

②一般项目：对材料、构配件或建筑工程项目的质量不起决定性作用的检验项目。其抽检结果允许有轻微缺陷，但不允许有严重缺陷，因为其会显著降低基本性能，甚至引起失效，故必须加以限制。检查合格的条件为，检查结果偏差在允许偏差范围以内，但偏差不允许有超过极限偏差的情况。允许偏差及极限偏差由各专业工程质量验收规范根据检查项目的性质及其对基本质量的影响程度确定。

（6）对涉及结构安全和使用功能的重要分部工程应进行抽样检测。这保证了在合理使用寿命内地基基础和主体结构的质量，满足不漏、不裂、不堵等使用功能要求，具体的检验和抽样检测项目在各专业验收规范中予以确定。

（7）承担见证取样检测及有关结构安全检测的单位应具备相应资质。进行抽样检测的单位，应通过省级以上建设行政主管部门对其资质认可和质量技术监督部门对其计量的认证。这是保证见证取样检测、结构安全检测工作正常进行，数据准确的必要条件。特别是对竣工后的抽样检测更为重要。

（8）工程的观感质量应由验收人员通过现场检查，并应共同确认。单位工程观感质量验收是评价工程所达到的质量水平。建设单位应组织勘察、设计、施工、监理等单位和其他有关方面的专家组成验收组，制定验收方案，进行竣工验收。同时，验收人员应通过现场检查共同对工程的观感质量予以确认，做出正确的综合评价。这是一种专家评分共同确认的评价方法，但人员应符合有关规定，以保证观感检查的质量。

三、建筑工程质量验收的划分

建筑工程质量验收应划分为单位（子单位）工程分部（子分部）工程、分项工程、检验批。

1. 单位工程划分原则

（1）具备独立施工条件并能形成独立使用功能的建筑物及构筑物为一个单位工程。

（2）建筑规模较大的单位工程，可将其能形成独立使用功能的某一部分为子单位工程。

子单位工程的划分一般可根据工程的建筑设计分区、结构缝的设置位置提高、使用功能显著差异等实际情况，在施工前由建设、监理施工单位共同商定，并据此收集整理施工技术资料和验收。

2. 分部（子分部）工程划分原则

（1）分部工程的划分应按专业性质、建筑部位、材料及施工特点或施工顺序划分。

（2）当分部工程较大或较复杂时，可按照材料种类、施工特点、施工顺序、专业系统及类别等划分为若干个子分部工程。

（3）当分部工程量很大且较复杂时，将其中相同部分的分部工程或能够形成独立专业系统的工程划分为子分部工程。

3. 分项工程划分原则

应该按照主要工种、材料、施工工艺及设备类别等进行划分；分项工程可由一个或若干个检验批组成。

4. 检验批的划分原则

由各专业验收规范确定，并根据施工及质量控制和专业验收需要按楼层、施工段、变形缝或专业系统等进行划分。也可以在施工前由建设、监理、施工单位根据工程实际情况和验收规范的原则要求共同商定。经确定后的检验批，施工单位应按规定自检评定，建设、监理单位进行随机抽样验收。

5. 室外工程划分原则

可根据专业类别和工程规模划分单位（子单位）工程。

第二节 工程施工过程验收

工程质量验收是在施工企业自行质量检查评定的基础上，参与建设活动的有关单位共同对检验批、分项、分部、单位工程的质量进行抽样复验，根据相关标准以书面形式对工程质量达到合格与否做出确认。

建设工程质量责任主体是指参与工程建设项目的建设单位、勘察单位、设计单位、施工单位、监理单位和检测机构。工程质量验收主要由以上责任主体参加并评定等级，监督机构对责任主体的质量行为和实体质量进行监督。

一、工程质量验收

（一）检验批应按下列规定进行验收

1. 资料检查

建筑材料、成品、半成品、建筑构配件、器具和设备的质量证明书及进场的检（试）验报告；按专业质量验收规范规定的抽样试验报告；隐蔽工程检查记录；施工过程检查记录；质量管理资料及施工单位操作依据等。

2. 实体质量检验

对检验批的主控项目和一般项目，应根据专业工程质量验收规范规定的抽样方案进行计量、计数等检验。

根据强化验收、完善手段和过程控制原则，规定了验收批的检验方法。检验批按资料检查和实体质量检查两种方式进行。检验的基础是施工单位在施工过程中对各工序的检查，并由监理方会同有关人员共同确认而加以验收。

资料检查的内容包括原材料、建筑构配件及器具设备等的质量证明以及进厂复检报告；施工过程中形成的各工序检查记录；检验批内按规定抽样检验的试验报告；对结构安全有影响的见证检验报告；隐蔽工程检查记录以及施工单位的企业标准及操作规程等。这些资料反映了施工过程中质量控制情况。

实体质量检验是反映验收批实际质量的直接手段。通过抽样试验测定子样的某些性能，从而从计量、计数的角度反映验收批相应性能的质量状况，这是最真实而可靠的方法。当然根据不同性能对于验收批基本质量的影响，上述检验分为主控项目和一般项目，并对验收批的验收结果起不同的控制作用。实体质量检验的抽样方案和检验方法由各专业工程质量验收规范确定。

（二）检验批合格质量应符合的规定

（1）主控项目经抽样检验必须符合相关专业质量验收规范的规定。

（2）一般项目经抽样检验应符合相关专业质量验收规范的规定。其中，有允许偏差的项目按抽样确定的部位（点、处）的实测值应符合允许偏差的要求，且不应超过极限偏差值的要求。

（3）质量控制资料和文件应完整。

（4）检验批质量评定与验收的说明。

①对原材料、半成品、成品、构配件、器具、设备等产品的进场验收应符合下列要求：

a. 进场产品应有合格证明书和产品识别标志，并应有进场记录；

b. 产品进场应分批存放，其数量、种类、规格等应与合同约定相符合；

c. 凡涉及安全、功能的有关产品，应按各专业工程质量验收规范规定或合同约定的抽样方案按批进行复验并合格。

②建筑工程中的各分项工程，应根据施工实际情况划分检验批。检验批的验收应符合下列要求：

a. 应有完整的施工过程、操作依据和质量检查记录，以及质量管理资料；

b. 检验批中主控项目和一般项目的质量，应经抽样检验评定合格。

③检验批中的主控项目和一般项目的质量检验评定所用的抽样方案，根据检验项目的特点可在下列方案中进行选择：

a. 各检验项目可选用计量、计数或计量—计数等抽样检验方法；根据抽样的次数还可选用一次、二次或多次抽样方案；根据生产连续性和生产控制稳定性情况，尚可采用调整型抽样方案。

b. 对重要的检验项目，且可采用简易快速的非破损检验方法时，可选用全数检验方案。

c. 对几何尺寸偏差或外观缺陷方面的检验项目，宜选用一次或二次的计数抽样方案。

④经实践检验而行之有效的经验性抽样方案。

⑤抽样方案中采用的生产方风险概率（或错判概率）和使用方风险概率（或漏判概率）宜按下列规定取用。

a. 主控项目：对应于合格质量水平的生产方风险概率及对应于极限质量水平的使用方风险概率均不宜超过 5%；

b. 一般项目：对应于合格质量水平的生产方风险概率不宜超过 5%，对应于极限质量水平的使用方风险概率不宜超过 10%。

⑥当见证检验采用与检验批相同的抽样方案时，在符合统一标准规定的条件下，该检验批应予以验收。

(5) 检验批合格质量的要求。

检验批的合格质量主要取决于对主控项目和一般项目的检验结果。主控项目是对检验批的基本质量起决定性影响的检验项目，因此必须全部符合有关专业工程验收规范的规定。这意味着不允许有不符合要求的检验结果，即这种项目的检查具有否决权。鉴于主控项目对基本质量的决定性影响，从严要求是必需的。一般项目的抽查结果允许有轻微缺陷，因为其对验收批的基本性能仅造成轻微影响，但不允许有严重缺陷，因为其会显著降低基本性能，甚至引起失效，故必须加以限制。体现为抽样检验对于计量、计数检查项目，各专业工程质量验收规范均应给出允许偏差及极限偏差。检查合格条件为，检查结果偏差在允许偏差范围以内，但偏差不允许有超过极限偏差的情况。因为对于超过极限的偏差，即使是少数，也足以严重影响验收批的基本质量，甚至引起安全或使用功能失效。允许偏差及极限偏差由各专业工程质量验收规范根据检查项目的性质及其对基本质量影响的程度确定。

（三）分项工程质量验收合格应符合的规定

（1）各检验批均应符合合格质量的规定。

（2）各检验批记录应完整。

（3）分项工程的验收在检验批的基础上进行。一般情况下，两者具有相同或相近的性质，只是批量的大小不同而已。因此，将有关的检验批汇集即可构成分项工程。分项工程合格质量的条件比较简单，只要构成分项工程的各检验批的验收资料文件完整，并且均已验收合格，则分项工程就合格验收。

二、工程质量施工验收程序和组织

1. 检验批和分项工程的质量验收程序和组织

检验批及分项工程应由监理工程师或建设单位（项目）技术负责人组织施工单位工程项目技术负责人等进行验收。

（1）检验批和分项工程验收突出了监理工程师和施工者负责的原则。

根据《建筑工程质量管理条例》第 37 条规定，经监理工程师签字，施工单位不得进行下一道工序的施工。对没有实行监理的工程，可由建设单位（项目）技术负责人组织施工单位工程项目技术负责人等进行验收。施工过程的每道工序、各个环节每个检验批对工程质量的把关的作用，首先应由施工单位的项目技术负责人组织自检评定，在符合设计要求和规范规定的合格质量要求后，应提交监理工程师或建设单位项目技术负责人进行验收。

（2）监理工程师拥有对每道施工工序的施工检查权，并根据检查结果决定是否允许进行下道工序的施工。对于不符合规范和质量标准的验收批，有权要求施工单位停工整改、返工。

（3）分项工程施工过程中，应对关键部位随时进行抽查。所有分项工程施工，施工单位应在自检合格后，填写分项工程报验申请表，并附上分项工程评定表。属隐蔽工程，还应将隐检单报监理单位。监理工程师必须组织施工单位的工程项目负责人和有关人员严格按每道工序进行检查验收。合格者，签发分项工程验收单。并与相关人员严格按照要求，对每一道工序进行检查验收，合格者，发出分项工程验收单。

2. 分部工程质量验收的程序和组织

分部工程应由总监理工程师或建设单位项目负责人组织施工单位项目负责人和技术、质量负责人等进行验收。地基基础、主体结构、幕墙等分部工程的勘察、设计单位工程项目负责人和施工单位技术、质量部门的负责人也应参加相关分部工程验收。

（1）分部工程是单位工程的组成部分，因此分部工程完成后，在施工单位项目负责人组织自检评定合格后，向监理单位（或建设单位项目负责人）提出分部工程验收的报告。其中地基基础、主体工程、幕墙等分部，还应由施工单位的技术、质量部门配合项目负责人做好检查评定工作，监理单位的总监理工程师（没有实行监理的单位应由建设单位项目负责人）组织施工单位的项目负责人和技术、质量负责人等有关人员进行验收。工程监理实行总监理工程师负责制，总监理工程师享有合同赋予监理单位的全部权利，全面负责受监委托的监理工作。因为地基基础、主体结构和幕墙工程的主要技术资料和质量问题是归技术部门和质量部门掌握，所以规定施工单位的项目技术质量负责人参加验收是符合实际的。目的是督促参建单位的技术质量负责人加强整个施工过程的质量管理。

（2）鉴于地基基础、主体结构和幕墙等分部工程在单位工程中所处的重要地位，结构技术性能要求严格、技术性强，关系整个单位工程的建筑结构安全和重要使用功能，规定这些分部工程的勘察、设计单位工程项目负责人和施工单位的技术、质量部门负责人也应参加相关分部工强质量的验收。

三、工程竣工验收有关责任主体提供质量文件审查

1. 施工单位工程竣工报告审查

（1）工程的基本情况、工程名称、工程地点、建筑面积、结构类型等是否与有关文件相符。

（2）符合设计文件及合同履约情况。

（3）工程建设各环节执行法律、法规情况。

（4）工程建设各环节执行国家强制性标准情况。

（5）有关质量验收文件、质量证明文件等技术资料完整情况。

（6）施工单位自评结论及项目经理签章。

（7）总监理工程师意见及签章。

2. 勘察、设计单位工程质量检查报告审查

（1）施工图审查机构在施工图审查报告中，对勘察设计单位提出的整改意见落实情况。

（2）工程中勘察、设计变更文件，变更程序是否符合要求，涉及主体结构重大变更等是否有施工图审查补审。

（3）勘察、设计单位质量检查的总体评价，实体质量是否满足工程结构安全及设计要求。

（4）勘察、设计单位及项目负责人的签章。

3. 监理单位质量评估报告审查

（1）参建各方单位资质和人员岗位资格是否符合要求，质量行为是否符合有关规定，工程技术资料是否完整。

（2）是否按照设计文件内容组织施工，是否遵守国家相关技术标准和强制性条文。

（3）工程实体质量情况，是否满足设计要求，符合现行质量验收规范的规定，符合施工合同的约定。

（4）地基基础、主体结构、装饰装修、屋面、建筑给排水及采暖、电气、智能建筑、通风与空调、电梯等分部是否合格，质量控制资料是否完整。

（5）监理单位的评估结论。

第三节　工程竣工验收监督

建设工程质量监督机构，在监督竣工验收时，重点对工程竣工验收的组织形式、验收程序、执行验收规范标准情况等实行监督。发现有违反建设工程质量管理规定行为和违反强制性标准条文的，责令改正，并将工程竣工验收的监督情况列为工程质量监督报告的重要内容。

一、工程竣工验收监督

《工程质量监督导则》对工程竣工验收监督概念做了明确解释：本导则所称的工程竣工验收监督，是指监督机构通过对建设单位组织的工程竣工验收程序进行监督，对经过勘察、设计、监理、施工各方责任主体签字认可的质量文件进行查验，对工程实体质量进行现场抽查，以监督责任主体和有关机构履行质量责任，执行工程建设强制性标准情况的活动。《房屋建筑工程和市政基础设施工程竣工验收暂行规定》第二条规定：凡在中华人民共和国境内新建、扩建、改建的各类房屋和市政基础设施工程的竣工验收（以下简称工程竣工验收），应当遵守本规定。

二、施工监理的基本要求

（1）完成工程设计和合同约定的各项内容。

（2）施工单位在工程完工后对工程质量进行了检查，确认工程质量符合有关法律法规和工程建设强制性标准，符合设计文件及合同要求，并提出工程竣工报告。工程竣工报告应经项目经理和施工单位有关负责人审核签字。

（3）对于委托监理的工程项目，监理单位对工程进行了质量评估，具有完整的监理资料，并提出工程质量评估报告。工程质量评估报告应经总监理工程师和监理单位有关负责人审核签字。

（4）勘察、设计单位对勘察、设计文件及施工过程中由设计单位签署的设计变更通知书进行检查，并提出质量检查报告。质量检查报告应经该项目勘察、设计负责人和勘察、设计单位有关负责人审核签字。

（5）有完整的技术档案和施工管理资料。

（6）有工程使用的主要建筑材料、建筑构配件和设备的进场试验报告。

（7）建设单位已按合同约定支付工程款。

（8）有施工单位签署的工程质量保证书。

（9）城乡规划行政主管部门对工程是否符合规划设计要求进行检查，并出具认可文件。

（10）由公安消防部门出具的对大型的人员密集场所和其他特殊建设工程验收合格的证明文件。

（11）建设行政主管部门及其委托的工程质量监督机构等有关部门责令整改的问题全部整改完毕。

三、工程竣工验收监督的程序

（1）建设、勘察、设计、施工、监理单位分别汇报工程合同履约情况和在工程建设各个环节执行法律、法规和工程建设强制性标准的情况。

（2）审阅建设、勘察、设计、施工、监理单位的工程档案资料。

（3）实地查验工程质量。

（4）对工程勘察、设计、施工、设备安装质量和各管理环节等方面做出全面评价，形成经验收组人员签署的工程竣工验收意见。

（5）验收意见不一致时，由当地建设行政主管部门或工程质量监督机构协调。

（6）工程质量监督机构在监督验收工程中，发现其组织形式、验收程序和实体质量存在严重问题时，可提出整改意见。

第四节　住宅工程质量分户验收

分户验收，即“一户一验”，是指住宅工程在按照国家有关标准、规范要求进行工程竣工验收前，对每一户住宅及单位工程公共部位进行专门验收，并在分户验收合格后出具工程质量竣工验收记录。这项措施的出台，就等于给每个购买住房的老百姓都把住了质量关，避免了整体验收和抽检所造成的遗漏，也就避免了交付使用后的“扯皮”现象。

一、分户验收的概念

分户验收是指建设单位组织施工、监理等单位，在住宅工程各检验批、分项分部工程验收合格的基础上，在住宅工程竣工验收前，依据国家有关工程质量验收标准，对每户住宅及相关公共部位的观感质量和使用功能等进行检查验收，并出具验收合格证明的活动。

二、分户验收的意义

（1）提高住宅工程质量管理水平，保护百姓利益，减少质量投诉，预防群访、群诉事件；

（2）督促施工企业抓技术、质量管理，抓操作人员素质，严格按照施工工艺标准施工，研究制定提高工程质量措施并有效实施；

（3）督促监理企业按施工验收规范、规程严格验收，不走过场。

三、分户验收的组织程序

住宅工程分户验收应当按照以下程序进行。

（1）分户验收内容完成后，施工单位应首先进行全面自检评定，自检合格后向建设单位提出住宅工程分户质量验收书面申请。

（2）建设单位组织监理、施工等单位的有关人员，按照国家工程质量验收标准的要求，逐户按照要求的分户验收内容确定检查部位、数量，并适时进行检查验收；分包单位项目经理、项目技术负责人也应参加分包项目的分户验收；已选定物业企业的，物业企业应当参加分户验收工作。

（3）参加分户验收的人员应具备相应的技术能力和资格，并经当地监督机构认可与备案。

（4）分户质量验收前，施工单位应在建筑物相应部位标识好暗埋水、电管线的走向，分户验收应配备必要的检测仪器；建设单位应提前 5 个工作日向当地工程质量监督机构进行告知。

（5）分户验收应逐户、逐间检查，并做好记录。分户质量验收不合格的，须经整改符合要求后重新组织验收。

（6）每户住宅和规定的公共部位验收完毕，应填写《住宅工程质量分户验收表》，由建设单位和施工单位项目负责人、监理单位项目总监理工程师等分别签字确认，并加盖公章后，张贴于户内醒目位置。

第五节　优质工程评价

现行建筑工程施工质量验收规范只规定了质量合格标准，这是政府必须管理的。因为工程质量关系着人民生命财产安全和社会稳定，达不到合格的工程就不能交付使用。但目前施工单位的管理水平、技术水平差距较大，有的企业为了提高自己的竞争力和信誉，还要求将工程质量水平再提高。也有些建设单位为了本单位的自身利益，要求高水平的工程质量。优良工程评选为这些企业的创优提供了一个平台。通过创优良工程，让企业树立精品意识，确保了产品的一次合格率。它对于杜绝不合格产品、消灭豆腐渣工程、减少用户投诉将起到不可估量的作用。《建筑工程施工质量评价标准》对优良工程概念做了明确解释："建筑工程质量在满足相关标准规定和合同约定的合格基础上，经过评价在结构安全、实用功能、环境保护等内在质量外表实物质量及工程资料方面，达到本标准规定的质量指标的建筑工程为优良工程。"

一、评估基础

（1）建筑工程质量应实施目标管理，施工单位在工程开工前应制订质量目标，进行质量策划。实施创优良工程，还应在承包合同中明确质量目标以及各方责任。

（2）建筑工程质量应推行科学管理，强化工程项目的工序质量管理，重视管理机制的质量保证能力及持续改进能力。

（3）建筑工程质量控制的重点应突出原材料、过程工序质量控制及功能效果测试，重视提高管理效率及操作技能，做到一次合格达到优良工程。

（4）建筑工程施工质量优良评价应综合检查评价结构的安全性、使用功能和观感质量效果等。

（5）建筑工程施工质量优良评价应注重科技进步、环保和节能等先进技术的应用。

（6）建筑工程施工质量优良评价，应在工程质量按《建筑工程施工质量验收统一标准》及其配套的各专业工程质量验收规范验收合格基础上评价优良等级。

二、评价规定

（1）建筑工程实行施工质量优良评价的工程，应在施工组织设计中制定具体的创优措施。

（2）建筑工程施工质量优良评价，应先由施工单位按规定自行检查评定，然后由监理或相关单位验收评价。评价结果应以验收评价结果为准。

（3）工程结构和单位工程施工质量优良评价均应出具评价报告。

（4）工程结构施工质量优良评价应在地基及桩基工程、结构工程以及附属的地下防水层完工，且主体工程质量验收合格的基础上进行。

（5）工程结构施工质量优良评价，应在施工过程中对施工现场进行必要的抽查，以验证其验收资料的准确性。

（6）单位工程施工质量优良评价应在工程结构施工质量优良评价的基础上，经过竣工验收合格之后进行，工程结构质量评价达不到优良的单位，工程施工质量不能评为优良。

（7）单位工程施工质量优良的评价，应对工程实体质量和工程档案进行全面检查。

第四章　工程质量监督报告及档案管理

第一节　工程质量监督报告

工程质量监督报告，是指工程质量监理机构自工程竣工验收合格之日起 7 个工作日内向备案机关呈交的综合性文件。在监督检查（包括工程竣工验收监督）过程中，工程质量监督机构重点监督工程竣工验收的组织形式、验收程序、执行验收规范和标准的情况等，评估各参建方责任主体和有关机构履行质量责任、执行工程建设强制性标准的情况，并说明工程是否符合备案条件。

一、工程质监督报告编写特点

1. 时效性

日期和日期必须符合国家的法律和法规和不同地区的服务承诺。按照建设部《工程质量监督工作导则》要求、《房屋建筑和市政基础设施工程质量监督管理规定》的规定，在工程竣工验收合格之日起 7 个工作天内编制并报送工程质量监测报告。

2. 真实性

工程概况以及参建各方的基本情况要真实、准确，应该将工程质量监督的起止时间、监督方案编制及交底情况、监督机构人员组成、工程质量关键控制点的监督过程及具体监督内容，以及最终的质量监督结论等都如实地反映出来。

3. 整体性

工程概况，包括总承包单位、分包单位的基本情况；在质量监督内容中，应该将土建、大型安装、钢结构、幕墙、装饰等专项工程都包括在内，要将工程质量控制资料反映出来，还要对实体质量监督，对参建各方质量行为的监督，以及不良行为记录，对工程的总体质量状况做出结论性评价，签章齐全、监督工程师和专业质量监督员均应签字。

4. 针对性

应根据工程规模和结构类型，确定监督检查的项目和次数，以及发出的质量整改通知书的副本数量。违反强制性标准的项数及内容等真实数据和具体内容，反映出本工程质量监督工作的重点、难度和特点。

二、工程质量监督报告编写内容及要点

1. 工程概况及有关参建单位概况

（1）填写项目概况和参与建设的各方当事人情况，填写内容应真实准确。

（2）在填写“施工单位”项时，应注明分包单位的名称、法人代表、项目负责人等。

（3）在填写质量监督实施开始日期的时候，应仔细检查相应的时间。将监理的起止日与开工、竣工和竣工验收日相比较，可以反映工程是否按基本建设程序进行；如果工程开工时间早于实施质量监理的开始时间，则该工程没有按照要求及时办理相关施工手续；完工与竣工验收及监督终止日期之间的间隔时间过长，说明该工程存在未经验收擅自使用的可能性。

2. 项目质量监理工作概况

简述质量监督部的工作内容，反映工程质量监督的过程和结果。

（1）工程质量监理的开始和结束时间。

（2）监督计划的制订和监督交底情况。

（3）本项目的质量监理队伍构成。

（4）项目质量监督重点控制点的设定和监督检查的次数。

（5）质量监督机构对工程进行的具体监督内容包括：对参与建设的各责任主体的质量行为进行核查，不良行为记录，质量监督资料等，并对功能检测数据进行核实，监督抽验，发出质量整改通知并进行复审等情况。

3. 项目质量监理意见书

（1）参与建设各方的责任主体和相关机构，执行相关工程质量法律、法规、部门规章、强制性标准的情况，以及质量行为、监督检查意见的落实。

①对各责任单位质量行为进行监督检查的次数及相应的关键控制点。

②监督抽查责任方的质量行为内容，即对工程质量行为进行抽查的情况。

③有多少个责任方对质量行为进行了核实。

④列举并统计各参与单位在质量管理中违反法律、法规及有关规定的情况。如报监滞后，未经批准擅自使用等。

⑤举出项目与强制性标准不符的地方。

⑥发出《建筑工程（质量）整改通知书》和整改答复的副本数量。

⑦对各责任单位的质量行为和强制性标准执行情况进行全面评估。

（2）对质量控制数据、功能测试数据进行监督检查，并提出意见。综合评价了该项目的质量控制数据和功能测试数据。

（3）对工程实体质量进行监督抽验（包括监督抽验）情况和意见。对该项目进行监督抽查的数量，总体情况，抽测的数量、结果。

（4）施工期间发生的质量问题及处理。对该项目在施工期间发生的质量事故进行了总结。

（5）责任方和有专业资格的人员的不良行为记录，包括本工程出现的不良行为。

（6）由质监部门对本单位工程竣工验收情况进行监督评定，并提出意见。

①评估各参与方对本项目的质量责任履行情况。

②项目质量控制状况的评估。

③对单位项目质量进行全面评估。

a. 建筑物的安全性及使用安全性条件。

b. 建筑物达到使用功能要求的状况。

c. 感官品质（量化）评估。

d. 住宅内部环境品质状况。

e. 建筑节能的质量现状。

f. 住房工程实施分户验收。

g.《单位工程验收规范》对合同规定的执行情况。

④对竣工验收意见和备案条件提出建议。

三、工程质量监督报告编写审批程序

（1）由项目负责人和监理人组织编制《质量监督报告》。

（2）由专业质量监理工程师出具的证明文件。

（3）质监部门技术负责人的评审。

（4）质监部门负责人签发。

（5）一式两份的《质量监督报告》。加盖董事局公章后，一份交备案机关备案，另一份存档。

第二节　工程质量监督档案管理

工程质量监督档案指的是在行政区城内建设的各类房屋建筑安装工程（含装饰、装修工程）质量监督中，由质量监督机构按照省建设工程质量监督总站统一制定的表式，形成的反映工程质量过程控制及结果的具有保存价值的各种记录（文字、图表、照片和声像），包括文字文件和电子文件。

监理单位应建立完善的工程质量监理档案管理制度，该制度应与相关法律法规相一致。

一、工程监理文件的基本内容

（1）工程质量监理申请表。

（2）《建设工程质量验收通知书》。

（3）建设项目质量监管工作计划。

（4）建设项目质量监理交底记录。

（5）质量责任方质量行为数据的监督检查记录。

（6）对建设项目的质量进行监督抽验。

（7）工程监理抽样检验记录。

①房建部分：现浇砼强度，现浇砼钢筋和构件尺寸，绝缘电阻，导线和接地电阻，空调系统工作条件等。

②城市道路，管道，桥梁，隧道，建筑物等。

（8）《建设工程质量抽检通知书》。

（9）《工程质量纠正通知书》和纠正报告。

（10）项目部分停工（暂停）通知，复工申请报告，整改报告。

（11）项目开工通知。

（12）桩基（基础处理）子部项工程质量验收监理记录及桩基处理子部项工程质量验收记录。

（13）地基与基础部分工程验收监理记录及其附有的地基与基础部分工程验收记录。

（14）主体结构部分工程质量验收监督记录和附设主体结构部分工程质量验收记录。

（15）专案质量验收督导记录及专案质量验收记录，附专案质量验收记录。

（16）建筑节能工程专项质量验收监督记录及其附有专项质量验收记录的复印件。

（17）一份处理工程质量事故的督导记录。

①项目质量事故报告。

②对工程质量问题进行调查的报告。

③处理项目质量事故的数据。

（18）《单位（子单位）工程质量竣工验收监督记录》，附件：

①施工单位（子单位）工程竣工验收通知书；

②施工单位（子单位）工程竣工验收报告；

③项目完成情况报告；

④工程勘察验收报告；

⑤项目质量验收报告；

⑥对项目进行质量评定的报告；

⑦施工单位（子单位）工程竣工验收资料；

⑧项目（子单位）工程质量管理数据核实记录；

⑨单位（子单位）工程项目的安全、功能检查数据的核实，以及主要功能

的抽验记录。

（19）建设项目质量监理报表。

（20）其他补充信息：

①建设项目质量监理人员变动表；

②质量责任方不良记录登记表。

（21）其他需保留的验收文件、资料及照片汇总（规划、施工许可文件，电梯、消防、人防工程专项验收合格证明文件，住宅工程常见质量问题预防控制及分户验收核查汇总资料等）。

二、工程监理文件的填写要求

（1）工程质量档案的填写要及时，分项工程竣工后要及时填写监理记录。

（2）项目质量档案的填写必须是真实的，能够真实地反映出项目的质量状况。

（3）填好的工程质量档案签字必须完整，质量监理人员和施工单位要及时、客观地反映工程的实际情况。

（4）工程质量监理文件应当按照文件管理规定及时整理好。

①工程监理档案资料，由监理人员收集、整理、归档，并及时、准确地归档。

②工程监理人员应于工程竣工验收合格之日起 7 个工作日内，将工程监理文件立卷归档，并交档案管理员保管。保管装订要符合有关规定。

③工程监理人员交来的监理文件，由档案管理员审核，监理文件内容完整。

三、工程监理文件的装订

（1）根据工程进度，对工程质量监理文件进行及时的整理和归档。

（2）归档文件排列整齐，没有空白文件。

（3）存档文件必须用耐久的文字书写，不能用易变色的文字书写。

（4）档案文件的字迹清晰，董章签字手续完整。

（5）档案内文字资料的平面尺寸规格建议采用 A4 纸（297 mm × 210 mm），图样建议采用国家标准尺寸。一卷文件的页数应该与以下内容一致。

①卷内文件按所写内容页数排列，每卷独立编号，页数以“1”开头。

②页号书写位置：单面书写文件位于右下角，双面书写文件位于左下角，正面位于右下角，背面位于左下角，折叠有图纸的全部位于右下角。

③卷面、卷面目录及卷面备考单不设页数。

（6）案卷文字资料必须装订，文字资料与图画并用时，应采用线绳三孔左侧装订的方式，整齐划一，便于保存使用。

（7）卷宗包装通常有两种形式，一种是卷盒，一种是夹：

①所述盒式滚筒的外部尺寸为 310 mm × 220 mm，厚度分别为 20 mm、30 mm、40 mm 和 50 mm。

②卷绕夹具的外部尺寸是 310 mm × 220 mm，其厚度通常是 20~30 mm。

四、工程监理文件的保管要求

（1）项目监理单位应设立专用档案室，对监理文件进行存档和保管，并配有防火、防查、防污、防虫等设施。

（2）项目监理单位应确定相应的部门和专门的人员，负责档案的归档和监理工作，明确各自的职责和权利。

（3）档案室应建立便于保存和查阅的监控记录。

（4）工程监理单位应建立监理档案查询制度。与项目有关的单位或个人凭介绍信、工作证或其他合法证件，可以对相应的监理进行备案。

案卷的查询：档案室要设立监督案卷查阅台账；不得擅自对档案进行抄录、复印或泄露档案内容。

（5）工程质量监理文件的保存期限为 15 年和 5 年。文件保存期的确定原则；档案的保存价值要根据本单位的工作需要进行全面的评估，并对其保存期限做出正确的判断。

（6）建设工程监理单位应明确建设工程监理文件的销毁处理办法。对于已过保存期限或已无保存必要的工程质量监控文件，需销毁时，由档案管理员鉴定，并由单位技术负责人审核后，定期销毁。销毁文件必须登记，并由专人监督和销毁。

五、工程质量监理文件的接收和转交

（1）项目监理负责人负责编制工程监理文件，监理机构技术负责人负责审核、验收，符合要求的将文件移交给档案员。

（2）工程监理单位应建立工程监理档案及档案室，档案室应按规定存放，保证档案的保存质量。

六、工程质量监理文件制作中应注意的问题

（1）文件中没有监测计划或监测计划内容不完整。

（2）监督工作没有按照监督方案进行。如现场监督抽查次数未达到计划要求。

（3）监理记录不规范，未按规定对结构质量隐患下达整改通知。例如：在监督记录中反映出了“不符合设计要求、规范要求、不按图施工”等质量问题，但是却没有对相关的整改落实情况进行记录，从而降低了质量监督工作的严谨性。

（4）没有审查质量改进报告的反馈，导致责任方提交不实的报告，而且没有作为证据的附件。例如：初步检查发现问题，相关部门已做出答复，但在竣工验收监督中，对于相同问题再次发出整改通知书。

（5）监察报告的内容与监察档案记载的内容不符。如报告中记载已按要求进行了整改，但竣工验收后发出的整改通知书延迟了几个月才回复。

（6）监理报告发出的延迟时间与竣工验收时间一致。

（7）文件整理不规范，空页太多，顺序混乱。

（8）整改通知书回复不及时，部分工程已竣工验收，但在施工期间下发的整改通知书还没有回复。

（9）核对清单上的签名不完整，质量检验记录也不完整。

（10）对于没有施工许可证，没有质量监督手续，没有按照规定下达整改通知书，没有向建设行政主管部门提出处理意见的项目；对不能满足竣工验收要求的工程，实行竣工验收。如无施工许可证、未审核竣工条件、质检站下发的整改通知书没有答复，严重的质量缺陷按规定处理。

第五章　土建工程质量监督

第一节　概　述

一、土建工程实体质量监督的基本要求

（一）土建工程实体质量监督的主要依据

土建工程实体质量监督的主要依据是国家及山东省制定颁布的有关法律法规、技术标准、规范性文件和工程的施工图设计文件。

（二）土建工程实体质量监督的主要内容

土建工程实体质量监督的重点是监督工程建设强制性标准的实施情况，其主要内容如下：

（1）抽查涉及结构安全与使用功能的主要原材料、建筑构配件的出厂合格证、试验报告及见证取样送检资料。

（2）突出对地基基础、主体结构和其他涉及结构安全，建筑节能、环境质量的重要部位、关键工序和使用功能的监督，并应设置质量监督控制点。

（3）抽查现场拌制混凝土、砂浆配合比和预拌混凝土、预拌砂浆的质量控制情况。

（4）质监人员应根据监督检查的结果，填写监督检查记录，提出明确的监督意见。对存在影响结构安全及使用功能的质量问题的，应签发整改通知单，问题严重的，应签发局部停工整改通知单。

（三）质量监督控制点的设置

质量监督控制点是项目质监组对涉及工程结构安全和使用功能等质量进行控制所设置的，必须由质监人员到施工现场进行监督检查的关键工序和重要部位。当施工单位施工至质量监督控制点时，必须通知质监人员到现场进行监督检查。应设置质量监督控制点的部位和工序为：

（1）桩基和地基处理；

（2）地基基础；

（3）重要结构（混凝土大跨度结构及结构转换层等）隐蔽前；

（4）主体结构验收（含钢结构、木结构等）；

（5）外墙保温、幕墙隐蔽工程；

（6）工程竣工验收。

（四）土建工程实体质量监督抽查的主要内容

1. 地基及基础工程监督抽查的主要内容

（1）工程质量保证及见证取样送检检测资料。

（2）分项、分部工程质量验收资料及隐蔽工程验收记录。

（3）地基处理及桩基检测报告、地基验槽记录。

（4）基础的钢筋、砌体、混凝土和防水等施工质量。

（5）桩基工程、复合地基工程的施工质量。

2. 主体结构工程监督抽查的主要内容

（1）工程质量保证及见证取样送检检测资料。

（2）分项分部工程质量验收资料及隐蔽工程验收记录。

（3）结构重点部位的砌体、混凝土、钢筋等施工质量。

（4）混凝土构件、钢结构构件制作和安装质量。

3. 竣工工程监督抽查的主要内容

（1）幕墙工程，外墙粘（挂）饰面工程等涉及安全和使用功能的重点部位施工质量的监督抽查。

（2）建筑围护结构节能工程施工质量。

（3）工程的观感质量。

（4）分部（子分部）工程的施工质量验收资料。

（5）有环保要求材料的检测资料。

（6）室内环境质量检测报告。

（7）屋面，外墙（窗）、厕所和浴室等有防水要求的房间渗漏试验的记录，必要时可进行现场抽查。

（8）住宅工程质量分户验收资料。

（五）土建工程实体质量监督检测

监督机构应对涉及结构安全、使用功能、关键部位的实体质量或材料进行监督检测，检测记录应列入质量监督报告；监督检测的项目和数量应根据工程的规模、结构形式和施工质量等因素确定。监督检测项目一般应包括：

（1）承重结构混凝土强度；

（2）主要受力钢筋保护层厚度；

（3）现浇楼板厚度；

（4）砌体结构承重墙柱的砌筑砂浆强度；

（5）安装工程中涉及安全和功能的重要项目；

（6）钢结构的重要连接部位；

（7）其他需要检测的项目。

监督机构经监督检测发现工程质量不符合工程建设强制性标准或对工程质量有怀疑的，应责成有关单位委托有资质的检测单位进行检测。

二、土建工程质量控制资料监督的基本要求

1. 收集与整理

（1）工程质量控制资料的形成应符合工程建设标准的相关规定。

（2）工程各参建单位应将工程质量控制资料的形成和积累纳入施工管理的各个环节和有关人员的职责范围。工程质量控制资料应有专人负责收集、整理和审核，有关人员应具备相应的职业资格。

（3）工程质量控制资料主要由施工管理、验收和检测、试验资料等文件和图表组成，应随工程进度同步收集、整理、签发并按规定移交，要求书写认真、

字迹清晰、内容完整、结论明确、责任方签字齐全。工程质量控制资料不符合要求的，不得进行工程竣工验收。

（4）工程质量控制资料的形成、收集和整理应由各方责任主体共同形成，并保证其真实、准确、及时、完整。资料中责任方签字、盖章应符合标准、规范及合同的规定。

地基与基础工程质量验收记录、主体结构工程质量验收记录，表中各单位盖章要求为：建设、监理单位为单位公章，设计单位为单位资质章，施工单位为项目部章，企业质量部门章和企业技术部门章。

建筑工程竣工验收报告中各单位均应加盖公章、法人代表签章。

（5）工程各参建单位应确保各自资料的真实、有效、及时和完整，对资料进行涂改、伪造、随意抽撤或损毁、丢失的，应按有关规定予以处罚。情节严重的，应依法追究法律责任。

（6）由建设单位采购的建筑材料、构配件和设备，建设单位应保证建筑材料、构配件和设备符合设计文件、规范标准和合同要求，并保证相关材料质量证明文件的完整、真实和有效，并经监理单位认可后及时移交给工程施工单位整理归档。

（7）建设单位必须向参与工程建设的勘察、设计、施工、监理等单位提供与建设工程有关的原始资料。监督专业分包单位及时将工程质量控制资料完整、全面、准确地移交给总承包单位。

（8）勘察、设计单位应按国家有关法律、法规、合同和规范要求提供勘察、设计文件。对需勘察、设计单位参加的验收或签认的质量控制资料应参加验收并签署意见。

（9）监理单位在施工阶段应对工程质量控制资料的形成、积累、组卷和归档进行监督、检查，使质量控制资料的完整性、准确性符合有关要求。完成审查施工组织设计、签认工程材料进场报验、工程测量放线、隐蔽工程验收检查以及检验批、分项、分部（子分部）质量验收记录等工作。参加工程见证取样工作，对见证取样试验样品真实性负责。

（10）施工单位应负责工程质量控制资料的主要管理工作。实行技术负责人负责制，逐级建立健全施工技术、质量、材料、检（试）验等管理岗位责任制。应负责汇总各分包单位编制的施工技术资料。应在工程竣工验收前，将工程的质量控制资料整理、汇总、组卷。负责见证取样的取样、封样、送检工作，并对样品的真实性和完整性负责。

分包单位应负责其分包范围内质量控制资料的收集和整理，并对资料的真实性、完整性和有效性负责。

2. 归档与组卷

（1）工程质量控制资料应使用原件。对因各种原因不能使用原件的，应在复印件上加盖原件存放单位公章，注明原件存放处，并有经办人及时间。

（2）工程质量控制资料应以打印或印刷为主。纸质载体幅面为 A4，若手工书写，必须用蓝黑或碳素墨水。

（3）工程质量控制资料应保证字迹清晰，签字、盖章手续齐全，签字必须使用档案规定用笔。微机形成的资料应采用内容打印、手工签名的方式。

（4）组卷应美观、整齐，不宜超过 50 mm 厚。同卷内不应有重复材料。

（5）工程竣工图凡使用施工蓝图绘制应使用碳素墨水标注。蓝图反差明显，图面整洁，并加盖竣工图章。竣工图章内应注明绘制人、审核人、技术负责人、监理工程师、绘制时间等基本内容。竣工图章尺寸为 50 mm × 80 mm。竣工图章应使用不易褪色的红色印泥，加盖在图标栏上方空白处。

（6）利用施工图绘制竣工图，必须标明变更修改的依据；凡施工图结构、工艺、平面布置等有重大变更的，或变更部分超过图面 1/3 的，应当重新绘制施工图。

（7）专业性较强、施工工艺复杂、技术先进的分部（子分部）工程应单独组卷。

（8）分册案本采用卷盒分装，卷盒采用硬壳卷盒（塑料皮、纸胎），规格尺寸为 310 mm × 220 mm × 50 mm，卷盒盒盖应粘贴（插入）标签，标签上应注明工程名称、卷名、分册名称及代码、编制单位、编制人、审核人（技术负责人）、编制日期。分册案本的规格尺寸为 297 mm × 210 mm（A4 幅）、小于 A4 幅面的文件要用 A4 白纸衬托，封面、封底采用白软、耐用的纸张或塑料材料。封面应注明分册名称及代码、分册细目名称及代码、单位工程负责人、单位工程技术负责人、编制日期。

（9）竣工图纸可装订成册，亦可散装在卷盒内。图纸的折叠方式为：对图纸的图框进行裁剪折叠，采用“手风琴风箱式”，图标、竣工图章露在外面，图标外露右下角。其他文字材料一律采用线带装订，装订线离封面左侧为 25 m，取三孔装订，上下两孔分别距中孔 80 mm。

三、见证取样送检制度的基本要求

1. 见证取样送检的范围

（1）见证取样数量。涉及结构安全的试块、试件和材料见证取样和送样的比例不得低于有关技术标准中规定应取样数量的 30%。

（2）按规定，下列试块、试件和材料必须实施见证取样和送检：

①用于承重结构的混凝土试块；

②用于承重墙体的砌筑砂浆试块；

③用于承重结构的钢筋及连接接头试件；

④用于承重墙的砖和混凝土小型砌块；

⑤用于拌制混凝土和砌筑砂浆的水泥；

⑥用于承重结构的混凝土中使用的掺加剂；

⑦地下、屋面、浴间使用的防水材料；

⑧国家规定必须实行见证取样和送检的其他试块、试件和材料。

2. 见证取样送检的程序

（1）建设单位应向工程受监工程质量监督机构和工程检测单位递交“见证单位和见证人员授权书”。授权书应写明本工程现场委托的见证单位和见证人员姓名，以便工程质量监督机构和检测单位检查核对。

（2）施工企业取样人员在现场进行原材料取样和试块制作时，见证人员必须在旁见证。

（3）见证人员应对试样进行监护，并和施工企业取样人员一起将试样送至检测单位或采取有效的封样措施送样。

（4）检测单位应检查委托单及试样上的标识、标志，确认无误后方可进行检测。

（5）检测单位应按照有关规定和技术标准进行检测，出具公正、真实、准确的检测报告，并加盖专用章。

（6）检测单位在接受委托检验任务时，必须由送检单位填写委托单，见证人员应在检验委托单上签名。

（7）检测单位应在检验报告单备注栏中注明见证单位和见证人员姓名。发生试样不合格情况，首先要通知工程受监工程质量监督机构和见证单位。

3. 见证人员的基本要求和职责

（1）见证人员的基本要求。

①见证人员资格：见证人员应是本工程建设单位或监理单位人员；必须具备初级以上技术职称或具有建筑施工专业知识；经培训考核合格，取得“见证人员证书”。

②必须具有建设单位的见证人书面授权书。

③必须向工程质量监督机构和检测单位递交见证人书面授权书。

④人员的基本情况，由省、自治区、直辖市各级建设行政主管部门委托的工程质量监督机构备案，每隔 3~5 年换证一次。

（2）见证人员的职责

①取样时，见证人员必须在现场进行见证；

②见证人员必须对试样进行监护；

③见证人员必须和施工人员一起将试样送至检测单位；

④有专用送样工具的工地，见证人员必须亲自封样。应在试样或其包装上做出标识、封志。应标明工程名称、取样部位、取样日期、样品名称和样品数量，并由见证人员和取样人员签字；

⑤见证人员必须在检验委托单上签字，并出示“见证人员证书”；

⑥见证人员对试样的代表性和真实性负有法定责任。见证人员应制作见证记录，并将见证记录归入施工技术档案。

四、土建工程主要技术标准规范

（一）土建工程主要技术标准规范

土建工程主要技术标准规范，是指土建工程施工质量控制与验收方面常用的国家标准、行业标准及山东省地方标准。

（二）土建工程主要技术标准规范名录

1. 国家标准

《建筑工程施工质量验收统一标准》（GB 50300—2013）

《建筑地基基础工程施工质量验收标准》（GB 50202—2018）

《砌体结构工程施工质量验收规范》（GB 50203—2019）

《混凝土结构工程施工质量验收规范》（GB 50204—2015）

《钢结构工程施工质量验收标准》（GB 50205—2020）

《木结构工程施工质量验收规范》（GB 50206—2012）

《屋面工程质量验收规范》（GB 50207—2012）

《地下防水工程质量验收规范》（GB 50208—2011）

《建筑地面工程施工质量验收规范》（GB 50209—2010）

《建筑装饰装修工程质量验收标准》（GB 50210—2018）

《建筑节能工程施工质量验收标准》（GB 50411—2019）

《建筑边坡工程技术规范》（GB 50330—2013）

《湿陷性黄土地区建筑标准》（GB 50025—2018）

《大体积混凝土施工标准》（GB 50496—2018）

《建筑基坑工程监测技术规范》（GB 50497—2009）

《铝合金结构工程施工质量验收规范》（GB 50576—2010）

《建筑抗震设计规范》（GB 50011—2010）

《民用建筑工程室内环境污染控制标准》（GB 50325—2020）

《硬泡聚氨酯保温防水工程技术规范》（GB 50404—2017）

《混凝土外加剂应用技术规范》（GB 20119—2013）

2. 行业标准

《建筑变形测量规范》（JGJ 8—2007）

《刚－柔性桩复合地基技术规程》（JGJ/T 210—2010）

《建筑基桩检测技术规范》（JGJ 106—2014）

《建筑桩基技术规范》（JGJ 94—2008）

《建筑基坑支护技术规程》（JGJ 120—2012）

《建筑地基处理技术规范》（JGJ 79—2012）

《建筑工程大模板技术标准》（JGJ/T 74—2017）
《钢筋焊接及验收规程》（JGJ 18—2012）
《钢筋机械连接技术规程》（JGJ 107—2010）
《铝合金结构工程施工规程》（JGJ/T 216—2010）
《混凝土异形柱结构技术规程》（JGJ 149—2017）
《无粘结预应力混凝土结构技术规程》（JGJ 92—2016）
《普通混凝土配合比设计规程》（JGJ 55—2011）
《普通混凝土用砂、石质量及检验方法标准》（JGJ 52—2006）
《混凝土用水标准》（JGJ 63—2006）
《轻骨料混凝土结构技术规程》（JGJ 12—2006）
《轻骨料混凝土技术规程》（JGJ 51—2002）
《建筑钢结构焊接技术规程》（JGJ 81—2002）
《网壳结构技术规程》（JGJ 61—2003）
《砌筑砂浆配合比设计规程》（JGJ/T 98—2010）
《种植屋面工程技术规程》（JGJ 155—2013）
《建筑工程饰面砖粘结强度检验标准》（JGJ/T 110—2017）
《金属与石材幕墙工程技术规范》（JGJ 133—2001）
《玻璃幕墙工程技术规范》（JGJ 102—2003）
《塑料门窗工程技术规程》（JGJ 103—2008）

第二节　工程实体质量监督要点

一、地基与基础工程

（一）地基处理

1. 承载力检验

对水泥土搅拌桩复合地基、高压喷射注浆桩复合地基、砂桩地基、振冲桩复合地基、土和灰土挤密桩复合地基、水泥粉煤灰碎石桩复合地基及夯实水泥土桩复合地基，其承载力检验，数量为总数的0.5%~1.0%，但不应少于3处。有单桩强度检验要求时，数量为总数的0.5%~1.0%，但不应少于3根。复合地基、土和灰土挤密桩复合地基、水泥粉煤灰碎石桩复合地基及夯实水泥土桩复合地基，其承载力检验，数量为总数的0.5%~1.0%，但不应少于3处。对于单桩强度检测的要求，检测数量为总数量的0.5%~1.0%，但不得少于3根。

2. 换填垫层地基（灰土地基、沙和沙石地基、粉煤灰地基、土工合成材料地基）

（1）施工过程中必须检查分层厚度、分层施工时上下两层的搭接长度（上下两层的缝距不得小于500 mm），施工含水量、压实遍数、压实系数等。

①垫层的分层铺填厚度一般可取200~300 mm。

②粉质黏土和灰土垫层的施工含水量宜控制在WOP的 ±2% 范围内，粉煤灰垫层的施工含水量宜控制在WOP的 ±4% 范围内。最优含水量可按现行国家标准《土工试验方法标准》（GB/T 50123—1999）中轻型击实试验的要求求得，也可按当地经验取用。

③垫层的施工质量检验必须分层进行。应在每层的压实系数符合设计或规范要求后铺填上层土。

（2）采用环刀法检验垫层的施工质量时，取样点应位于每层厚度的2/3深度处。检验点数量，对大基坑每50~100 m^2 不应少于1个检验点；对基槽每10~20 m不应少于1个点；每个独立柱基不应少于1个点。采用贯入仪或动力触探检验垫层的施工质量时，每分层点的间距应小于4 m。

（3）换填垫层施工结束后，应按要求检验其地基承载力，并应符合设计要求。

3. 强夯地基和强夯置换地基

（1）强夯施工中应检查落距、夯击遍数、夯点的位置、夯击范围、每个夯点的夯击次数和每击的夯沉量等各项参数，并应进行详细记录。

（2）强夯处理后的地基竣工验收承载力检验，应在施工结束后间隔一定时间方能进行。对于碎石土和砂土地基，其间隔时间可取7~14 d；粉土和黏性土地基可取14~28 d；强夯置换地基间隔时间可取28 d。

（3）强夯处理后的地基竣工验收时，承载力检验应采用原位测试和室内土工试验。强夯置换后的地基竣工验收时，承载力检验除应采用单墩载荷试验检验外，尚应采用动力触探等有效手段查明置换墩着底情况及承载力与密度随深度的变化情况，对饱和粉土地基允许采用单墩复合地基载荷试验代替单墩载荷试验。

4. 水泥土搅拌桩地基

（1）水泥土搅拌桩施工过程中必须随时检查施工记录和计量记录，并对照规定的施工工艺对每根桩进行质量评定。检查的重点是水泥用量、桩长、搅拌头转速和提升速度、复搅次数和复搅深度、停浆处理方法等。

（2）水泥土搅拌桩的施工质量检验可采用以下方法。

①成桩 7 d 后，采用浅部开挖桩头深度宜超过停浆（灰）面下 0.5 m，目测检查搅拌的均匀性，量测成桩直径。检查数量为总桩数的 5%。

②成桩后 3 d 内，可用轻型动力触探（N10）检查每米桩身的均匀性。检验数量为施工总桩数的 1%，且不少于 3 根。

（3）竖向承载水泥土搅拌桩地基竣工验收时，承载力检验应采用复合地基载荷试验和单桩载荷试验。

载荷试验必须在桩身强度满足试验荷载条件时，并宜在成桩 28 d 后进行。检验数量为桩总数的 0.5%~1.0%，且每项单体工程不应少于 3 点。

（4）经触探和载荷试验检验后对桩身质量有怀疑时，应在成桩 28 d 后，用双管单动取样器钻取芯样做抗压强度检验。检验数量为施工总桩数的 0.5%，且不少于 3 根。

（5）对相邻桩搭接要求严格的工程，应在成桩 15 d 后，选取数根桩进行开挖，检查搭接情况。

（6）基槽开挖后，应检验桩位、桩数和桩顶质量（桩位允许偏差为 50 mm），如不符合设计要求，应采取有效补救措施。

5. 水泥粉煤灰碎石桩

（1）成桩过程中，应抽样做混合料试块，每台机械一天应做一组（3 块）试块（边长为 150 mm 的立方体），标准养护，测定其立方体抗压强度。

（2）清土和截桩时，不得造成桩顶标高以下桩身断裂和扰动桩土。

（3）施工垂直度偏差不应大于 1%；对满堂布桩基础，桩位偏差不应大于 2/5 桩径；对条形基础，桩位偏差不应大于 1/4 桩径；对单排布桩桩位偏差不应大于 60 mm。

（4）施工质量检验主要应检查施工记录、混合料坍落度、桩数、桩位偏差、褥垫层厚度、夯填度和桩体试块抗压强度等。

（5）水泥粉煤灰碎石桩地基竣工验收时，承载力检验应采用复合地基载荷试验。水泥粉煤灰碎石桩地基检验应在桩身强度满足试验荷载条件时，并宜在施工结束 28 d 后进行。试验数量宜为总桩数的 0.5%~1.0%，且每个单体工程的试验数量不应少于 3 点。

（6）应抽取不少于总桩数 10% 的桩进行低应变动力试验，检测桩身完整性。

（二）桩基础

1. 桩基检测

（1）混凝土桩的桩身完整性检测的抽检数量。

①柱下三桩或三桩以下的承台抽检桩数不得少于 1 根。

②地基基础设计等级为甲级，或地质条件复杂，成桩质量可靠性较低的涨注桩，抽检桩数不应少于总桩数的 30%，且不得少于 20 根；其他桩基工程的抽检数量不应少于总桩数的 20%，且不得少于 10 根。

注：a. 对端承型大直径灌注桩，应在上述两款规定的抽检数量范围内，选用钻孔抽芯法或声波透射法对部分受检桩进行桩身完整性检测，抽检桩数不得少于总桩数的 10%；其他抽检桩可用可靠的动测法进行检测。

b. 地下水位以上且终孔后桩端持力层已经过核验的人工挖孔桩，以及单节混凝土预制桩，抽检数量可适当减少，但不应少于总桩数的 10%，且不应少于 10 根。

c. 当施工质量有疑问的桩、设计方认为重要的桩、局部地质条件出现异常的桩或施工工艺不同的桩的桩数较多时，或需要全面了解整个工程基桩的桩身完整性情况时，应适当增加抽检数量。

（2）桩基承载力的检测。

①桩基承载力应按下列要求检测。

a. 进行静载试验：抽检数量不应少于单位工程总桩数的 1%，且不少于 3 根；当总桩数在 50 根以内时，不应少于 2 根。

b. 进行高应变法检测；抽检数量不应少于单位工程总桩数的 5%，且不得少于 5 根。

②对于端承型大直径灌注桩，当受设备或现场条件限制无法采用静载试验及高应变法检测单桩承载力时，可选用下列方法进行检测。

a. 当桩端持力层为密实砂卵石或其他承载力类似的土层时，对单桩承载力很高的大直径端承型桩，可采用深层平板载荷试验法检测桩端土层在承压板下应力主要影响范围内的承载力，同一土层的试验点不应少于 3 点。

b. 采用岩基载荷试验确定完整，较完整、较破碎岩基作为桩基础持力层时的承载力，载荷试验的数量不应少于 3 个。

c. 采用钻芯法测定桩底沉渣厚度并钻取桩端持力层岩土芯样检验桩端持力层，抽检数量不应少于总桩数的 10%，且不应少于 10 根。

d. 大直径嵌岩桩的承载力可根据终孔时桩端持力层岩性报告结合桩身质量检验报告核验。

（3）桩基的评价性检测与处理。

①单桩竖向抗压承载力按下列要求检测。

a. 进行单桩承载力静载验收检测。如其检测结果的极差不超过其平均值的 30%，可取其平均值作为单桩承载力；如其极差超过其平均值的 30%，宜增加一倍的静载试验数量进行检测。对桩数为 3 根以下的柱下承台，取最小值为其单桩承载力。其扩大检测方案应经设计单位认可。

b. 采用高应变法进行单桩承载力验收检测时，单桩竖向极限承载力的评价方法同静载检测。

c. 对桩身完整性检测中发现的Ⅲ、Ⅳ类桩，由设计单位确定承载力检测数量，但不应低于 20% 的承载力检测，必要时可对其全部进行承载力检测。

②当采用低应变法、高应变法和声波透射法抽检桩身完整性所发现的Ⅲ、Ⅳ类桩之和大于抽检桩数的 20% 时，宜采用原检测方法（声波透射法改用钻芯法），在未检桩中继续加倍抽测。桩身浅部缺陷应开挖验证。其检测方案应经设计单位认可。

③承载力达不到设计要求及桩身质量检测发现的Ⅲ、Ⅳ类桩，应请设计单位拿出处理意见（方案）。

2. 桩基工程的桩位验收

桩基工程的桩位验收，除设计有规定外，应按下述要求进行。

（1）当桩顶设计标高与施工现场标高相同时，或桩基施工结束后，有可能对桩位进行检查时，桩基工程的验收应在施工结束后进行。

（2）当桩顶设计标高低于施工场地标高，送桩后无法对桩位进行检查时，对打入桩可在每根桩桩顶沉至场地标高时，进行中间验收，待全部桩施工结束，承台或底板开挖到设计标高后，再做最终验收。对灌注桩可对护筒位置做中间验收。

3. 打（压）入桩（预制混凝土方桩、先张法预应力管桩、钢桩）的桩位偏差

打（压）人桩（预制混凝土方桩、先张法预应力管桩、钢桩）的桩位偏差，必须符合设计规定。斜桩倾斜度的偏差不得大于倾斜角正切值的 15%（倾斜角系桩的纵向中心线与铅垂线间夹角）。

4. 灌注桩的桩位偏差

桩顶标高至少要比设计标高高出 0.5 m，桩底清孔质量按不同的成桩工艺有不同的要求，应按相关要求执行。

5. 灌注桩施工

（1）施工前应对水泥、沙、石子（如现场搅拌）、钢材等原材料进行检查，对施工组织设计中制定的施工顺序、监测手段（包括仪器和方法）也应检查。

（2）成孔的控制深度应符合下列要求。

摩擦型桩；摩擦桩应以设计桩长控制成孔深度；端承摩擦桩必须保证设计桩长及桩端进入持力层深度。当采用锤击沉管法成孔时，桩管入土深度控制应以标高为主，以贯入度控制为辅。

端承型桩：当采用钻（冲）挖掘成孔时，必须保证桩端进入持力层的设计深度；当采用锤击沉管法成孔时，桩管入土深度控制以贯入度为主、以控制标高为辅。

（3）钻孔达到设计深度，灌注混凝土之前，孔底沉渣厚度指标应符合下列规定：端承型桩≤ 50 mm；摩擦型桩≤ 100 mm；抗拔、抗水平力桩≤ 200 mm。

（4）钢筋笼制作。

①钢筋笼制作允许偏差。

主筋间距：± 10 mm。

箍筋间距：± 20 mm。

钢筋笼间距：± 10 mm（从主筋的外面算起）。

钢筋笼长度：± 100 mm。

②加劲箍宜设在主筋外侧。

③导管接头处外径应比钢筋笼的内径小 100 mm 以上。

④分节制作的钢筋笼，主筋接头宜采用焊接或机械连接。

⑤搬运和吊装钢筋笼时应防止变形，安放应对准孔位，避免碰撞孔壁和自由落下，就位后应立即固定。

（5）浇筑混凝土。

①粗骨料可选用软石或碎石，其粒径不得大于钢筋间最小净距的三分之一。

②检查成孔质量合格后应尽快灌注混凝土。直径大于 1 m 或单桩混凝土量超过 25 m^3 的桩，每根桩应留有 1 组试件；直径不大于 1 m 或单桩混凝土量不超过 25 m^3 的桩，每个灌注台班应留有不少于 1 组试件。

③水下灌注混凝土应符合下列规定。

a. 水下灌注混凝土必须有良好的和易性，坍落度宜为 180~200 mm。

b. 开始灌注混凝土时，导管底部至孔底的距离宜为 300~500 mm。

c. 应用足够的混凝土储备量，导管一次埋入混凝土灌注面以下不应少于 0.8 m。

d. 导管埋入混凝土深度宜为 2~6 m。严禁将导管拔出混凝土灌注面，并应控制提拔导管速度，应有专人测量导管埋深及管内外混凝土面的高差，填写水下混凝土灌注记录。

e. 灌注水下混凝土必须连续施工，每根桩的灌注时间应按初盘混凝土的初凝时间控制，对灌注过程中的故障应记录备案。

f. 应控制最后一次灌注量，超灌高度宜为 0.8~1.0 m，凿除泛浆后必须保证暴露的桩顶混凝土强度达到设计等级。

（6）施工中应对成孔、清孔、放置钢筋笼、灌注混凝土等进行全过程检查、人工挖孔桩尚应复验孔底持力层土（岩）性，嵌岩桩必须有桩端持力层的岩性报告。

（7）施工结束后，应检查混凝土强度，并应做桩体质量及承载力的检验。

6. 先张法预应力管桩施工

（1）桩身质量应符合以下要求。

①混凝土强度：PHC（高强）桩不应低于 C80，PC 桩不应低于 C60。

②管桩尺寸允许偏差（mm）：长度 $+0.7\%L$，$-0.5\%L$；端部倾斜≤ $0.5\%d$；外径（$D \leqslant 600$）+5，−4；壁厚 +20；桩身弯曲度≤ $L/1\,000$。其中 L 为桩长，D 为外径，d 为内径。

③外观质量：不允许出现内外露筋、断筋、脱头、内表面混凝土坍落等现象，接头加密箍与混凝土结合面不得有空洞和蜂窝，不得出现环向和纵向裂缝，桩端平整，混凝土和预应力钢筋墩头不得高出端板平面。

（2）静力压桩施工应符合以下要求。

①压桩顺序宜根据场地工程地质条件确定，并应符合下列规定：

a. 当场地地层中局部含砂、碎石、软石时，宜先对该区域进行压桩；

b. 当持力层埋深或桩的入土深度差别较大时，宜先施压长桩后施压短桩。

②第一节桩下压时垂直度偏差不应大于 0.5%。

③应将每根桩一次性连续压到底，且最后一节有效桩长不宜小于 5 m。

④抱压力不应大于桩身允许侧向压力的 1.1 倍。

⑤对于大面积桩群，应控制日压桩量。

⑥最大压桩力不宜小于设计的单桩竖向极限承载力标准值，必要时可由现场试验确定。

⑦压桩过程中应测量桩身的垂直度。当桩身垂直度偏差大于 1% 时，应找出原因并设法纠正；当桩尖进入较硬土层后，严禁用移动机架等方法强行纠偏。

（3）焊接接桩应符合以下规定。

①焊接接桩材料及施工应符合《建筑钢结构焊接技术规程》的要求。

②钢板宜采用低碳钢，焊条宜采用 F43。

③下节桩段的桩头宜高出地面 0.5 m。

④下节桩的桩头处宜设导向箍；接桩时上下节桩段应保持顺直，错位偏差不宜大于 2 mm；接桩就位纠偏时，不得采用大锤横向敲打。

⑤桩对接前，上下端表面应采用铁刷子清刷干净，坡口处应刷至露出金属光泽。

⑥焊接宜在桩四周对称地进行，待上下桩节固定后拆除导沟箍再分层施焊；焊接层数不得少于 2 层，第一层焊完后必须把焊渣清理干净，方可进行第二层施焊，焊缝应连续、饱满。

⑦焊好后的桩接头应自然冷却后方可继续锤击，自然冷却时间不宜少于8 min；严禁用水冷却或焊好即施压。

⑧雨天焊接时，应采取可靠的防雨措施。

⑨焊接接头的质量检查宜采用探伤检测，同一工程探伤抽样检验不得少于3个接头。

（4）终压条件应符合下列规定。

应根据现场试压桩的试验结果确定终压标准。

终压连续复压次数应根据桩长及地质条件等因素确定。对于入土深度≥8 m的桩，复压次数可为2~3次；对于入土深度小于8 m的桩，复压次数可为3~5次。

稳压压桩力不得小于终压力，稳定压桩的时间宜为5~10 s。

（5）施工过程中应检查桩的贯入情况、桩顶完整状况、电焊接桩质量、桩体垂直度、电焊后的停歇时间。重要工程应对电焊接头做10%的焊缝探伤检查。

（6）施工结束后，应做承载力检验及桩体质量检验。

（三）土方工程

（1）土方开挖前应检查定位放线、排水和降低地下水位系统，合理安排土方运输车的行走路线及弃土场。

（2）土方施工过程中应检查平面位置、水平标高、边坡坡度、压实度、排水、降低地下水位系统，并随时观测周围的环境变化。

（3）土方回填前应清除基底的垃圾、树根等杂物，抽除坑穴积水、淤泥，验收基底标高。如在耕植土或松土上填方，应在基底压实后再进行。

（4）对填方土料应按设计要求验收后方可填入。

（5）填方施工过程中应检查排水措施，每层填筑厚度、含水量控制、压实程度、填筑厚度及压实遍数应根据土质、压实系数及所用机具确定。

（6）填方施工结束后，应检查标高、压实程度等。

（四）基坑工程

（1）土方开挖的顺序，方法必须与设计工况相一致，并遵循“开槽支撑，先撑后挖，分层开挖，严禁超挖”的原则。

（2）基坑（槽）、管沟的挖土应分层进行。在施工过程中基坑（槽）、管沟边堆置土方不应超过设计荷载，挖方时不应碰撞或损伤支护结构、降水设施。

（3）基坑（槽）、管沟土方施工中应对支护结构、周围环境进行观察和监测，如出现异常情况应及时处理，待恢复正常后方可继续施工。

（4）基坑（槽）、管沟土方工程验收必须确保支护结构和周围环境安全为前提。

（5）锚杆及土钉墙支护要求如下。

①施工中应对锚杆或土钉位置、钻孔直径、深度及角度、锚杆或土钉插入长度、注浆配比、压力及注浆量、喷锚墙面厚度及强度、锚杆或土钉应力等进行检查。

②每段支护体施工完成后，应检查坡顶或坡面位移、坡顶沉降及周围环境变化，如有异常情况应采取措施，恢复正常后方可继续施工。

（五）地下防水工程

（1）防水混凝土应连续浇筑，宜少留施工缝。当留设施工缝时，应遵守下列规定。

①墙体水平施工缝不应留在剪力与弯矩最大处或底板与侧墙的交接处，应留在高出底板表面不小于 300 mm 的墙体上。拱（板）墙结合的水平施工缝，宜留在拱（板）墙接缝线以下 150~300 mm 处。外墙体有预留孔洞时，施工缝距孔洞边缘不应小于 300 mm。

②垂直施工缝应避开地下水和裂隙水较多的地段，并宜与变形缝相结合。

③水平施工缝浇灌混凝土前，应将其表面浮浆和杂物清除，先铺净浆再铺 30~50 mm 厚的 1 ：1 水泥砂浆或涂刷混凝土界面处理剂，并及时浇灌混凝土；垂直施工缝浇灌混凝土前，应将其表面清理干净，并涂刷水泥净浆或混凝土界面处理剂，并及时浇灌混凝土。

④选用的遇水膨胀止水条应具有缓胀性能，其 7 d 的膨胀率不应大于最终膨胀率的 60%。

⑤遇水膨胀止水条应牢固地安装在缝表面或预留槽内。

⑥采用中埋式止水带时，应确保位置准确、固定牢靠。

（2）防水混凝土结构内部设置的各种钢筋或绑扎铁丝，不得接触模板。固定模板用的螺栓必须穿过混凝土结构时，可采用工具式螺栓或螺栓加堵头，螺栓上应加焊方形止水环。拆模后应采取加强防水措施将留下的凹槽封堵密实，并宜在迎水面涂刷防水涂料。

（3）卷材防水层为一层或两层。高聚物改性沥青防水卷材厚度不应小于 3 mm，单层使用时，厚度不应小于 4 mm，双层使用时，总厚度不应小于 6 mm；合成高分子防水卷材单层使用时，厚度不应小于 1.5 mm，双层使用时总厚度不应小于 2.4 mm。阴阳角处应做成圆弧或 45°（135°）折角，其尺寸视卷材品质确定。在转角处、阴阳角等特殊部位，应增贴 1~2 层相同的卷材，宽度不宜小于 500 mm。采用外防外贴法铺贴卷材防水层时，应符合下列规定。

①铺贴卷材应先铺平面，后铺立面，交接处应交叉搭接。

②临时性保护墙应用石灰砂浆砌筑，内表面应用石灰砂浆做找平层，并刷石灰浆。如用模板代替临时性保护墙，应在其上涂刷隔离剂。

③从底面折向立面的卷材与永久性保护墙的接触部位，应采用空铺法施工。与临时性保护墙或围护结构模板接触的部位，应临时贴附在该墙上或模板上，卷材铺好后，其顶端应临时固定。

④当不设保护墙时，从底面折向立面的卷材的接茬部位应采取可靠的保护措施。

⑤主体结构完成后，铺贴立面卷材时，应先将接茬部位的各层卷材揭开，并将其表面清理干净。如卷材有局部损伤，应及时进行修补。卷材接茬的搭接长度，高聚物改性沥青卷材为 150 mm，合成高分子卷材为 100 mm。当使用两层卷材时，卷材应错茬接缝，上层卷材应盖过下层卷材。

（4）后浇带应设在受力和变形较小的部位，间距宜为 30~60 m，宽度宜为 700~1 000 mm。后浇带可做成平直缝，结构主筋不宜在缝中断开。如必须断开，则主筋搭接长度应大于 45 倍主筋直径并应按设计要求加设附加钢筋。后浇带需超前止水时，后浇带部位混凝土应局部加厚，并应增设外贴式或中埋式止水带。后浇带的施工应符合下列规定。凝土进行局部加厚，并在后浇带上设置外贴或中埋止水带。后浇带应按以下要求施工。

①后浇带应在其两侧混凝土龄期达到 42 d 后再施工，但高层建筑的后浇带

应在结构顶板浇筑混凝土 14 d 后进行。

②后浇带的接缝处理应符合施工缝处理的规定。

③后浇带混凝土施工前，后浇带部位和外贴式止水带应予以保护，严防落入杂物和损伤外贴式止水带。

④后浇带应采用补偿收缩混凝土浇筑，其强度等级不应低于两侧混凝土。

⑤后浇带混凝土的养护时间不得少于 28 d。

（5）穿墙管（盒）应在浇筑混凝土前预埋。穿墙管与内墙角，凹凸部位的距离应大于 250 mm。结构变形或管道伸缩量较小时，穿墙管可采用主管直接埋入混凝土内的固定式防水法，并应预留凹槽，槽内用嵌缝材料嵌填密实。

结构变形或管道伸缩量较大或有更换要求时，应采用套管式防水法，套管应加焊止水环。

穿墙管线较多时，宜相对集中，采用穿墙盒方法。

穿墙盒的封口钢板应与墙上的预埋角钢焊严，并从钢板上的预留浇注孔注入改性沥青柔性密封材料或细石混凝土处理。

穿墙管防水施工时应符合下列规定。

①金属止水环应与主管满焊密实。采用套管式穿墙管防水构造时，翼环与套管应满焊密实，并在施工前将套管内表面清理干净。

②管与管的间距应大于 300 mm。

③采用遇水膨胀止水圈的穿墙管，管径宜小于 50 mm，止水圈应用胶黏剂满粘固定于管上，并应涂缓胀剂。

（6）防水混凝土拌合物在运输后如出现离析，必须进行二次搅拌。当坍落度损失后不能满足施工要求时，应加入原水灰比的水泥浆或二次掺加减水剂进行搅拌，严禁直接加水。大体积防水混凝土的施工，应采取以下措施。

①在设计许可的情况下，采用混凝土 60 d 强度作为设计强度。

②采用低热或中热水泥，掺加粉煤灰磨细矿渣粉等掺和料。

③掺入减水剂、缓凝剂、膨胀剂等外加剂。

④在炎热季节施工时，采取降低原材料温度，减少混凝土运输时吸收外界热量等降温措施。

⑤混凝土内部预埋管道，进行水冷散热。

⑥采取保温保湿养护。混凝土中心温度与表面温度的差值不应大于 25℃，

表面温度与大气温度的差值不应大于25℃。养护时间不应少于14 d。

（7）地下防水工程施工完毕后，应按施工质量验收规范的规定进行地下防水效果检查，

二、钢筋工程质量监督

钢筋工程质量监督包括钢筋进场检验、钢筋加工、钢筋连接、钢筋安装等一系列检验。施工过程中应重点检查：原材料进场合格证和复试报告、成型加工质量、钢筋连接试验报告及操作者上岗合格证。钢筋安装质量包括纵向、横向钢筋的品种、规格、数量、位置、连接方式、锚固和接头位置、接头数量、接头面积百分率、搭接长度、几何尺寸、间距、保护层厚度，预埋件的规格、数量、位置及锚固长度，箍筋间距、数量及其弯钩角度和平直段长度。验收合格并按有关规定检查或填写有关质量验收记录文件。

（一）钢筋原材料及加工质量监督

1. 钢筋原材料的质量监督

（1）对进场的钢筋原材料应按批次进行检查验收，检查内容包括：检查产品合格证、出厂检验报告、进场复检报告，钢筋的品种、规格、型号、化学成分、力学性能等。并且必须满足设计要求，符合有关现行国家标准的规定。当用户有特别要求时，还应列出某些专门的检验数据。

（2）对进场的钢筋，按进场的批次和产品的抽样检验方案确定抽样复验，钢筋复检报告结果应符合现行国家标准。进场复检报告是判断材料能否在工程中应用的依据。进场的每捆（盘）钢筋均应有标牌（标明生产厂、生产日期、钢号、炉罐号、钢筋级别、直径等标记），应按炉罐号、批次及直径分批验收，分别堆放整齐，严防混料，并应对其检验状态进行标识，防止混用。

（3）检查现场复试报告时，对于有抗震设防要求的框架结构，其纵向受力钢筋的强度应满足设计要求：当设计无具体要求时，对一级、二级抗震等级，检验所得的强度实测值应符合下列规定。

①钢筋的抗拉强度实测值与屈服强度实测值的比值不应小于1.25。

②钢筋的屈服强度实测值与强度标准值的比值不应大于1.3。

（4）钢筋进场或存放了较长一段时间后，在使用前应全数检查其外观质量。钢筋外表应平直、无损伤，弯折后的钢筋不得敲直后作为受力钢筋使用。钢筋表面不应有影响钢筋强度和锚固性能的锈蚀和污染，即表面不得有裂纹、油污、颗粒状或片状老锈。

2. 钢筋加工过程的质量监督

（1）仔细查看结构施工图，弄清不同结构件的配筋数量、规格、间距、尺寸等（注意处理好接头位置和接头百分率问题）。

（2）钢筋加工过程中，检查钢筋冷拉的方法和控制参数。检查钢筋翻样图及配料单中钢筋尺寸、形状应符合设计要求，加工尺寸偏差应符合规定。检查受力钢筋加工时的弯钩和弯折的形状及弯曲半径。检查箍筋末端的弯钩形式。

（3）钢筋加工过程中，若发现钢筋脆断、焊接性能不良或力学性能显著不正常等现象时，应立即停止使用，并对该批钢筋进行化学成分检验或其他专项检验，按其检验结果进行技术处理。如果发现力学性能或化学成分不符合要求时，必须做退货处理。

（4）钢筋加工机械须经试运转，调试正常后，才能正常使用。

3. 钢筋原材料及加工质量监督

（1）钢筋原材料及加工质量监督数量。

钢筋原材料及加工质量监督数量，按进场的批次和产品的抽样检验方案确定。一般钢筋混凝土用的钢筋组批规则：每批质量不大于 60 t 为一个检验批，每批应由同牌号、同一炉罐号、同一规格的钢筋组成。其中冷轧带肋钢筋的检验批由同一牌号、同一外形、同一规格、同一生产工艺和同一交货状态钢筋组成，每批不大于 60 t。冷轧扭钢筋的检验批由同一牌号、同一规格尺寸、同台轧机、同一台班的钢筋组成，且每批不大于 10 t，不足 10 t 也按个检验批计。

（2）钢筋原材料及加工检验标准与检查方法详见《混凝土结构工程施工质量验收规范》（GB 50204—2015）。

（二）钢筋连接工程质量监督

1. 钢筋连接工程质量控制

（1）钢筋连接方法有机械连接、焊接、绑扎搭接等，纵向受力钢筋的连接方式应符合设计要求。钢筋的机械接头、焊接接头外观质量和力学性能，在施工现场，应按国家现行标准规定抽取试件进行检验，使其质量符合要求。绑扎接头应重点查验搭接长度，特别注意钢筋接头百分率对搭接长度的修正。

（2）钢筋机械连接和焊接的操作人员必须经过专业培训，考试合格持证上岗。焊接操作工只能在其上岗证规定的施焊范围实施操作。

（3）钢筋连接操作前应进行安全技术交底，并履行相关手续。

（4）钢筋连接所用的焊（条）剂、套筒等材料必须符合技术检验认定的技术要求，并具有相应的出厂合格证。

（5）钢筋机械连接和焊连接操作前应首先做试件确定钢筋连接的工艺参数。

（6）钢筋接头宜设置在受力较小处，同纵向受力钢筋不宜设置两个或两个以上接头。接头末端至弯起点的距离不应小于钢筋直径的 10 倍。

（7）钢筋机械连接接头或焊接接头在同一构件中的设置宜相互错开，接头位置、接头百分率应符合规范要求。

（8）同一构件相邻纵向受力钢筋的绑扎搭接接头宜相互错开，纵向受拉钢筋搭接接头面积百分率应符合设计要求。

（9）电阻点焊：适用于焊接直径 6~14 mm 的 HPB300 级、HRB335 级钢筋，直径 3~5 mm 的冷拔低碳钢丝及直径 4~12 mm 的冷轧带肋钢筋。点焊的焊接通电时间和电极压力应根据钢筋级别、直径决定。焊点的压入深度：点焊热轧钢筋时，压入深度应为较小钢筋直径的 25%~45%；点焊冷拔低碳钢丝、冷轧带肋钢筋时，压入深度应为较小钢筋直径的 25%~40%。

（10）电弧焊：帮条焊适用于焊接直径 10~40 mm 的热轧圆钢及带肋钢筋、直径 10~25 mm 的余热处理钢筋，搭接焊适用焊接的钢筋与帮条焊相同。

（11）钢筋电渣压力焊：适用于焊接直径 14~40 mm 的 HPB235 级、HB335 级钢筋。焊机容量应根据钢筋直径选定。

（12）钢筋气压焊：适用于焊接直径 14~40 mm 的热轧圆钢及带肋钢筋。当焊接直径不同的钢筋时，两直径之差不得大于 7 mm。气压焊等压法、二次加压法、三次加压法等，工艺应根据钢筋直径等条件选用。

（13）带肋钢筋套筒挤压连接：挤压操作应符合规范要求：钢筋插入套筒内深度应符合设计要求。钢筋端头离套筒长度中心点不宜超过 10 mm。先挤压一端钢筋，插入接连钢筋后，再挤压另一端套筒。挤压宜从套筒中部开始，依次向两端挤压，挤压机与钢筋轴线保持垂直。

（14）钢筋锥螺纹连接：钢筋锥螺纹丝头的锥度、螺距必须与套筒的锥度、螺距一致。对准轴线将钢筋拧入套筒内，接头拧紧值应满足规定的力矩。

2. 钢筋连接工程质量监督

（1）钢筋连接工程质量监督数量。

钢筋连接工程质量监督数量应按《钢筋机械连接技术规程》（JGJ 107—2016）、《钢筋焊接及验收规程》（JGJ 18—2012）的有关规定执行。一般机械连接时，应按同一施工条件采用同一批材料的同等级、同形式、同规格接头，以 500 个为一个检验批。不足 500 个也作为一个检验批，随机抽取 3 个试件。焊接连接时，按同一工作班、同一焊接参数、同一接头形式、同一级别钢筋，以 300 个焊接接头为一个检验批，闪光对焊一周内不足 300 个、电弧焊每一层至二层中不足 300 个、电渣（气压）焊同一层中不足 300 个接头仍按一批计算。闪光对焊接头应从每批成品中随机切取 6 个试件，3 个试件做拉伸试验，3 个试件做弯曲试验。电弧焊及电渣焊接头应从每批接头成品随机切取 3 个试件做拉伸试验。气压焊接头应从每批接头成品中随机切取 3 个试件做拉伸试验。在梁、板的水平钢筋连接中，另切取 3 个接头试件做弯曲试验。

（2）钢筋连接工程质量监督标准与检查方法详见《混凝土结构工程施工质量验收规范》（GB 50204—2015）。

（3）根据试验结果判断钢材及其连接的质量。

（三）钢筋安装工程质量控制与检验

1. 钢筋安装工程质量控制

（1）钢筋安装前，应进行安全技术交底，并履行有关手续。

（2）钢筋安装前，应根据施工图核对钢筋的品种、规格、尺寸和数量，并落实钢筋安装工序。

（3）钢筋安装时应检查钢筋的品种、级别、规格、数量是否符合设计要求。

（4）钢筋安装时检查钢筋骨架、钢筋网绑扎方法是否正确、是否牢固可靠。

（5）钢筋绑扎时应检查钢筋的交叉点是否用铁丝扎牢，板、墙钢筋网的受力钢筋位置是否准确。双向受力钢筋必须绑扎牢固，绑扎基础底板钢筋，应使弯钩朝上，梁和柱的箍筋（除有特殊设计要求外）应与受力钢筋垂直，箍筋弯钩叠合处应沿受力钢筋方向错开放置，梁的箍筋弯钩应放在受压处。

（6）注意控制框架结构节点核心区、剪力墙结构暗柱与连梁交接处梁与柱的箍筋设置是否符合要求。

（7）注意控制框—剪或剪力墙结构中连梁箍筋在暗柱中的设置是否符合要求。

（8）注意控制框架梁、柱箍筋加密区长度和间距是否符合要求。

（9）注意控制框架梁、连梁在柱（墙、梁）中的锚固方式和锚固长度是否符合设计要求（工程中往往存在部分钢筋水平段锚固不满足设计要求的现象）。

（10）当剪力墙钢筋直径较细时，注意控制钢筋的水平度与垂直度，应当采取适当措施（如增加梯子的数量等）确保钢筋位置正确。

（11）工程实践中为便于施工，剪力墙中的拉筋加工往往是一端加工成135° 弯钩，另一端暂时加工成 90° 弯钩，待拉筋就位后再将 90° 弯钩弯轧成型。这样，如加工措施不当往往会出现拉筋变形使剪力墙筋骨架减小现象，钢筋安装时应予以控制。

（12）注意控制预留洞口加强筋的设置是否符合设计要求。

（13）工程中常常出现由于墙柱钢筋固定措施不合格，导致下柱（墙）钢筋位置偏离设计要求的现象，隐蔽工程验收时应查验防止墙柱钢筋错位的措施是否得当。

（14）注意控制钢筋接头质量、位置和百分率是否符合设计要求。

（15）钢筋安装时，检查梁、柱箍筋弯钩处是否沿受力钢筋方向相互错开放置，绑扎扣是否按变换方向进行绑扎。

（16）钢筋安装完毕后，检查钢筋保护层垫块、马镫等是否根据钢筋直径、间距和设计要求正确放置。

（17）钢筋安装时，检查受力钢筋放置的位置是否符合设计要求，特别是梁、板、悬挑构件的上部纵向受力钢筋。

2. 钢筋安装工程质量监督

（1）划分检验批。

检验批可根据施工及质量控制和专业验收需要按楼层、施工段、变形缝等进行划分，即每层、段可按基础、柱、剪力墙、梁板梯等结构构件进行划分。

（2）钢筋安装质量工程检验标准和检查方法详见现行国家有关施工质量验收规范及相关标准。

（四）钢筋工程主要质量问题及防治措施

1. 钢筋成型质量问题

钢筋成型质量的优劣直接影响钢筋承受由地震所产生的破坏荷载。

（1）影响钢筋成型尺寸不准确的主要因素如下。

①下料不准。

②画线方法不对或不准。

③手工弯曲时板距选择不当，角度控制没有采取保证措施。

（2）防治措施。

①预先确定各种形状钢筋下料长度调整值。

②板距根据参考值进行调整。

③复杂形状或大批量同一种形状的钢筋，要放出实样，选择适合的操作参数，如画线、板距等。

2. 钢筋安装质量问题

钢筋安装质量的优劣会造成钢筋合理受力位置的变化，影响抵抗震害的能力。

（1）平板中钢筋的混土保护层不准。

①主要因素是：保护层砂浆垫块厚度不准，或垫块垫得太少。

②防治措施。

a. 检查保护层砂浆垫块厚度是否准确，并根据平板面积大小适当垫够；

b. 钢筋网片有可能随混凝土浇捣而沉落。

（2）柱钢筋错位。

下柱钢筋从柱顶甩出，位置偏离设计要求，上柱钢筋搭接不上。

①主要因素：

a. 钢筋安装后虽已检查合格，但由于固定钢筋措施不可靠，发生变位；

b. 浇筑混凝土时被振动器或其他操作机具撞斜，没有及时校正。

②防治措施：

a. 在外伸部分加道临时箍筋，按图纸位置安设好，然后用样板、铁卡或木方卡好固定；

b. 浇筑混凝土前再复查一遍，如发生移位，则应矫正后再浇筑混凝土；

c. 注意浇筑操作，尽量不碰撞钢筋；

d. 浇筑过程中由专人随时检查，及时校核改正。

（3）露筋。

混凝土结构构件拆模时发现其表面有钢筋露出。

①主要因素：保护层砂浆垫块垫得太稀或脱落；由于钢筋成型尺寸不准确，或钢筋骨架绑扎不当，造成骨架外形尺寸偏大，局部接触模板；振捣混凝土时，振动器撞击钢筋，使钢筋移位或引起绑扣松散。

②防治措施：

a. 砂浆垫块垫得适量可靠。

b. 对于竖立钢筋，绑在钢筋骨架外侧；可采用埋有钢丝的垫块。同时，为使保护层厚度准确，需用钢丝将钢筋骨架拉向模板，挤牢垫块；钢筋骨架如果是在模外绑扎，要控制好它的总外形尺寸，不得超过允许偏差。

（4）柱箍筋接头位置同向或接头设在受力最大处。

①主要因素：工人不懂有关要求或绑扎钢筋骨架时疏忽。

②预防措施：安装前应做好技术交底，操作时随时互相提醒，将接头位置错开绑扎。

（5）梁上部钢筋（负弯矩钢筋）向构件截面中部移位或向下沉落。

①主要因素：网片固定方法不当；振捣碰撞；绑扎不牢；被施工人员踩踏。

②防治措施。

a. 利用一些套箍或各种“马凳”之类支架将上、下网片子相互联系，成为整体；在板面架设跳板，供施工人员行走（跳板可支于底模或其他物件上，不能直接铺在钢筋网片上）。

b. 施工前，教育工人严禁随便踩踏板的支座钢筋。

（6）梁柱节点核心处柱箍筋未加密。

①主要因素：因施工较为困难，工人责任心不强或不懂设计和规范要求而不精心安装。

②防治措施。

a. 加强对工人的教育和培训。

b. 在模板上方绑扎梁钢筋时，应事先放好梁柱节点核心处柱箍筋，待钢筋放入模板时精心绑扎。

（7）梁柱节点处纵向钢筋间距未按设计或规范要求设置。

①主要因素：钢筋未按设计或规范要求分层绑扎或绑扎不牢而移动错位。

②防治措施。

a. 梁上部钢筋分层要有可靠的间距保证措施，防止下层钢筋下沉；

b. 钢筋应与接触的箍筋绑扎牢靠。

（8）钢筋遗漏。

在检查核对绑扎好的钢筋骨架时，发现某号钢筋遗漏。

①主要因素：施工管理不当，没有深入熟悉图纸内容和研究各型号钢筋安装顺序。

②防治措施。

a. 绑扎钢筋骨架之前要根据图纸内容，并按钢筋材料表核对配料单和料牌，检查钢筋规格是否齐全准确，形状、数量是否与图纸相符。

b. 梁钢筋绑扎成形下放模板前，再次核对钢筋是否与设计图纸一致；整个钢筋骨架绑完后，应清理现场，检查有无某号钢筋遗留。

三、模板工程质量监督

（一）模板安装工程质量监督

1. 模板原材料的质量监督

混凝土结构模板可采用木模板、钢模板、木胶合板模板、竹胶合板模板、塑料和玻璃钢模板等。常用的模板主要有木模板、钢模板、竹胶合板模板等。

（1）木模板。木模板的材质不宜低于四等材，其含水率不小于25%。平板模板宜用定型模板铺设，底端要支撑牢固。模板安装尽量做到构造简单、装拆方便。木模板在拼制时，板边应找平刨直，接缝严密，不得漏浆。模板安装硬件具有足够的强度、刚度、稳定性。当为清水混凝土时板面应刨光。

（2）组合钢模板。组合钢模板由钢模板、连接件和支承件组成。

①钢模板配板要求：配板宜选用大规格的钢模板为主板，使用的种类尽量少；根据模面的形状和几何尺寸以及支撑形式决定配板；模板长向拼接应错开

配制，尽量采用横排或竖排，利于支撑系统布置。预埋件和预留孔洞的位置，应在配板图上标明，并注明固定方法。

②连接件有U形卡、L形插销、紧固螺栓、钩头螺栓、对拉螺栓、扣件等，应满足配套使用、装拆方便、操作安全的要求，使用前应检查质量合格证明。

③支承件有木支架和钢支架。支架必须有足够强度、刚度和稳定性。支架应能承受新浇筑混凝土的重量、模板重量、侧压力，以及施工荷载。其质量应符合有关标准的规定，并检查质量合格证明。

（3）竹胶合板模板。应选用无变质、厚度均匀、含水率小的竹胶合板模板，并优先采用防水胶质型。竹胶合板根据板面处理的不同分为素面板、复木板、涂膜板和复膜板，表面处理应按《竹胶合板模板》（JG/T 3026—1995）的要求进行。

（4）隔离剂。不得采用影响结构性能或妨碍装饰工程施工的隔离剂，严禁使用废机油作隔离剂。常用的隔离剂有皂液、滑石粉、石灰水及混合液和各种专门化学制品如隔离剂等。隔离剂材料宜拌成黏稠状，应涂刷均匀，不得流淌。

2. 模板安装工程的质量控制

（1）施工前，必须编制模板工程施工技术方案并附设计计算书。特别是应计算模板及其支撑系统在浇筑混凝土时的重量，侧压力以及施工荷载作用下强度、刚度和稳定性是否满足要求。

（2）严格按编制的模板设计文件和施工技术方案进行模板安装。在混凝土浇筑前，进行模板工程验收。

（3）竖向模板和支架的支撑部分必须坐落在坚实的基土上，接触面要平整。立架的立杆底部应铺设合适的垫板。

（4）安装过程中要多检查，注意垂直度。中心线、标高及各部分的尺寸，保证结构部分的几何尺寸和相对位置正确。

（5）成排柱支模时应先立两端柱模，在底部弹出通线，顶部拉通线，再立中间柱，确保模板横平竖直、位置准确。

（6）应随时检查测量、放样、弹线工作是否按施工技术方案进行，并进行复核记录。

（7）模板及其支架使用的材料规格尺寸，应符合模板设计要求。模板及其支架应定期维修，钢模板及钢支架应有防锈措施。

（8）模板的接缝应严密不漏浆，在浇筑混凝土前，木模板应浇水湿润，但模板内不应有积水。

（9）防渗（水）混凝土墙使用的对拉螺栓或对拉片应有防水措施。

（10）清水混凝土工程及装饰混凝土工程所使用的模板，应满足设计要求的效果。

（11）泵送混凝土对模板的要求与常规作业不同，必须通过混凝土侧压力计算，采取增强模板支撑，将对拉螺栓加密。截面加大，减少围檩间距或增大围檩截面等措施，防止模板变形。

（12）安装现浇结构的上下层模板及其支架时，下层模板应具有承受上层荷载的承载能力或架设支架支撑，确保有足够的刚度和稳定性；多层模板支架系统的立柱应上下对齐，安装在同一条直线上。

（13）模板安装时应检查接头处，梁、柱、板交叉处是否连接牢固可靠，防止烂根、位移、胀模等不良现象。

（14）对照图纸检查所有预埋件及预留孔洞，并检查其固定是否牢固准确。

（15）检查防止模板变形的控制措施。基础模板为防止变形，必须支撑牢固；墙和柱模板下端要做好定位基准；墙柱与梁板同时安装时，应先安装墙柱模板，再在其上安装梁模板。当梁、板跨度≥4 m时，梁、板应按设计起拱。当设计无具体要求时，起拱高度宜为跨度的1‰~3‰。

（16）检查模板的支撑体系是否牢固可靠。模板及支撑系统应连成整体，竖向结构模板（墙、柱等）应加设斜撑和剪刀撑，水平结构模板（梁、板等）应加强支撑系统的整体连接。对木支撑纵横方向应加拉杆，采用钢管支撑时，应扣成整体排架。所有可调节的模板及支撑系统在模板验收后，不得任意改动。

（17）模板与混凝土的接触面应清理干净并涂刷隔离剂，严禁隔离剂污染钢筋和混凝土接槎处。混凝土浇筑前，检查模板内的杂物是否清理干净。

3. 模板安装工程的质量监督标准

检验批可根据施工及质量控制和专业验收需要按楼层、施工段、变形缝等进行划分，即每层、段可按基础、柱、剪力墙、梁板梯等结构构件进行划分。

现浇结构模板安装工程质量监督标准与检验方法详见《混凝土结构工程施工质量验收规范》（GB 50204—2015）。

（二）模板拆除工程质量监督

1. 模板拆除工程质量控制

（1）拆模工程，应编制模板拆除的技术方案，并随时检查模板拆除时执行的情况。

（2）底模拆除时检查混凝土强度是否符合设计要求。

（3）拆除模板应遵循先支后拆、后支先拆、自上而下，先拆非承重模板，后拆承重模板的顺序。

（4）多层建筑施工，当上层楼板正在浇混凝土时，下一层模板支架不得拆除，再下一层楼板的支架也仅可部分拆除。

（5）拆除时要文明施工，要有专人指挥、专人监护、设置警戒区；拆下的物品应及时清运，避免在梁板上施加过大的荷载。

（6）拆模后，必须清除模板上遗留的混凝土残浆后，再刷隔离剂；严禁用废机油作隔离剂。隔离剂材料选用原则应为：既便于脱模又便于混凝土表面装饰。隔离剂涂刷后，应在短期内及时浇筑混凝土，以防隔离层遭受破坏。

（7）后浇带模板的拆除和支顶方法应按施工技术方案执行。

2. 模板拆除工程的质量监督标准

（1）模板拆除工程的检验批可根据施工及质量控制和专业验收需要按楼层、施工段、变形缝等进行划分，即每层、段可按基础、柱、剪力墙、梁板梯等结构构件进行划分。

（2）现浇结构模板拆除工程质量监督标准与检验方法详见《混凝土结构工程施工质量验收规范》（GB 50204—2015）。

四、砌体工程质量监督

（一）砖砌体工程原材料质量监督

1. 砖

砖的品种、强度等级必须符合设计要求。用于清水墙、柱表面的砖，应边角整齐、色泽均匀。砌筑时蒸压（养）砖的产品龄期不得少于 28 d。

2. 砂浆材料

（1）水泥：水泥进场使用前，应分批对其强度、安定性进行复验。检验批应以同一生产厂家、同一编号为一批。当在使用中对水泥质量有怀疑或水泥出厂超过三个月（快硬性硅酸盐水泥超过一个月）时，应复查试验，并按其结果使用。不同品种、强度等级的水泥不得混合使用。水泥砂浆采用的水泥，其强度等级不宜大于 32.5 级；水泥混合砂浆采用的水泥，其强度等级不宜大于 42.5 级。

（2）砂：宜采用中砂，不得含有有害杂质。砂中含泥量，对水泥砂浆和强度等级不小于 M5 的水泥混合砂浆，不得超过 5%；对强度等级小于 M5 的水泥混合砂浆，不应超过 10%；人工砂、山砂及特细砂，经试配应能满足砌筑砂浆技术条件要求。

（3）水：水质应符合国家现行标准《混凝土用水标准》（JGJ 63—2006）的规定。

（4）掺合料：拌制水泥混合砂浆用的石灰膏、粉煤灰和磨细石灰粉等掺合料应符合下列要求：

生石灰熟化成石灰膏时，应用孔洞不大于 3 mm × 3 mm 的网过滤，熟化期不得少于 7 d；对于磨细生石灰粉，其熟化时间不得少于 2 d。沉淀池中贮存的熟石灰，应防止干燥、冻结和污染。

不得采用脱水硬化的石灰膏。消石灰粉不得直接使用于砌筑砂浆中。粉煤灰应符合国家标准《用于水泥和混凝土中的粉煤灰》（GB/T 1596—2017）规定。

（5）外加剂：凡在砂浆中掺入有机塑化剂、早强剂、缓凝剂、防冻剂等，应经检验和试配符合要求后，方可使用。有机塑化剂应有砌体强度的型式检验报告。

3. 砂浆要求

（1）砂浆的品种、强度等级必须符合设计要求。

（2）砂浆的稠度应符合规定。

（3）砂浆的分层度不得大于 30 mm。

（4）水泥砂浆中水泥用量不应小于 200 kg/m³；水泥混合砂浆中水泥和掺合料总量宜为 300~350 kg/m³。

（5）具有冻融循环次数要求的砌筑砂浆，经冻融试验后，质量损失率不得大于 5%。抗压强度损失率不得大于 25%。

（6）水泥混合砂浆不得用于基础等地下潮湿环境中的砌体工程。

4. 钢筋

（1）用于砌体工程的钢筋品种、强度等级必须符合设计要求，并应有产品合格证书和性能检测报告，进场后应进行复验。

（2）设置在潮湿环境或有化学侵蚀性介质的环境中的砌体灰缝内的钢筋应采取防腐措施。

（二）砖砌体工程施工质量控制要求

（1）砌筑前检查测量放线的测量结果并进行复核。标志板、皮数杆设置位置准确牢固。

（2）检查砂浆拌制的质量。砂浆配合比、和易性应符合设计及施工要求。砂浆应随拌随用。常温下水泥和水泥混合砂浆应分别在 3 h 和 4 h 内用完。温度高于 30℃时，应再提前 1 h。

（3）检查砖的含水率， 砖应提前 1~2 d 浇水湿润。普通砖、多孔砖的含水率宜为 10%~15%；灰砂砖、粉煤灰砖宜为 8%~12%；现场可断砖以水侵入砖 10~15 mm 为宜。

（4）施工中应在砂浆拌制地点留置砂浆强度试块，各类型及强度等级的砌筑砂浆每一检验批不超过 250 m^3 的砌体，每台搅拌机应至少制作一组试块（每组 6 块），其标养 28 d 的抗压强度应满足设计要求。

（5）施工过程随时检查砌体的组砌形式，保证上下皮砖至少错开 1/4 的砖长，避免产生通缝；检查砌体的砌筑方法，应采取“三一”砌筑法；检查墙体平整度和垂直度，并应采取“三皮一吊，五皮一靠”的检查方法，保证墙面的横平竖直；检查砂浆的饱满度，水平灰缝饱满度应达到 80%。竖向灰缝不得出现透明缝、瞎缝和假缝。

（6）施工过程中应检查转角处和交接处的砌筑及接槎的质量。施工中应尽量保证墙体同时砌筑，以提高砌体结构的整体性和抗震性。检查时要注意砌体的转角处和交接处应同时砌筑，严禁无可靠措施的内外墙分砌施工。对不能同时砌筑而又必须留置的临时间断处应砌成斜槎，斜槎水平投影长度不应小于高度的 2/3。当不能留斜槎时，除转角处外，也可留直槎（阳槎）。抗震设防区应按规定在转角和交接部位设置拉结钢筋（拉结筋的设置应予以特别的关注）。

（7）设计要求的洞口、管线、沟槽应在砌筑时按设计留设或预埋。超过 300 mm 的洞口上部应设过梁，不得随意在墙体上开洞、凿槽，特别严禁开凿水平槽。

（8）砌体中的预埋件应做防腐处理。

（9）在砌体上预留的施工洞口，其洞口侧边距墙端不应小于 500 mm，洞口净宽不应超 1.0 m，并在洞口上部设过梁。

（10）检查脚手架眼的设置是否符合要求。在下列位置不得留设脚手架眼：半砖厚墙、料石清水墙和砖柱；过梁上与过梁呈 60° 的三角形范围及过梁净跨 1/2 的高度范围内；门窗洞口两侧 200 mm 及转角 450 mm 范围内的砖砌体；宽度小于 1.0 m 厚的窗间墙；梁及梁垫下及其左右 500 mm 范围内。

（11）检查构造柱的设置，施工（构造柱与圈梁交接处箍筋间距不均匀是常见的质量缺陷）是否符合设计及施工规范的要求。

（12）砌体的伸缩缝、沉降缝、防震缝中，不得有混凝土、砂浆块、砖块等杂物。

（三）砖砌体工程施工质量监督

1. 检验批划分

砌砖工程均按楼层、结构缝或施工段划分检验批。

2. 检验标准与检验方法

砌砖体工程质量监督标准与检验方法详见现行国家有关施工质量验收规范及相关标准。

（四）填充墙砌体工程施工质量监督

1. 填充墙砌体工程原材料质量控制

（1）施工前应检查填充墙砌体材料，蒸压加气混凝土砌块、轻骨料混凝土小型空心砌块，要求其产品龄期应超过 28 d，并查看产品出厂合格证书及产品性能检测报告。

（2）在空心砖、蒸压加气混凝土砌块，轻骨料混凝土小型空心砌块等的运输和装卸过程中，严禁抛掷和倾倒。进场后应按品种、规格分别堆放整齐，堆置高度不宜超过 2 m。加气混凝土砌块应防止雨淋。

（3）施工前要求填充墙砌体砌筑块材应提前 2 d 浇水湿润，以便保证砌筑砂浆的强度及砌体的整体性。

（4）含水率控制：为避免砌筑时产生砂浆流淌或保证砂浆不至失水过快。可控制小砌块的含水率，并应与砌筑砂浆稠度相适应。空心砖宜为 10%~15%；轻骨料混凝土小砌块宜为 5%~8%；加气混凝土砌块含水率宜控制在小于 15%，粉煤灰加气混凝土砌块宜小于 20%。

（5）加气混凝土砌块不得砌于以下部位：

①建筑物 ±0.000 以下部位；

②易浸水及潮湿环境中；

③经常处于 80℃以上高温环境及受化学介质侵蚀的环境中。

2. 填充墙砌体工程施工质量控制

（1）施工中用轻骨料混凝土小型空心砌块或蒸压加气混凝土砌块砌筑墙体时，考虑到轻骨料混凝土小砌块和加气混凝土砌块的强度及耐久性，又不宜剧烈碰撞，以及吸湿性大等因素，要求墙底部应砌烧结普通砖或多孔砖，或普通混凝土小型空心砌块，或现浇混凝土坎台等，其高度不宜小于 200 mm。

（2）填充墙砌至接近梁板底时，应留一定空隙，待填充墙砌筑完并应至少间隔 7 d 后，再用烧结砖补砌挤紧。

（3）填充墙砌体留置的拉结钢筋或网片的位置应与块体皮数相符合。将其置于灰缝中，埋置长度应符合设计要求，竖向位置偏差不应超过一皮砖高度。

（4）加气混凝土砌块墙上不得留脚手架眼。

填充墙工程质量监督标准与检验方法详见现行国家有关施工质量验收规范及相关标准

3. 根据砌筑砂浆试块强度评定砂浆质量

《砌体工程施工质量验收规范》（GB 50202—2011）规定，砌筑砂浆试块强度验收时其强度合格标准必须符合以下规定。

（1）同一验收批砂浆试块抗压强度平均值必须大于或等于设计强度等级所对应的立方体抗压强度；同一验收批砂浆试块抗压强度的最小一组平均值必须大于或等于设计强度等级所对应的立方体抗压强度的 0.75 倍。

砌筑砂浆的验收批，同一类型、强度等级的砂浆试块应不少于 3 组。当同一验收批只有一组试块时，该组试块抗压强度的平均值必须大于或等于设计强度等级所对应的立方体抗压强度。

（2）砂浆强度应以标准养护、龄期为 28 d 的试块抗压试验结果为准。

抽检数量：每一检验批且不超过 250 m^3 砌体的各种类型及强度等级的砌筑砂浆，每台搅拌机应抽检不少于 1 次。

检验方法：在砂浆搅拌机出料口随机取样制作砂浆试块（同盘砂浆只应制作一组试块），最后检查试块强度试验报告单。

施工单位填写的砌筑砂浆试块强度统计、评定记录应一式三份，并应由建设单位、施工单位、城建档案馆各保存一份。

（五）砌体结构工程常见质量问题

1. 设计方面的主要原因

（1）设计马虎，不够细心，盲目套用图纸，与实际工程地质不符。

（2）整体方案欠佳，空旷房屋层高大、横墙少。

（3）忽视墙体高厚比和局压的计算。

（4）重计算、轻构造。

2. 砌体结构常见裂缝现象及预防措施

（1）现象：地基不均匀沉降引起的裂缝。

预防措施：

①合理设置沉降缝；

②加大上部的刚度和整体性，提高墙体的抗剪能力；

③加强地基验槽工作；

④不宜将建筑物设置在不同刚度的地基上。

（2）现象：地基冻胀引起的裂缝。

预防措施：

①一定要将基础埋置到冰冻线以下；

②不能埋置到冰冻线以下时，应采取措施消除土的冻胀性；

③用单独基础。

（3）现象：地震作用引起的裂缝。

预防措施：

①应按结构抗震设计规范要求设置圈梁；

②设置构造柱。

3. 施工方面的主要原因及预防措施

砌体的砌筑砂浆强度不足、留槎形式不符合规定、砂浆和易性差，会影响砌体的强度和整体性，降低砌体的抗震能力；轴线位移、标高偏差等，则使墙体的实际受力状态与设计不符，最终影响砌体的抗震能力；混凝土现浇板支撑长度不够，造成混凝土现浇板不能达到设计的承载能力，也影响砌体房屋的平面刚度，削弱建筑物的抗震能力。为使砌体结构能达到设计要求的抗震设计防标准，必须确保砌体工程的施工质量。

（1）影响砂浆强度的主要因素及防治措施。

主要因素：

①计量不准确。对砂浆的配合比，多数工地使用体积比，以铁锹凭经验计量。由于砂子含水率的变化，可导致砂子体积变化幅度达20%；水泥密度随工人操作情况而异，这些都造成配料计量的偏差，使砂浆强度产生较大的波动。

②水泥混合砂浆中无机掺合料（如石灰膏、黏土膏、电石膏及粉煤灰等）的掺量，对砂浆强度影响很大。随着掺量的增加，砂浆和易性越好，但强度降低。如超过规定用量一倍，砂浆强度约降低40%。但施工时往往片面追求良好的和易性，无机掺合料的掺量常常超过规定用量，因而降低了砂浆的强度。

③无机掺合料材质不佳，如石灰膏中含有较多的灰渣，或运至现场保管不当，发生结硬、干燥等情况，使砂浆中含有较多的软弱颗粒，降低了强度。或者在确定配合比时，用石灰膏、黏土膏试配，而实际施工时采用干石灰或干黏土，这不但影响砂浆的抗压强度，而且对砌体抗剪强度非常不利。

④砂浆搅拌不匀，人工拌和翻拌次数不够，机械搅拌加料顺序颠倒，使无机掺合料未散开，砂浆中含有多量的疙瘩，水泥分布不均匀，影响砂浆的匀质性及和易性。

⑤在水泥砂浆中掺加微沫剂（微沫砂浆），由于管理不当，微沫剂超过规定掺用量，或微沫剂质量不好，甚至变质，严重降低了砂浆的强度。

⑥砂浆试块的制作、养护方法和强度取值等，没有执行规范的统一标准，致使测定的砂浆强度缺乏代表性，产生砂浆强度的混乱。

防治措施：

①砂浆配合比的确定，应结合现场材质情况进行试配，试配时应采用重量比。在满足砂浆和易性的条件下，控制砂浆强度。如低强度等级砂浆受单方水泥预算用量的限制而不能达到设计要求的强度时，应适当调整水泥预算用量。

②建立施工计量器具校验、维修、保管制度，以保证计量的准确性。

③无机掺合料一般为湿料，计量称重比较困难，而其计量误差对砂浆强度影响很大，故应严格控制。计量时，应以标准稠度（120 ± 5）mm 为准，如供应的无机掺合料的稠度小于 120 mm 时，应调成标准稠度，或者进行折算后称重计量，计量误差应控制在 ± 5% 以内。

④施工中，不得随意增加石灰膏、微沫剂的掺量来改善砂浆的和易性。

⑤砂浆搅拌加料顺序为：用砂浆搅拌机搅拌应分两次投料，先加入部分砂子、水和全部塑化材料，通过搅拌叶片和砂子搓动，将塑化材料打开（不见疙瘩为止），再投入其余的砂子和全部水泥。用鼓式混凝土搅拌机拌制砂浆，应配备一台抹灰用麻刀机，先将塑化材料搅成稀粥状，再投入搅拌机内搅拌。人工搅拌应有拌灰池，先在池内放水，并将塑化材料打开至不见疙瘩，另在池边干拌水泥和砂子至颜色均匀时，用铁锹将拌好的水泥砂子均匀撒入池内，同时用三齿铁耙来回扒动，直至拌和均匀。

⑥试块的制作、养护和抗压强度取值，应按《建筑砂浆基本性能试验方法标准》（JGJ/T 70—2009）的规定执行。

（2）形成砂浆和易性差、沉底结硬的主要因素及防治措施。

主要因素：

①强度等级低的水泥砂浆由于采用高强度等级水泥和过细的砂子，使砂子颗粒间起润滑作用的胶结材料——水泥量减少，因而砂子间的摩擦力较大，砂浆和易性较差。砌筑时，压薄灰缝很费劲。而且，由于砂粒之间缺乏足够的胶结材料起悬浮支托作用，砂浆容易产生沉淀和出现表面泛水现象。在砌筑时，很难将灰缝压得很薄。另外，由于砂石颗粒间缺少足够的悬浮支撑物质，使得砂石极易沉淀，并出现表面泛水现象。

②水泥混合砂浆中掺入的石灰膏等塑化材料质量差，含有较多灰渣、杂物，或因保存不好发生干燥和污染，不能起到改善砂浆和易性的作用。

③砂浆搅拌时间短，拌和不均匀。

④拌好的砂浆存放时间过久，或灰槽中的砂浆长时间不清理，使砂浆沉底结硬。

⑤拌制砂浆无计划，在规定时间内无法用完，而将剩余砂浆捣碎加水拌和后继续使用。

防治措施：

①低强度等级砂浆应采用水泥混合砂浆。如确有困难，可掺微沫剂或掺水泥用量 5%~10% 的粉煤灰，以达到改善砂浆和易性的目的。

②水泥混合砂浆中的塑化材料，应符合实验室试配时的质量要求。现场的石灰膏、黏土膏等，应在池中妥善保管，防止暴晒、风干结硬，并经常浇水保持湿润。

③宜采用强度等级较低的水泥和中砂拌制砂浆。拌制时应严格执行施工配合比，并保证搅拌时间。

④灰槽中的砂浆，使用中应经常用铲翻拌、清底，并将灰槽内边角处的砂浆刮净，堆于一侧继续使用，或与新拌砂浆混在一起使用。

⑤拌制砂浆应有计划性，拌制量应根据砌筑需要来确定。尽量做到随拌随用、少量储存，使灰槽中经常有新拌的砂浆。砂浆的使用时间与砂浆品种、气温条件等有关。一般气温条件下，水泥砂浆和水泥混合砂浆必须分别在拌后 3 h 和 4 h 内用完；当施工期间气温超过 30℃时，必须分别在 2 h 和 3 h 内用完。超过上述时间的多余砂浆，不得再继续使用。

（3）造成基础轴线位移的主要因素及防治措施。

主要因素：

①基础是将龙门板中线引至基槽内进行摆底砌筑的。基础大放脚进行收分（退台）砌筑时，由于收分尺寸不易掌握准确，再砌基础直墙部位容易发生轴线位移。

②横墙基础的轴线，一般应在槽边打中心桩。有的工程放线仅在山墙处有控制桩，横墙轴线由山墙一端排尺控制。由于基础一般是先砌外纵墙和山墙部位，待砌横墙基础时，基槽中线被封在纵墙基础外侧，无法吊线找中。若采取隔墙吊中，轴线容易产生更大的偏差。有的槽边中心控制桩，由于堆土、放料或运输小车的碰撞而丢失、移位。

防治措施：

①在建筑物定位放线时，外墙角处必须设置标志板，并有相应的保护措施，防止槽边堆土和进行其他作业时碰撞而发生移动。标志板下设永久性中心桩，标志板拉通线时，应先与中心桩核对。为便于机械开挖基槽，标志板也可在基槽开挖后钉设。

②横墙轴线不宜采用基槽内排尺方法控制，应设置中心桩。横墙中心桩应打入与地面齐平，为便于排尺和拉中线，中心桩之间不宜堆土和放料，挖槽时应用砖覆盖，以便于清土寻找。在横墙基础拉中线时，可复核相邻轴线距离，以验证中心桩是否有移位情况。

③为防止砌筑基础大放脚收分不均而造成轴线位移，应在基础收分部分砌完后，拉通线重新核对，并以新定出的轴线为准，砌筑基础直墙部分。

④按施工流水分段砌筑基础，应在分段处设置标志板。

（4）造成基础标高偏差的主要因素及防治措施。

主要因素：

①砖基础下部的基层（灰土、混凝土）标高偏差较大，因而在砌筑砖基础时不易控制标高。

②由于基础大放脚宽大，基础皮数杆不能贴近，难以察觉所砌砖层与皮数杆的标高差。

③基础大放脚填芯砖采用大面积铺灰的砌筑方法，由于铺灰厚薄不匀或铺灰面太长，砌筑速度跟不上，砂浆因停歇时间过久挤浆困难，灰缝不易压薄而出现冒高现象。

防治措施：

①应加强对基层标高的控制，尽量控制在允许负偏差之内。砌筑基础前，应将基土垫平。

②基础皮数杆可采用小断面（20 mm × 20 mm）方木或钢筋制作，使用时，将皮数杆直接夹砌在基础中心位置。采用基础外侧立皮数杆检查标高时，应配以水准尺校对水平。

③宽大基础大放脚的砌筑，应采取双面挂线保持横向水平，砌筑填芯砖应采取小面积铺灰，随铺随砌，顶面不应高于外侧跟线砖的高度，必须先把地基打好。

（5）造成基础防潮层失效的主要因素及防治措施。

主要因素：

①防潮层的失效不是当时或短期内能发现的质量问题。因此，施工质量容易被忽视。如施工中经常发生砂浆混用，将砌基础剩余的砂浆作为防潮砂浆使用，或在砌筑砂浆中随意加一些水泥，这些都达不到防潮砂浆的配合比要求。

②在防潮层施工前，基面上不做清理、不浇水或浇水不够，影响防潮砂浆与基面的粘结。操作时表面抹压不实、养护不好，使防潮层因早期脱水，强度和密实度达不到要求，或者出现裂缝。

③冬期施工防潮层因受冻失效。

防治措施：

①防潮层应作为独立的隐蔽工程项目，在整个建筑物基础工程完工后进行操作，施工时尽量不留或少留施工缝。

②防潮层下面三层砖要求满铺满挤，横、竖向灰缝砂浆都要饱满，240 mm墙防潮层下的顶皮砖，应采用满丁砌法。

③防潮层施工宜安排在基础房心土回填后进行，避免填土时对防潮层的损坏。

④如设计对防潮层做法未做具体规定时，宜采用 20 mm 厚 1 ： 2.5 水泥砂浆掺适量防水剂的做法，操作要求如下。

a. 清除基面上的泥土、砂浆等杂物，将被碰动的砖块重新砌筑，充分浇水润湿。待表面略见风干，即可进行防潮层施工。

b. 两边贴尺抹防潮层。保证 20 mm 厚度。不允许用防潮层的厚度来调整基础标高的偏差。

砂浆表面用木抹子槎平，待开始起干时，即可进行抹压（2~3 遍）。抹压时，可在表面撒少许干水泥或刷一遍水泥净浆，以进一步堵塞砂浆毛细管通路。防潮层施工应尽量不留施工缝，一次做齐。如必须留置，则应留在门口位置。

c. 防潮层砂浆抹完后，第二天即可浇水养护。可在防潮层上铺 20~30 mm 厚砂子，上面盖一层砖，每日浇水一次，这样能保持良好的潮湿养护环境。至少养护 3 d，才能在上面砌筑墙体。

⑤ 60 mm 厚混凝土圈梁的防潮层施工，应注意混凝土石子级配和砂石含泥量。圈梁面层应加强抹压，也可采取撒干水泥压光处理的方法，养护方法同水泥砂浆防潮层。

⑥防潮层砂浆和混凝土中禁止掺盐，在无保温条件下，不应进行冬期施工。防潮层应按隐蔽工程进行验收。

（6）形成砖砌体组砌混乱的主要因素及防治措施。

主要因素：

①因混水墙面要抹灰，操作人员容易忽视组砌形式，或者操作人员缺乏砌筑基本技能，因此，出现了多层砖的直缝和“二层皮”现象。

②砌筑砖柱需要大量的七分砖来满足内外砖层错缝的要求，打制七分砖会增加工作量，影响砌筑效率，而且砖损耗很大。在操作人员思想不够重视，又缺乏严格检查的情况下，三七砖柱习惯于用包心砌法。缝宽度设置没有做到均匀一致。

防治措施：

在同一栋号工程中，应尽量使用同一砖厂的砖，以避免因砖的规格尺寸误差而经常变动组砌方法。

（7）造成砖缝砂浆不饱满，砂浆与砖黏结不良的主要因素及防治措施。

主要因素：

①低强度等级的砂浆，如使用水泥砂浆。因水泥砂浆和易性差，砌筑时挤浆费劲，操作者用大铲或瓦刀铺刮砂浆后，使底灰产生空穴，砂浆不饱满。

②用于砖砌墙，使砂浆早期脱水而降低强度，且与砖的黏结力下降，而砖表面的粉肩屑又起隔离作用，减弱了砖与砂浆层的粘结。

③用铺浆法砌筑，有时因铺浆过长，砌筑速度跟不上，砂浆中的水分被底砖吸收，使砌上的砖层与砂浆失去黏结。

④砌清水墙时，为了省去刮缝工序，采取了大缩口的铺灰方法，使砌体砖缝缩口深度达 2 mm，既降低了砂浆饱满度，又增加了勾缝工作量。

预防治措施：

①改善砂浆和易性是确保灰缝砂浆饱满度和提高黏结强度的关键，详见“砂浆和易性差、沉底结硬”的防治措施。

②改进砌筑方法。不宜采取铺浆法或摆砖砌筑，应推广“三一砌砖法”，即“使用大铲，一块砖、一铲灰、一挤揉”的砌筑方法。

③当采用铺浆法砌筑时，必须控制铺浆的长度，一般气温情况下不得超过 750 mm。当施工期间气温超过 30℃时，不得超过 500 mm。

④严禁用干砖砌墙。砌筑前 1~2 d 应将砖浇湿，使砌筑时烧结普通砖和多孔砖的含水率为 10%~15%；灰砂砖和粉煤灰砖的含水率为 8%~12%。

⑤冬期施工时，在正温度条件下也应将砖面适当湿润后再砌筑。负温下施工无法浇砖时，应适当增大砂浆的稠度。对于 9 度抗震设防地区，在严冬无法浇砖情况下，不能进行砌筑。

（8）造成清水墙面游丁走缝的主要因素及防治措施。

主要因素：

①砖的长、宽尺寸误差较大，如砖的长为正偏差、宽为负偏差。砌一顺一丁时，竖缝宽度不易掌握，稍不注意就会产生游丁走缝。

②开始砌墙摆砖时，未考虑窗口位置对砖竖缝的影响。当砌至窗台处分窗口尺寸时，窗的边线不在竖缝位置，使窗间墙的竖缝搬家，上下错位。

③里脚手砌外清水墙，需经常探身穿看外墙面的竖缝垂直度，砌至一定高度后，穿看墙缝不大方便，容易产生误差，稍有疏忽就会出现游丁走缝。

防治措施：

①砌筑清水墙，应选取边角整齐、色泽均匀的砖。

砌清水墙前应进行统一摆底，并先对现场砖的尺寸进行实测，以便确定组砌方法和调整竖缝宽度。

②摆底时应将窗口位置引出，使砖的竖缝尽最与窗口边线相齐，如安排不开，可适当移动窗口位置（一般不大于 20 mm）。当窗口宽度不符合砖的模数（如 1.8 m 宽）时，应将七分头砖留在窗口下部的中央，以保持窗间墙处上下竖缝不错位。

③游丁走缝主要是丁砖游动所引起，因此在砌筑时，必须强调丁压中，即丁砖的中线与下层顺砖的中线重合。

④在砌大面积清水墙（如山墙）时，在开始砌的几层砖中，沿墙角 1 m 处，用线坠吊一次竖缝的垂直度，至少保持一步架高度有准确的垂直度。

⑤沿墙面每隔一定间距，在竖缝处弹墨线，墨线用经纬仪或线坠引测。当砌至一定高度（一步架或一层墙）后，将墨线向上引伸，以作为控制游丁走缝的基准。

（9）形成“螺丝”墙的主要因素及防治措施。

主要因素：

砌筑时，没有按皮数杆控制砖的层数。每当砌至基础顶面和混凝土楼板上接砌砖墙时，由于标高偏差大，皮数杆往往不能与砖层吻合，需要在砌筑中用灰缝厚度逐步调整。如果砌同一层砖时，误将负偏差标高当作正偏差，砌砖时反而压薄灰缝。在砌至层高赶上皮数杆时，与相邻位置的砖墙正好差一皮砖，形成“螺丝”墙。

防治措施：

①砌墙前应先测定所砌部位基面标高误差，通过调整灰缝厚度，调整墙体标高。

②调整同一墙面标高误差时，可采取提（或压）缝的办法，砌筑时应注意灰缝均匀，标高误差应分配在一步架的各层砖缝中，逐层调整。

③挂线两端应相互呼应，注意同一条水平线所砌砖的层数是否与皮数杆上的砖层数相符。

④当内外墙有高差，砖层数不好对照时，应以窗台为界由上向下倒清砖层数。当砌至一定高度时，可检查与相邻墙体水平线的平行度，以便及时发现标高误差。

⑤在墙体一步架砌完前，应进行抄平弹半米线，用半米线向上引尺检查标高误差。墙体基面的标高误差，应在一步架内调整完毕。

（10）造成清水墙面水平缝不直、墙面凹凸不平的主要因素及防治措施。

主要因素：

①由于砖在制坯和晾干过程中，底条面因受压墩厚了一些，形成砖的两个条面大小不等，厚度差 2~3 mm。砌砖时，如若大小条面随意跟线，必然使灰缝宽度不一致。个别砖大条面偏大较多，不易将灰缝砂浆压薄，因而出现冒线砌筑。

②所砌的墙体长度超过 20 m，拉线不紧。挂线产生下垂，跟线砌筑后，灰缝就会出现下垂现象。

③搭脚手排木直接压墙，使接砌墙体出现“捞活”（砌脚手板以下部位）；挂立线时没有从下步脚手架墙面向上引伸，使墙体在两步架交接处，出现凹凸不平。水平灰缝不直等现象。

④由于第一步架墙体出现垂直偏差，接砌第二步架时进行了调整，因而在两步架交接处出现凹凸不平。

防治措施：

①砌砖应采取小面跟线，因一般砖的小面棱角裁口整齐，表面洁净、用小面跟线不仅能使灰缝均匀，而且可提高砌筑效率。

②挂线长度超长 15~20 m 时，应加腰线。腰线砖探出墙面 30~40 mm，将挂线搭在砖面上，由角端检查挂线的平直度，用腰线砖的灰缝厚度调平。

③墙体砌至脚手架排木搭设部位时，预留脚手眼，并继续砌至高出脚手板面一层砖，以消灭“捞活”。挂立线应由下面一步架墙面引伸，立线延至下部墙面至少 0.5 m。挂立线吊直后，拉紧平线，用线坠吊平线和立线。当线坠与平线、立线相重合，即“三线归一”时，则可认为立线正确无误。

（11）造成墙体留槎形式不符合规定、接槎不严的主要因素及防治措施。

主要因素：

①操作人员对留槎形式与抗震性能的关系缺乏认识，习惯于留直槎，认为留斜槎费事，技术要求高，不如留直槎方便，而且多数留阴槎。有时由于施工操作不便，如外脚手砌墙，横墙留斜槎较困难而留置直槎。

②施工组织不当，造成留槎过多。由于重视不够，留直槎时，漏放拉结筋，或拉结筋长度、间距未按规定执行；拉结筋部位的砂浆不饱满，使钢筋锈蚀。

③后砌 120 mm 厚隔墙留置的阳槎（马牙槎）不正不直，接槎时由于咬槎深度较大（砌十字缝时咬槎深 120 mm），使接槎砖上部灰缝不易塞严。

④斜槎留置方法不统一。留置大斜槎工作量大，斜槎灰缝平直度难以控制，使接槎部位不顺线。

⑤施工洞口随意留设，运料小车将混凝土，砂浆撒落到洞口留槎部位，影响接差槎质量。填砌施工洞的砖色泽与原墙不一致，影响清水墙面的美观。

防治措施：

①在安排施工组织计划时，对施工留槎应做统一考虑。外墙大角尽量做到同步砌筑不留槎，或一步架留槎，二步架改为同步砌筑，以加强墙角的整体性。纵横墙交接处，有条件时尽量安排同步砌筑，如外脚手砌纵墙，横墙可以与此同步砌筑，工作面互不干扰。这样可尽量减少留槎部位，有利于房屋的整体性。

②执行抗震设防地区不得留直槎的规定，斜槎宜采取斜槎砌法。为防止因操作不熟练使接槎处水平缝不直，可以加立小皮数杆。清水墙留槎，如遇有门窗口，应将留槎部位砌至转角。

③应注意接槎的质量。首先应将接槎处清理干净，然后浇水湿润，接槎时，槎面要填实砂浆，并保持灰缝平直。

④后砌非承重隔墙，可于墙中引出凸槎，对抗震设防地区还应按规定设置拉结钢筋，非抗震设防地区的120 mm隔墙，也可采取在墙面上留棉式槎的做法。接槎时，应在榫式槎洞口内先填塞砂浆，顶皮砖的上部灰缝用大铲或瓦刀将砂浆塞严，以稳固隔墙，减少留槎洞口对墙体断面的削弱。

⑤外清水墙施工洞口（竖井架上料口）留槎部位，应加以保护和遮盖，防止运料小车碰撞槎子和撒落混凝土、砂浆造成污染。为使填砌施工洞口用砖规格和色泽与墙体保持一致，在施工洞口附近应保存一部分原砌墙用砖供填砌洞口时使用。

（12）造成配筋砌体钢筋遗漏和锈蚀的主要因素及防治措施。

主要因素：

①配筋砌体钢筋漏放，主要是操作时疏忽造成的。由于管理不善，待配筋砌体砌完后，才发现配筋网片有剩余，但已无法查对，往往不了了之。

②配筋砌体灰缝厚度不够，特别当同一条灰缝中，有的部位（如窗间墙）有配筋，有的部位无配筋时，皮数杆灰缝若按无配筋砌体绘制，则会造成配筋部位灰缝厚度偏小，使配筋在灰缝中没有保护层，或局部未被砂浆包裹，造成钢筋锈蚀。

防治措施：

①砌体中的配筋与混凝土中的钢筋一样，都属于隐蔽工程项目，应加强检查，并填写检查记录存档。施工中，对所砌部位需要的配筋应一次备齐，以便检查有无遗漏。砌筑时，配筋端头应从砖缝处露出，作为配筋标志。

②配筋宜采用冷拔钢丝点焊网片，砌筑时，应适当增加灰缝厚度（以钢筋网片厚度上下各有2 mm保护层为宜）。如同一标高墙面有配筋和无配筋两种情况，可分划两种皮数杆，般配筋砌体最好为外抹水泥砂浆混水墙，这样就不会影响墙体缝式的美观。

③为了确保砖缝中钢筋保护层的质量，应先将钢筋网片刷水泥净浆。网片放置前，底面砖层的纵横竖缝应用砂浆填实，以增强砌体强度，同时也能防止铺浆砌筑时，砂浆掉入竖缝中而出现露筋现象。

④配筋砌体一般均使用强度等级较高的水泥砂浆。为了使挤浆严实，严禁

用干砖砌筑。应满铺满挤（也可适当敲砖振实砂浆层），使钢筋能很好地被砂浆包裹。

⑤如有条件，可在钢筋表面涂刷防腐涂料或防锈剂。

（13）地基不均匀下沉引起墙体裂缝的主要因素及防治措施。

主要因素：

斜裂缝一般发生在纵墙的两端，多数裂缝通过窗口的两个对角，裂缝向沉降较大的方向倾斜，并由下向上发展。横墙由于刚度较大（门窗洞口也少），一般不会产生太大的相对变形，故很少出现这类裂缝。裂缝多出现在底层墙体，向上逐渐减少，裂缝宽度下大上小，常常在房屋建成后不久就在窗台处产生竖直裂缝。为避免多层房屋底层窗台下出现裂缝，除了加强基础整体性外，也采取通长配筋的方法来加强。另外，窗台部位也不宜使用过多的半砖砌筑。

防治措施：

①对于沉降差不大，且已不再发展的一般性细小裂缝，因不会影响结构的安全和使用，采取砂浆堵抹即可。

②对于不均匀沉降仍在发展、裂缝较严重并且在继续开展的情况，应本着先加固地基后处理裂缝的原则进行。一般可采用桩基托换加固方法来加固，即沿基础两侧布置灌注桩，上设抬梁，将原基础圈梁托起，防止地基继续下沉。然后根据墙体裂缝的严重程度，分别采用灌浆充填法（1 ∶ 2 水泥砂浆）、钢筋网片加固法（用穿墙拉筋固定于墙体两侧，上抹 35 mm 厚 M10 水泥砂浆或 C20 细石混凝土），拆砖重砌法（拆去局部砖墙，用高于原强度等级一级的砂浆重新砌筑）进行处理。

（14）温度变化引起墙体裂缝的主要因素及防治措施。

主要因素：

①八字裂缝一般发生在平屋顶房屋顶层纵墙面上，这种裂缝的产生，往往是在夏季屋顶圈梁、挑檐混凝土浇筑后，保温层未施工前，由于混凝土和砖砌体两种材料线胀系数的差异（前者比后者约大一倍），在较大温差情况下，纵墙因不能自由缩短而在两端产生八字裂缝。无保温层盖的房屋，经过夏、冬季气温的变化，也容易产生八字裂缝。裂缝之所以发生在顶层，还由于顶层墙体承受的压应力较其他各层小，从而砌体抗剪强度比其他各层要低的缘故。

②檐口下水平裂缝、包角裂缝以及在较长的多层房屋楼梯间处，楼梯休息

平台与楼板邻接部位发生的竖直裂缝，以及纵墙上的竖直裂缝，产生的原因与上述原因相同。

防治措施：

①合理安排屋面保温层施工。由于屋面结构层施工完毕至做好保温层，中间有一段时间间隔，因此屋面施工应尽量避开高温季节，同时应尽量缩短间隔时间。

②屋面挑檐可采取分块预制的方式或者在顶层圈梁与墙体之间设置滑动层。

③按规定留置伸缩缝，以减少温度变化对墙体产生的影响。伸缩缝内应清理干净，避免碎砖或砂浆等杂物填入缝内。此类裂缝一般不会危及结构的安全，且2~3年将趋于稳定。因此，对于这类裂缝可待其基本稳定后再作处理。其治理方法与“地基不均匀下沉引起墙体裂缝”的处理方法基本相同。

（15）引起大梁处墙体裂缝的主要因素及防治措施。

主要因素：

①大梁下面墙体竖直裂缝，主要由于未设梁垫或梁垫面积不足，砖墙局部承受荷载过大。

②该部位墙体厚度不足，或未砌砖垛。

③砖和砂浆强度偏低，施工质量较差。

防治措施：

①有大梁集中荷载作用的窗间墙，应有一定的宽度（或加垛）。

②梁下应设置足够面积的现浇混凝土梁垫；当大梁荷载较大时，墙体尚应考虑横向配筋。

③对宽度较小的窗间墙，施工中应避免留脚手眼。

治理方法：由于此类裂缝属受力裂缝，将危及结构的安全，因此一旦发现，应尽快进行处理。首先由设计部门根据砖和砂浆的实际强度，并结合施工质量情况进行复核验算。如果局部受压不能满足规范要求，可会同施工部门采取加固措施。处理时，一般应先加固结构，后处理裂缝。对于情况严重者，为确保安全，必要时在处理前应采取临时加固措施，以防墙体突然性破坏。

③对于窗间墙宽度小的情况下，施工时要避免留出脚手架。处理措施：这种裂缝属于应力裂缝，对结构安全有很大的威胁，一旦发现就必须及时处理。

首先，由设计部门依据砖、砂浆的实际强度，结合施工质量进行复验计算，如局部受压量达不到规范要求时，应会同施工部门对其进行加固处理。一般情况下，应先对结构进行加固，再对裂缝进行处理。对于较严重的情况，为了安全起见，应先进行临时加固，以防止墙体发生突发性破坏。

（六）填充墙砌体工程质量问题

1. 造成混砌的主要因素及防治措施

主要因素：

因墙面要抹灰，操作人员容易忽视组砌形式，或者操作人员缺乏砌筑基本技能及思想不够重视。

防治措施：

应使操作者了解组砌形式，加强对操作人员的技能培训和考核，达不到技能要求者不能上岗。

2. 造成拉结钢筋遗漏、错放和生锈的主要因素及防治措施

（1）拉结钢筋漏放和错放，主要是操作时疏忽造成的。

（2）配筋砌体灰缝厚度不够，特别当同一条灰缝中，有的部位（如窗间墙）有配筋、有的部位无配筋时，皮数杆灰缝若按无配筋砌体绘制，则会造成配筋部位灰缝厚度偏小，使配筋在灰缝中没有保护层，或局部未被砂浆包裹，造成钢筋锈蚀。

防治措施：

（1）砌体中配筋与混凝土中的钢筋一样，都属于隐蔽工程项目，应加强检查，并填写检查记录存档。施工中，对所砌部位需要的配筋应一次备齐，以便检查有无遗漏和错放。砌筑时，配筋端头应从砖缝处露出，作为配筋标志。

（2）砌筑填充墙时，必须把预埋在柱中的拉结钢筋砌入墙内，拉结钢筋的规格、数量、间距、长度应符合要求；填充墙与框架柱间隙应用砂浆填满。

（3）为了确保砖缝中钢筋保护层的质量，应先将钢筋网片刷水泥净浆。网片放置前，底层的纵横竖缝应用砂浆填实，以增强砌体强度，同时也能防止铺浆砌筑时，砂浆掉入竖缝中而出现露筋现象。

（4）配筋砌体一般均使用强度等级较高的水泥砂浆，为了使挤浆严实，严禁用干砌块砌筑。应采取满铺满挤的方式，使钢筋能很好地被砂浆包裹。

（5）如有条件，可在钢筋表面涂刷防腐涂料或防锈剂。

3. 造成灰缝偏大、过小、不饱满以及通缝的主要因素及防治措施

主要因素：

施工时工人没有严格按照操作工艺要求砌筑；砌筑前没有统一摆底；砂浆和易性差；用干砖砌墙；铺浆过长。

防治措施：

（1）施工前应对工人进行安全技术交底。

（2）操作之前先进行摆底，以确定灰缝和砌块搭接错缝。

（3）采用和易性好的砂浆。严格控制砂浆配合比。铺灰均匀，即铺即砌。

（4）砌筑前砌块要提前浇水湿润。

4. 引起距梁、板底缝隙过大的主要因素及防治措施

主要因素：

填充墙一次直接砌到顶、补砌没有挤紧塞严。

防治措施：

填充墙砌至接近梁、板底时，应留一定的空隙，待填充墙砌筑完应至少间隔 7 d 后，再将其补砌挤紧。

5. 引起边梃、抱框节点处理不当的主要因素及防治措施

主要因素：

未进行边梃、抱框纵向钢筋的预埋，后期设置钢筋的方法不正确，钢筋接头方法不正确。

防治措施：

（1）边梃、抱框的纵向钢筋应事先预埋；

（2）后期设置钢筋，应采用植筋工艺；

（3）钢筋的接头应满足相应的工艺标准。

五、钢结构工程质量监督

（一）钢结构工程原材料质量监督

原材料及成品进场，是指用于钢结构各分项工程施工现场的主要材料、零（部）件、成品件、标准件等产品的进场验收。加强原材料及成品进场的质量控制，

有利于从源头上把好钢结构工程质量关。

1. 钢结构原材料质量控制

（1）钢材、钢铸件、焊接材料、连接用紧固件、焊接球、螺栓球、封板、锥头和套筒、涂装材料等的品种、规格、性能等应符合现行国家产品标准和设计要求，使用前必须检查产品质量合格证明文件、中文标志和检验报告；进口的材料应进行商检，其产品的质量应符合设计和合同规定标准的要求。

（2）高强度大六角头螺栓连接副和扭剪型高强度螺栓连接副出厂时应分别随箱带有扭矩系数和紧固力（与拉力）的检验报告，并应检查复检报告。

（3）工程中所有的钢构件必须有出厂合格证和有关质量证明。

（4）凡标志不清或怀疑有质量问题的材料、钢结构件、重要钢结构主要受力构件钢材和焊接材料、高强螺栓、需进行追踪检验的以控制和保证质量可靠性的材料和钢结构等，均应进行抽检。材料质量抽样和检验方法，应符合国家有关标准和设计要求，要能反映该批材料的质量特性。

（5）材料的代用必须征得设计单位的认可。

2. 钢结构原材料质量监督批划分

钢结构分项工程是按照主要工种、材料、施工工艺等进行划分的。钢结构分项工程检验批划分遵循以下原则：

（1）单层钢结构按变形缝划分；

（2）多层及高层钢结构按楼层或施工段划分；

（3）压型金属板工程可按屋面、墙板、楼面等划分。

对于原材料及成品进场时的检验批原则上应与各分项工程检验批一致，也可以根据工程规模及进料实际情况合并或分解检验批。

3. 钢材质量监督标准与检验方法

钢材质量监督标准与检验方法详见现行国家有关施工质量验收规范及相关标准。

（二）钢结构焊接工程质量控制与检验

1. 钢构件焊接工程质量控制

（1）焊工必须经考试合格并取得合格证书。持证焊工必须在其考试合格项目及其认可范围内施焊。

（2）焊条、焊丝、焊剂、电渣焊熔嘴等焊接材料，与母材的匹配应符合设计及规范要求。焊条、焊剂药芯焊丝、熔嘴等在使用前，应按其产品说明书及焊接工艺文件的规定进行烘焙和存放。

（3）焊接材料应存放在通风干燥、温度适宜的仓库内。存放时间超过一年的，原则上应进行焊接工艺及机械性能复验。

（4）根据工程重要性、特点、部位，必须进行同环境焊接工艺评定试验。其试验方法、内容及其结果必须符合国家有关标准、规范的要求，并应得到监理和质量监督部门的认可。

（5）焊缝尺寸、探伤检验、缺陷、热处理、工艺试验等，均应符合设计规范要求。

（6）碳素结构应在焊缝冷却到环境温度，低合金结构钢应在完成焊接24 h以后，进行焊缝探伤检验。

2. 钢构件焊接工程质量监督

（1）钢结构焊接工程可按相应的钢结构制作或安装工程检验批的划分方式划分为一个或若干个检验批。

（2）钢构件焊接工程质量监督标准与检验方法详见现行国家有关施工质量验收规范及相关标准。

（三）单层钢结构安装工程质量监督

1. 单层钢结构施工质量控制

（1）安装的测量校正、高强度螺栓安装、负温度下施工及焊接工艺等，应在安装前进行工艺试验或评定，并应在此基础上制定相应的施工工艺或方案。

（2）安装偏差的检测，应在结构形成空间刚度单元并连接固定后进行。

（3）安装时，必须控制屋面、楼面、平台等的施工荷载。施工荷载和冰雪荷载等严禁超过梁、桁架、楼面板、屋面板、平台铺板等的承载能力。

（4）在形成空间刚度单元后，应及时对柱底板和基础顶面的空隙进行细石混凝土、灌浆料等二次浇注。

（5）吊车梁或直接承受动力荷载的梁，其受拉翼缘、吊车桁架或直接承受动力荷载的桁架，其受拉弦杆上不得焊接悬挂物和卡具等。

2. 单层钢结构安装工程质量监督

（1）单层钢结构安装工程可按变形缝或空间刚度单元等划分成一个或若干个检验批。地下钢结构可按不同地下层划分检验批。

（2）钢结构安装检验批应在进场验收和焊接连接、紧固件连接、制作等分项工程验收合格的基础、上进行验收。

（3）单层钢结构安装工程质量监督标准和检验。

基础和支承面质量监督标准和检验方法、装和校正主控项目的质量监督标准和检验方法、安装和校正一般项目的质量监督标准和检验方法应符合《钢结构工程施工质量验收规范》（GB 50205—2020）中的规定。

（四）多层钢结构安装工程质量监督

1. 多层钢结构施工质量控制

（1）多层及高层钢结构的柱与柱、主梁与柱的接头，一般用焊接方法连接。焊缝的收缩值以及荷载对柱的压缩变形，对建筑物的外形尺寸有一定影响。因此，柱与主梁的制作长度要做如下考虑：柱要考虑荷载对柱的压缩变形值和接头焊缝的收缩变形值；梁要考虑焊缝的收缩变形值。

（2）安装柱时，下面一层柱的柱顶位置有安装偏差，因此每节柱的定位轴线应从地面控制轴线直接引上，不得从下层柱的轴线引上。

（3）多层及高层钢结构安装中，建筑物的高度可以按相对标高控制，也可按设计标高控制，在安装前要先决定采用哪一种方法。

2. 多层钢结构安装工程质量监督标准

多层及高层钢结构安装工程可按楼层或施工段等划分为一个或若干个检验批。地下钢结构可按不同地下层划分检验批。

基础和支撑面质量监督标准和检验方法应、安装和校正主控项目的质量监督标准和检验方法、安装和校正一般项目的质量监督标准和检验方法应符合《钢结构工程施工质量验收规范》（GB 50205—2020）中的规定。

六、混凝土工程质量监督

（一）混凝土原材料及配合比的质量监督

1. 水泥

（1）水泥进场时必须有产品合格证、出厂检验报告，并对水泥品种、级别、包装或散装仓号、出厂日期等进行检查验收。对其强度、安定性及其他必要的性能指标进行复试，其质量必须符合《通用硅酸盐水泥》（GB 175—2007）等的规定。

（2）当使用中对水泥的质量有怀疑或水泥出厂超过三个月（快硬水泥超过一个月）时，应进行复试，并按复试结果使用。

（3）钢筋混凝土结构、预应力混凝土结构中，严禁使用含氯化物的水泥。

（4）水泥在运输和储存时，应有防潮、防雨措施，防止水泥受潮凝结结块强度降低，不同品种和强度等级的水泥应分别储存，不得混存混用。

2. 骨料

（1）混凝土中用的骨料有细骨料（砂）、粗骨料（碎石、卵石）。其质量必须符合国家现行标准《普通混凝土用碎石或卵石质量标准及检验方法》（JGJ 53—92）。《普通混凝土用砂、石质量及检验方法标准》（JGJ 52—2006）规定。

（2）骨料进场时，必须进行复验，按进场的批次和产品的抽样检验方案。检验其颗粒级配、含泥量及粗细骨料的针片状颗粒含量，必要时还应检验其他质量指标。对海砂，还应按批检验其氧盐含量，其检验结果应符合有关标准的规定。对含有活性二氧化硅或其他活性成分的骨料，应进行专门试验。待验证确认对混凝土质量无有害影响时，方可使用。

（3）骨料在生产、采集、运输与存储过程中，严禁混入煅烧过的白云石或石灰块等影响混凝土性能的有害物质；骨料应按品种、规格分别堆放，不得混杂。

3. 水

拌制混凝土宜采用饮用水；当采用其他水源时，应进行水质试验，水质应符合国家现行标准《混凝土用水标准》（JGJ 63—2006）的规定。不得使用海水拌制钢筋混凝土和预应力混凝土，不宜用海水拌制有饰面要求的素混凝土。

4. 外加剂

（1）混凝土中掺用的外加剂应有产品合格证、出厂检验报告，并按进场的批次和产品的抽样检验方案进行复验，其质量及应用技术应符合现行国家标准《混凝土外加剂应用技术规范》（GB 50119—2013）等及有关环境保护的规定。

（2）预应力混凝土结构中，严禁使用含氯化物的外加剂。钢筋混凝土结构中，当使用含氯化物的外加剂时，混凝土中氯化物的总含量应符合现行国家标准《混凝土质量控制标准》（GB 50164—2011）的规定。选用的外加剂，需要时还应检验其氯化物、硫酸盐等有害物质的含量，经验证确认对混凝土无有害影响时方可使用。

（3）不同品种外加剂应分别存储，做好标记，在运输和存储时不得混入杂物和遭受污染。

5. 掺合料

混凝土中使用的掺合料主要是粉煤灰，其掺量应通过试验确定。进场的粉煤灰应有出厂合格证，并应按进场的批次和产品的抽样检验方案进行复试。其质量应符合国家标准《粉煤灰混凝土应用技术规范》（GB 50164—2014）、《粉煤灰在混凝土和砂浆中应用技术规程》（JGJ 28—86）、《用于水泥、砂浆和混凝土中的粒化高炉矿渣粉》（GB/T 18046—2017）等的规定。

6. 配合比

（1）混凝土的配合比应根据现场采用的原材料进行配合比设计，再按普通混凝土拌合物性能试验方法等标准进行试验、试配，以满足混凝土强度、耐久性和和易性的要求，不得采用经验配合比。

（2）施工前应审查混凝土配合比设计是否满足设计和施工要求，并应经济合理。

（3）混凝土现场搅拌时应对原材料的计量进行检查，并经常检查坍落度、控制水灰比。

7. 混凝土工程原材料及配合比质量监督

混凝土原材料及配合比检验质量标准与检验方法详见《混凝土结构工程施工质量验收规范》（GB 50204—2015）。

（二）混凝土施工工程质量监督

1. 混凝土施工工程质量控制

（1）混凝土现场搅拌时应按常规要求检查原材料的计量坍落度和水灰比。

（2）检查混凝土搅拌的时间，并在混凝土搅拌后和浇筑地点分别抽样检测混凝土的坍落度。每班至少检查两次，评定时应以浇筑地点的测值为准。

（3）混凝土施工前检查混凝土的运输设备、道路是否良好畅通，保证混凝土的连续浇筑和良好的混凝土和易性。运至浇筑地点时的混凝土坍落度应符合规定要求。

（4）泵送混凝土时应注意以下几个方面的问题：

①操作人员应持证上岗。应有高度的责任感和职业素质，并能及时处理操作过程中出现的故障。

②泵与浇筑地点联络畅通。

③泵送前应先用水灰比为 0.7 的水泥砂浆湿润管道，同时要避免将水泥砂浆集中浇筑。

④泵送过程严禁加水，需要增加混凝土的坍落度时，应加与混凝土相同品种水泥、水灰比相同的水泥浆。

⑤应配专人巡视管道，发现异常及时处理。

⑥在梁、板上铺设的水平管道泵送时振动大，应采取相应的防止损坏钢筋骨架（网片）的措施。

（5）混凝土浇筑前检查模板表面是否清理干净，防止拆模时混凝土表面粘模，出现麻面。木模板是否浇水湿润，防止出现由于木模板吸水黏结或脱模过早，拆模时缺棱、掉角导致露筋。

（6）混凝土浇筑前检查对已完钢筋工程的必要保护措施，防止钢筋被踩踏，产生位移或钢筋保护层减薄。

（7）混凝土施工中检查控制混凝土浇筑的方法和质量。一是防止浇筑速度过快，避免在钢筋上面和墙与板、梁与柱交界处出现裂缝。二是防止浇筑不均匀，或接槎处处理不好易形成裂缝。混凝土浇筑应在混凝土初凝前完成，浇筑高度不宜超过 2 m，竖向结构不宜超过 3 m，否则应检查是否采取了相应措施。控制混凝土一次浇筑的厚度，并保证混凝土的连续浇筑。

（8）浇筑与墙、柱联成一体的梁和板时，应在墙、柱浇筑完毕 1.0~1.5 h 后，再浇筑梁和板；梁和板宜同时浇筑混凝土。

（9）浇筑墙、柱混凝土时应注意保护钢筋骨架，防止墙、柱钢筋产生位移。

（10）浇筑混凝土时，施工缝的留设位置应符合有关规定。

（11）混凝土浇筑时应检查混凝土振捣的情况，保证混凝土振捣密实。防止振捣棒撞击钢筋，使钢筋位移。合理使用混凝土振捣机械，掌握正确的振捣方法，控制振捣的时间。

（12）混凝土施工前应审查施工缝、后浇带处理的施工技术方案。检查施工缝、后浇带留设的位置是否符合规范和设计要求，其处理应按施工技术方案执行。

（13）混凝土施工过程中应对混凝土的强度进行检查，在混凝土浇筑地点随机留取标准养护试件和同条件养护试件，其留取的数量应符合要求。

（14）混凝土浇筑后应检查是否按施工技术方案进行养护，并对养护的时间进行检查落实。

2. 混凝土施工工程质量监督

（1）混凝土施工工程检验批可根据施工及质量控制和专业验收需要按工作班、楼层、施工段、变形缝等进行划分，即每层、段可按基础、柱、剪力墙、梁板梯等结构构件进行划分。

（2）用于检查结构构件混凝土强度的试件，应在混凝土的浇筑地点随机抽取。取样与留置应符合下列规定：

①每拌制 100 盘且不超过 100 m^3 的同配合比的混凝土，取样不得少于一次；

②每工作班拌制的同一配合比混凝土不足 100 盘时，取样不得少于一次；

③当一次连续浇筑超过 1 000 m^3 时，同一配合比的混凝土每 200 m^3 取样不得少于一次；

④每一楼层、同一配合比的混凝土，取样不得少于一次；

⑤每次取样至少留置一组标准养护试件，同条件养护试件的留置组数应根据实际需要确定。

（3）混凝土施工工程质量验收标准及检查方法。

混凝土施工工程质量监督标准及检验详见现行国家有关施工质量验收规范及相关标准。

（三）混凝土现浇结构工程质量监督

1. 混凝土现浇结构工程质量控制

（1）现浇混凝土结构待强度达到一定程度拆模后，应及时对混凝土外观质量进行检查（严禁未经检查擅自处理混凝土缺陷），主要针对结构性能和使用功能影响严重程度进行检查，应及时提出技术处理方案，待处理后对经处理的部位应重新检查验收。

（2）现浇结构不应有影响结构性能和使用功能的尺寸偏差，混凝土设备基础不应有影响结构性能和设备安装的尺寸偏差。现浇结构的外观质量不应有严重缺陷。

（3）对于现浇混凝土结构外形尺寸偏差，检查主要轴线、中心线位置时，应沿纵横两个方向量测，并取其中的较大值。

2. 混凝土现浇结构工程质量监督

（1）按楼层、结构缝或施工段划分检验批。

（2）现浇混凝土结构外观质量和尺寸偏差检验标准及检验方法详见现行国家有关施工质量验收规范及相关标准。

3. 根据混凝土试块强度评定混凝土验收批质量

《混凝土强度检验评定标准》（GB/T 50107—2010）中规定：混凝土的取样，宜根据规定的检验评定方法要求制订检验批的划分方案和相应的取样计划，即混凝土强度试样应在混凝土的浇筑地点随机抽取。试件的取样频率和数量应符合下列规定：每 100 盘，但不超过 100 m^3 的同配合比混凝土，取样次数不应少于一次；每一工作班拌制的同配合比混凝土，不足 100 盘和 100 m^3 时其取样次数不应少于一次；当一次连续浇筑的同配合比混凝土超过 1 000 m^3 时，每 200 m^3 取样不应少于一次；对房屋建筑，每一楼层、同一配合比的混凝土，取样不应少于一次。

七、屋面工程质量监督

建筑屋面工程是建筑工程九大分部工程之一，又可以划分为保温层、找平层，卷材防水层、涂膜防水层、细石混凝土防水层、密封材料嵌缝、细部构造、瓦屋面、架空屋面、蓄水屋面、种植屋面等分项工程。

（一）找平层质量监督

屋面找平层是防水层的基层，防水层要求基层有较好的结构整体性和刚度，一般采用水泥砂浆、细石混凝土或沥青砂浆的整体找平层。

1. 原材料质量监督

（1）材料进厂应具有生产厂家提供的产品出厂合格证、质量监督报告。材料外表或包装物应有明显标志，标明材料生产厂家、材料名称、生产日期、执行标准、产品有效期等。

（2）屋面找平层所用材料必须进场验收，并按要求对各类材料进行复试，其质量、技术、性能必须符合设计要求和施工及验收规范的规定。

（3）材料具体质量要求。

①水泥：不低于强度等级为 32.5 的硅酸盐水泥、普通硅酸盐水泥。

②砂：宜用中砂、级配良好的碎石，含泥量不大于 3%，不含有机杂质，级配要良好。

③石：用于细石混凝土找平层的石子，最大粒径不应大于 15 mm。含泥量应不超过设计规定。

④水：拌和用水宜采用饮用水。当采用其他水源时，水质应符合国家现行标准《混凝土用水标准》（JGJ 63—2006）的规定。

⑤沥青：可采用 10 号、30 号的建筑石油沥青或其熔合物。具体材质及配合比应符合设计要求。

⑥粉料：可采用矿渣、页岩粉、滑石粉等。

2. 施工过程质量控制

（1）找平层的厚度和技术要求详见现行国家有关施工质量验收规范及相关标准。

（2）找平层的基层采用装配式钢筋混凝土板时，应符合下列规定：

①板端、侧缝应用细石混凝土灌缝，其强度等级不应低于 C20；

②板缝宽大于 40 mm 或上窄下宽时，板缝内应设置构造钢筋；

③板端缝应进行密封处理。

（3）检查找平层的坡度是否准确，是否符合设计要求，是否造成倒泛水。

屋面防水应以防为主、以排为辅。在完善设防的基础上，应将水迅速排走，以减少渗水的机会，所以正确的排水坡度很重要。找平层的排水坡度是否符合设计要求是质量控制的重点。平屋面采用结构找坡不应小于3%，采用材料找坡宜为2%，檐沟纵向找坡不应小于1%，沟底水落差不得超过200 mm。

（4）检查水落口周围的坡度是否准确。水落口与基层接触处应留宽20 mm、深20 mm凹槽，嵌填密封材料填沟。

（5）基层与突出屋面结构的交接处和基层的转角处，找平层均应做成圆弧形，圆弧半径应符合要求。内部排水的水落口周围，找平层应做成略低的凹坑。

（6）检查收缩缝的留设是否符合规范和设计要求。由于找平层收缩和温差的影响，应预先留设分格缝，使裂缝集中于分格缝中，减少找平层大面积开裂的可能，并嵌填密封材料。分格缝应留设在结构变形最易发生负弯矩的板端缝处，其纵横缝的最大间距：水泥砂浆或细石混凝土找平层，不宜大于6 m；沥青砂浆找平层，不宜大于4 m。

（7）检查找平层是否空鼓、开裂。基层表面清理不干净、水泥砂浆找平层施工前未用水湿润好，造成空鼓；由于砂子过细、水泥砂浆级配不好、找平层厚薄不匀、养护不够，均可造成找平层开裂。注意使用符合要求的砂料，保护层平整度应严格控制，保证找平层的厚度基本一致，加强成品养护，防止表面开裂。

（8）找平层要在收水后二次压光，使表面坚固、平整；水泥砂浆终凝后，应采取浇水、覆盖浇水、喷养护剂、涂刷冷底子油等手段充分养护，保护砂浆中的水泥充分水化，以确保找平层质量。

（9）沥青砂浆找平层，除强调配合比准确外，施工中应注意拌和均匀和表面密实。找平层表面不密实会产生蜂窝现象，使卷材胶结材料或涂膜的厚度不均匀，直接影响防水层的质量。

3. 屋面找平层质量监督标准

（1）屋面找平层质量监督批检验与检验数量。

检验批：按一个施工段（或变形缝）作为一个检验批，全部进行检验。

检验数量：

①细部构造根据分项工程的内容，应全部进行检查；

②其他主控项目和一般项目：应按屋面面积每100 m^2 抽查一处，每处

10 m^2，且不得少于 3 处。

（2）屋面找平层工程质量监督标准详见现行国家有关施工质量验收规范及相关标准。

（二）保温层质量监督

屋面保温层是屋面工程的重要组成部分。常用的材料有块状保温材料和整体现浇（喷）保温材料等。

1. 原材料质量控制

（1）材料进场应具有生产厂家提供的产品出厂合格证、质量监督报告。材料外表或包装物应有明显标志，标明材料生产厂家、材料名称、生产日期、执行标准、产品有效期等。材料进场后，应按规定抽样复验，并提交试验报告。不合格材料，不得使用。

（2）进场的保温隔热材料抽样数量，应按使用的数量确定，每批材料至少应抽样一次。

（3）进场后的保温隔热材料物理性能应检验下列项目。

①板状保温材料：表观密度、导热系数、吸水率、压缩强度、抗压强度。

②现喷硬质聚氨酯泡沫塑料应先在实验室试配，达到要求后再进行现场施工。现喷硬质聚氨酯泡沫塑料的表观密度应为 35~40 kg/m^3，导热系数应小于 0.030 W/（m · K），压缩强度应大于 150 kPa，闭空率应大于 92%。

2. 施工过程质量控制

保证材料的干湿程度与导热系数关系很大，限制含水率是保证工程质量的重要环节。封闭式保温层的含水率，应相当于该材料在当地自然风干状态下的平衡含水率。屋面保温层干燥有困难时，应采用排气措施。排气目的：一是因为保温材料含水率过大，保温性能降低，达不到设计要求；二是当气温升高，水分蒸发，产生气体膨胀后使防水层鼓泡而破坏。板状保温材料也要求基层干燥，避免产生冷桥。保温（隔热）层施工应符合下列规定：

（1）检查保温层的基层是否平整、干燥和干净。

（2）检查保温层边角处质量：防止出现边线不直、边槎不齐整，影响屋面找坡、找平和排水。

（3）检查保温隔热层功能是否良好：避免出现保温材料表观密度过大。

铺设前含水量大、未充分晾干等现象。施工选用的材料应达到技术标准，控制保温材料导热系数、含水率和铺实密度，保证保温的功能效果。

（4）检查保温层铺筑厚度是否满足设计要求，检查铺设厚度是否均匀。铺设时应认真操作，拉线找坡，铺顺平整。操作中避免材料在屋面上堆积二次倒运，保证匀质铺设及表面平整，铺设厚度应满足设计要求。

（5）板状保温材料施工，当采用干铺法时保温材料应紧贴基层表面，多层设置的板块上下层接缝要错开，板缝间隙嵌填密实；当采用胶黏剂粘贴时，板块相互之间与基层之间应满涂胶黏材料，保证相互黏牢；当采用水泥砂浆粘贴板桩保温材料时，板缝间隙应采用保温灰浆填实并勾缝。

（6）检查板块保温材料铺贴是否密实，采用粘贴的板状保温材料是否贴严、粘牢，以确保保温、防水效果，防止找平层出现裂缝。应严格按照规范和质量验收评定标准的质量标准，进行严格验收。

（7）松散保温材料施工时应分层铺设，每层虚铺厚度不宜大于 150 mm，压实的程度与厚度必须经试验确定，压实后不得直接在保温层上行车或堆物。施工人员宜穿软底鞋进行操作。

（8）整体现浇（喷）保温层质量的关键，是表面平整和厚度满足设计要求。施工应符合下列规定。

①沥青膨胀、沥青膨胀珍珠岩宜用机械搅拌，并应色泽一致，无沥青团；压实程度根据试验确定，其厚度应符合设计要求，表面应平整。

②硬质聚氨酯泡沫塑料应按配比准确计量，发泡厚度均匀一致。

（9）要求屋面保温层严禁在雨天、雪天和五级风及其以上时施工。施工环境气温宜符合要求，施工完成后应及时进行找平层和防水层的施工。

3. 施工过程质量监督

保证材料的干湿程度与导热系数关系很大，限制含水率是保证工程质量的重要环节。封闭式保温层的含水率，应相当于该材料在当地自然风干状态下的平衡含水率。屋面保温层干燥有困难时，应采用排气措施。排气目的：一是因为保温材料含水率过大，保温性能降低，达不到设计要求。二是当气温升高，水分蒸发，产生气体膨胀后使防水层鼓泡而破坏。板状保温材料也要求基层干燥，避免产生冷桥。保温（隔热）层施工应符合下列规定。

（1）检查保温层的基层是否平整、干燥和干净。

（2）检查保温层边角处质量：防止出现边线不直、边槎不齐整，影响屋面找坡、找平和排水。

（3）检查保温隔热层功能是否良好：避免出现保温材料表观密度过大、铺设前含水量大、未充分晾干等现象。施工选用的材料应达到技术标准，控制保温材料导热系数、含水率和铺实密度，保证保温的功能效果。

（4）检查保温层铺筑厚度是否满足设计要求，检查铺设厚度是否均匀。铺设时应认真操作、拉线找坡、铺顺平整。操作中避免材料在屋面上堆积二次倒运，保证匀质铺设及表面平整，铺设厚度应满足设计要求。

（5）板状保温材料施工时，当采用干铺法时保温材料应紧贴基层表面，多层设置的板块上下层接缝要错开，板缝间隙嵌填密实；当采用胶黏剂粘贴时，板块相互之间与基层之间应满涂胶黏材料，保证相互黏牢；当采用水泥砂浆粘贴板桩保温材料时，板缝间隙应采用与防水层同时的施工。同时要求屋面保温层进行隐蔽验收，施工质量应验收合格，质量控制资料应完整。

4. 屋面保温层质量监督

（1）屋面保温层质量监督批检验与检验数量。

检验批：按一栋、一个施工段（或变形缝）作为一个检验批，全部进行检验。

检验数量：

①细部构造根据分项工程的内容，应全部进行检查；

②其他主控项目和一般项目，应按屋面面积每 100 m^2 抽查一处，每处 10 m^2，且不得少于 3 处。

（2）屋面保温层质量监督方法与检验标准详见现行国家有关施工质量验收规范及相关标准。

八、楼地面工程质量监督

（一）基层工程质量监督

1. 材料质量要求

（1）基土严禁采用淤泥、腐殖土、冻土、耕植土、膨胀土和含有 8%（质量分数）以上有机物质的土作为填土。

（2）填土应保持最优含水率，重要工程或大面积填土前，应取土样按击实试验确定最优含水率与相应的最大干密度。

（3）灰土垫层应采用熟化石灰粉与黏土（含粉质黏土、粉土）的拌合料铺设，其厚度不应小于 100 mm。灰土体积比应符合设计要求。

（4）碎石或卵石的粒径不应大于其厚度的 2/3，含泥量不应大于 2%。

（5）砂为中粗砂，其含泥量不应大于 3%，水泥砂浆体积比或水泥混凝土强度等级应符合设计要求，且水泥砂浆体积比不应小于 1 ： 3（或相应的强度等级）；水泥混凝土强度等级不应小于 C15。

（6）找平层应采用水泥砂浆或水泥混凝土铺设，并应符合设计规定。隔离层的材料，其材质应经有资质的检测单位认定。

（7）当采用掺有防水剂的水泥类找平层作为防水隔离层时，其掺量和强度等级（或配合比）应符合设计要求。

（8）填充层应按设计要求选用材料，其密度和导热系数应符合国家有关产品标准的规定。

2. 施工过程的质量控制

（1）施工前，应检查垫层下土层，对于软弱土层应按设计要求进行处理。

（2）基层铺设前，应检查其下一层表面是否干净、有无积水。

（3）填方施工，每层填筑厚度及压实遍数应根据土质、压实程度要求及所选用的压实机具确定。

（4）施工时，应检查在垫层、找平层内埋设暗管时，管道是否按设计要求予以稳固。待隐蔽工程完工后，经验收合格方可进行垫层的施工。

（5）对填方材料应按设计要求验收合格后方可填入。

（6）建筑地面工程基层（各构造层）的铺设，应待下一层检验合格后方可进行上一层施工。基层施工要注意与相关专业（如管线安装专业）的相互配合与交接检验。

（7）施工时，应随时检查基层的标高、坡度、厚度等是否符合设计要求，基层表面是否平整、是否符合规定。

（8）灰土垫层应铺设在不受地下水浸泡的基土上，施工后应有防止水浸泡的措施。

（9）施工时，应检查对有防水要求的建筑地面工程在铺设前是否对立管、套管和地面与楼板的节点之间进行了密封处理，排水坡度是否符合设计要求。

（10）施工时，应检查在水泥类找平层上铺设沥青类防水卷材、防水涂料或以水泥类材料作为防水隔离层时，其表面是否坚固、洁净、干燥，且在铺设前是否涂刷了基层处理剂，基层处理剂是否采用了与卷材性能配套的材料，或采用了同类涂料的底子油。

（11）施工时，应检查铺设防水隔离层时，在管道穿过楼板面四周防水材料是否向上铺涂，且超过套管的上口；在靠近墙面处，是否高出面层200~300 mm，或按设计要求的高度铺涂，阴阳角和管道穿过楼板面的根部是否增设了附加防水隔离层。

（12）施工时，检查填充层的下一层表面是否平整。当为水泥类时，是否洁净、干燥，并不得有空鼓、裂缝和起砂等缺陷。

3. 基层工程施工质量监督

（1）基层工程质量监督的检验批与检验数量。

基层（各构造层）和各类面层的分项工程的施工质量验收应按每一层或每层施工段（或变形缝）作为一个检验批，高层建筑的标准层可按每三层（不足三层按三层计）作为一个检验批。每个检验批应以各子分部工程的基层（各构造层）和各类面层所划分的分项工程按自然间（或标准间）检验。随机检验抽查数量不应少于3间，不足3间应全数检查；走廊（过道）应以10延长米为1间，工业厂房（按单跨计）、礼堂、门厅应以两个轴线为1间计算；有防水要求的建筑地面子分部工程的分项工程，每个检验批的抽查数量应按其房间总数随机抽查，且不应少于4间，不足4间应全数检查。

（2）基层工程质量监督标准与检验方法。

基层工程质量监督标准与检验方法详见现行国家有关施工质量验收规范及相关标准。

（二）厕浴间（隔离层）工程质量监督

1. 材料质量要求

（1）隔离层的材料，应符合设计要求。其材质应经有资质的检测单位认定，从源头上进行材质控制。

（2）基层涂刷的处理剂应与隔离层材料（卷材、防水涂料）具有相容性。

2. 施工过程的质量监督

（1）在水泥类找平层上铺设沥青类防水卷材，防水涂料或以水泥类材料作为防水隔离层时，基层表面应坚固、清洁、干燥。铺设前，应涂刷基层处理剂，基层处理剂应采用与卷材性能配套的材料或采用同类涂料的底子油。

（2）水泥类材料作隔离层的施工要点。采用刚性隔离层时，应采用硅酸盐水泥或普通硅酸盐水泥，水泥强度等级不应低于 32.5 级。当掺用防水剂时，其掺量和强度等级（或配合比）应符合设计要求。

（3）铺设隔离层时，在管道穿过楼面四周，防水材料应向上铺涂，并超过套管上口；在靠近墙面处，应高出面层 200~300 mm，或按设计要求的高度铺涂。阴阳角和管道穿过楼面的根部应增加铺涂附加水隔离层。

（4）铺设隔离层时，在厕浴间门洞口、铺底管道的穿墙口处的隔离层应连续铺设过洞口。

（5）铺设隔离层时，应注意控制穿过楼面管道背后等施工困难处的涂铺质量。

（6）隔离层的铺设层数、涂铺遍数即涂铺厚度应满足设计要求。

（7）涂刷隔离层时要涂刷均匀，不得有堆积、露底等现象。

（8）防水材料铺设后，必须做蓄水检验。蓄水深度应为 20~30 mm，24h 内无渗漏为合格，并做记录。

（9）隔离层铺设后，应做好成品的保护工作，防止隔离层破坏。

（10）进行厕浴间地面垫层施工时，应采取防止隔离层损坏的措施。

（11）隔离层施工质量监督应符合《屋面工程质量验收规范》（GB 50207—2012）的有关规定。

3. 厕浴间（隔离层）工程质量监督

（1）厕浴间（隔离层）工程质量监督数量。

基层（各构造层）和各类面层的分项工程的施工质量验收应按每一层或每层施工段（或变形缝）作为检验批，高层建筑的标准层可按每三层作为检验批。每检验批应以各个分部工程的基层（各构造层）和各类面层所划分的分项工程按自然间（或标准层）检验。抽查数量应随机检验不应少于 3 间，不足 3 间应全数检查。其中走廊（过道）应以 10 延长米为 1 间，工业厂房、礼堂、门厅应以两个轴线为 1 间计算；有防水要求的建筑地面分部工程的分项工程施工质量每检验批抽查数量应按其房间总数随机检验，不应少于4间，不足4间应全数检查。

（2）厕浴间（隔离层）工程质量监督标准和检验方法。

厕浴间（隔离层）工程质量监督标准和检验方法详见现行国家有关施工质量验收规范及相关标准。

（三）整体楼地面工程质量监督

1. 材料质量要求

（1）整体楼地面面层材料应有出厂合格证、样品试验报告以及材料性能检测报告。

（2）整体楼地面面层材料的出厂时间应符合要求。

（3）应控制水泥品种与质量，面层中采用的水泥应为硅酸盐水泥、普通硅酸盐水泥，其强度等级不应小于32.5。不同品种、不同强度等级的水泥严禁混用；砂应为中粗砂，当采用石屑时，其粒径应为1~5 mm，且含泥量不应大于3%（质量分数）。

（4）要检查水泥混凝土采用的粗骨料，其最大粒径不应大于面层厚度的2/3，细石混凝土面采用的石子粒径不应大于15 mm。

（5）应严格控制各类整体面层的配合比。

2. 施工过程的质量监督

（1）楼面、地面施工前应先在房间的墙上弹出标高控制线（50线）。

（2）基层应清理干净，表面应粗糙、湿润但不得有积水。

（3）水泥砂浆面层的抹平工作应在初凝前完成，压光工作应在终凝前完成。地面压光后24 h铺锯末洒水养护，保持湿润，且养护不得少于7 d；抗压强度达到5 MPa后，方准上人行走；抗压强度应达到设计要求后，方可正常使用。

（4）当水泥砂浆面层内埋设管线等出现局部厚度减薄时，应按设计要求做防止面层开裂处理后方可施工。

（5）当采用掺有水泥的拌合料做踢脚时，严禁用石灰砂浆打底。踢脚线出墙厚度一致，高度应符合设计要求，上口应用铁板压光。

（6）细石混凝土必须搅拌均匀，铺设时按标筋厚度刮平，随后用平板式振动器振捣密实。待稍收水，即用铁抹子预压一遍，使之平整，不显露石子；或是用铁滚筒往复交叉滚压3~5遍，低凹处用混凝土填补，滚压至表面泛浆。

如泛出的浆水呈细花纹状，表明已滚压密实，即可进行压光，抹平压光时不得在表面撒干水泥或水泥浆。

（7）水泥混凝土面层原则上是不应留置施工缝。当施工间歇超过允许时间规定，在继续浇筑混凝土时，应对已凝结的混凝土接槎处进行处理，再浇筑混凝应不显接槎。

（8）养护和成品保护：细石混凝土面层铺设后 1 d 内，可用锯末、草带、砂或其他材料覆盖，在常温下洒水养护。养护期不少于 7 d，且禁止上人走动或进行其他作业。

3. 整体楼地面工程施工质量监督

（1）整体楼地面工程质量监督批与检验数量。

整体楼地面工程质量监督数量与检验批同基层工程。

（2）整体楼地面工程质量监督标准与检验方法。

整体楼地面工程质量监督标准与检验方法详见现行国家有关施工质量验收规范及相关标准。

（四）板块楼地面工程质量监督

1. 材料质量要求

（1）板块的品种、规格、花纹图案以及质量必须符合设计要求，必须有材质合格证明文件及检测报告。检查中应注意大理石、花岗岩等天然石材有害杂质的限量报告，必须符合现行国家相关标准规定。

（2）胶黏剂、沥青胶结材料和涂料等材料应按设计选用，并应符合现行国家标准的规定。

（3）砖面层的表面应洁净。图案清晰、色泽一致、接缝平整、深浅一致、周边顺直。板块无裂纹、掉角和缺棱等缺陷。

（4）配制水泥砂浆时应采用硅酸盐水泥，普通硅酸盐水泥或矿渣硅酸盐水泥，其水泥强度等级不宜小于 32.5。

2. 施工过程的质量监督

（1）施工前应检查地面垫层、预埋管线等是否全部完工，并已办完隐蔽工程验收手续。

（2）施工前应在室内墙面弹出标高控制线（50 线）。以控制标高。

（3）穿越楼板管道的洞口要用C20混凝土填塞密实；有防水构造层的蓄水试验合格，并已办理完验收手续。

（4）基层已经清理，并达到粗糙、洁净和潮湿的要求；地漏和排水口已预先封堵。

（5）水泥类基层的抗压强度等级，达到铺设板块面层时不得低于1.5 MPa的要求。

（6）板块地面的水泥类找平层，宜用干硬性水泥砂浆，且不能过稀和过厚，否则易引起地面空鼓。

（7）有地漏等带有坡度的面层，其表面坡度应符合设计要求。

（8）检查板块的铺砌是否符合设计要求，当设计无要求时，宜避免出现小于1/4板块面积的边角料。

（9）水泥砂浆铺设的板块地面铺设完毕，应予以覆盖并浇水养护不少于7 d。

3. 板块楼地面工程施工质量监督标准

（1）板块楼地面工程质量监督数量。

板块楼地面工程质量监督数量同基层工程。

（2）板块楼地面工程质量监督标准与检验方法。

板块楼地面工程质量监督标准与检验方法详见现行国家有关施工质量验收规范及相关标准。

九、门窗工程质量监督

（一）木门窗安装工程质量监督

1. 材料质量要求

（1）应按设计要求配料。木门窗的木材品种、材质等级、规格、尺寸、框扇的线形及人造木板的甲醛含量均应符合设计要求。

（2）木门窗应采用烘干的木材，其含水率应符合规范的规定。

（3）木门窗的防火、防腐、防虫处理应符合设计要求。

（4）制作木门窗所用的胶料，宜采用国产的酚醛树脂胶和脲醛树脂胶。普通木门窗可采用半耐水的脲醛树脂胶，高档木门窗应采用耐水的酚醛树脂胶。

（5）工厂生产的木门窗必须有出厂合格证。由于运输堆放等原因而受损的门窗框、扇，应进行预处理，达到合格要求后方可用于工程中。

（6）小五金零件的品种、规格、型号、颜色等均应符合设计要求，质量必须合格，地弹簧等五金零件应有出厂合格证。

（7）对人造木板的甲醛含量应进行复检。

2. 施工过程的质量控制

（1）制作前必须选择符合设计要求的材料。

（2）检查木门框和厚度大于 50 mm 的门窗扇是否采用双榫连接，未采用双榫连接的必须用双榫连接。榫槽应采用胶料严密嵌合，并应采用胶楔加紧。

（3）门窗框、扇进场后，框的靠墙、靠地一面应刷防腐涂料，其他各面应刷清漆一道，刷油后码放在干燥通风仓库。

（4）木门窗框安装宜采用预留洞口的施工方法（即后塞口的施工方法），如采用先立框的方法施工，则应注意避免门窗框在施工中被污染、挤压变形、受损等现象。

（5）木门窗与砖石砌体、混凝土或抹灰层接触处做防腐处理，埋入砌体或混凝土的木砖应进行防腐处理。

（6）木门窗及门窗五金运到现场，必须按图纸检查框扇型号、检查产品防锈红丹漆有无薄刷、漏涂现象，不合格产品严禁用于工程。

（7）检查木门窗的品种、类型、规格、开启方向、安装位置及连接方式是否符合设计要求。预埋木砖的防腐处理、木门窗框固定点的数量、位置及固定方法应符合设计要求。

（8）检查木门窗框的安装是否牢固，开关是否灵活，关闭是否严密，有无倒翘现象。

（9）检查木门窗配件的型号、规格、数量是否符合设计要求，安装是否牢固，位置是否正确，功能是否满足使用要求。在砌体上安装门窗时严禁采用射钉固定。

（10）检查木门窗表面是否洁净，且不得有刨痕、锤印。

（11）检查木门窗的割角、拼缝是否严密平整，门窗框、扇裁口是否顺直，刨面是否平整。

（12）检查木门窗上的槽、孔是否边缘整齐，有无毛刺。

（13）检查木门窗与墙体间缝隙的填嵌料是否符合设计要求，填嵌是否饱满。寒冷地区外门窗（或门窗框）与砌体间的空隙应填充保温材料。

（14）检查木门窗批水、盖口条、压缝条、密封条的安装是否顺直，与门窗结合是否牢固严密。

（15）对预埋件、锚固件及隐蔽部位的防腐、填嵌处理应进行隐蔽工程的质量验收。

3. 木门窗安装工程质量监督

（1）木门窗安装工程质量监督检验批划分。

同一品种、同一类型和规格的木门窗及门窗玻璃每 100 樘应划分一个检验批，不足 100 樘也应划分一个检验批。每个检验批应至少抽查总数的 5%，且不得少于 3 樘，不足 3 樘时应全数检查；高层建筑的外窗，每个检验批应至少抽查总数的 10%，且不得少于 6 樘，不足 6 樘时应全数检查。

（2）木门窗安装工程质量监督标准与检验方法。

木门窗安装工程质量监督标准与检验方法详见现行国家有关施工质量验收规范及相关标准。

（二）塑料门窗安装工程质量监督

1. 材料质量要求

（1）检查原材料的质量证明文件：门窗材料应有产品合格证书、性能检测报告、进场验收记录和复检报告。

（2）异型材、密封条的质量控制：门窗采用的异型材、密封条等原材料应符合国家现行标准《门、窗用未增塑聚氯乙烯（PVC-U）型材》（GB/T 8814—2017）和《塑料门窗用密封条》（GB 12002—89）中的有关规定。

（3）门窗采用的紧固件、五金件、增强型钢及金属衬板等应进行表面防腐处理。

（4）紧固件的镀层金属及其厚度宜符合现行国家标准《紧固件 电镀层》（GB/T 5267.1—2002）中的有关规定，紧固件的尺寸、螺纹、公差、十字槽及机械性能等技术条件应符合现行国家标准《十字槽沉头自攻螺钉》（GB/T 846—2017）和《十字槽半沉头自攻螺钉》（GB/T 847—2017）中的有关规定。

（5）五金件的型号、规格和性能均应符合现行国家标准的有关规定，滑撑铰链不得使用铝合金材料。

（6）组合窗及其拼樘料应采用与其内腔紧密吻合的增强型钢作为内衬，型钢两端应比拼樘料长出 10~15 mm，外窗拼樘料的截面尺寸及型钢的形状、壁厚应符合要求。

（7）固定片材质应采用 Q235-A 冷轧钢板，其厚度应不小于 1.5 mm，最小宽度应不小于 15 mm，且表面应进行镀锌处理。

（8）全防腐型门窗应采用相应的防腐型五金件及紧固件。

（9）密封门窗与洞口所用的嵌缝膏应具有弹性和黏结性。

（10）出厂的塑料门窗应符合设计要求，其外观、外形尺寸、装配质量、力学性能应符合现行国家标准的有关规定；门窗中竖框、中横框或拼樘料等主要受力杆件中的增强型钢，应在产品说明中注明规格、尺寸。

（11）建筑外窗的水密性、气密性、抗风压性能、保温性能、中空玻璃露点、玻璃遮阳系数和可见光透射比应符合设计要求。

（12）建筑外窗进入施工现场时，应按地区类别对其水密性、气密性、抗风压性能、保温性能、中空玻璃露点、玻璃遮阳系数和可见光透射比等性能进行复验，复检合格方可用于工程。

2. 施工过程的质量控制

（1）安装前应按设计要求检查门窗洞口位置和尺寸，左右位置挂垂线控制，窗台标高通过 50 线控制，合格后方可进行安装。

（2）塑料门窗安装应采用预留洞口的施工方法（即后塞口的施工方法），不得采用边安装边砌口或先安装后砌口的施工方法。

（3）当洞口需要设置预埋件时，要检查其数量、规格、位置是否符合要求。

（4）塑料门窗安装前，应先安装五金配件及固定片（安装五金配件时，必须加衬增强金属板）。安装时应先钻孔，然后再拧入自攻螺钉，不得直接钉入；固定点距离窗角、中横框、中竖框 150~200 mm，且固定点间距应不大于 600 mm。在砌体上安装门窗时严禁采用射钉固定。

（5）检查组合窗的拼樘料与窗框的连接是否牢固，通常是先将两窗框与拼樘料卡接，卡接后用紧固件双向拧紧，其间距应≤ 600 mm。

（6）窗框与洞口之间的伸缩缝内腔，应采用闭孔泡沫塑料、发泡聚苯乙烯等弹性材料分层填塞。对于保温、隔声等级较高的工程，应采用相应的隔热、隔声材料填塞。填塞后，一定要撤掉临时固定的木楔或垫块，其空隙也要用弹性闭孔材料填塞。

（7）塑料门窗扇的密封条不得脱槽，旋转窗间隙应基本均匀，玻璃密封条与玻璃及玻璃槽口的接缝应平整，不得卷边及脱槽。检验方法：观察检查。

（8）检查排水孔是否畅通，位置和数量是否符合设计要求。

（9）塑料门窗框与墙体间缝隙用闭孔弹性材料填嵌饱满后，检查其表面是否应采用密封胶密封，密封胶是否黏结牢固，表面是否光滑、顺直，有无裂纹。

3. 塑料门窗安装工程质量监督

（1）塑料门窗安装工程质量监督批及检验数量。

塑料门窗安装工程质量监督数量同木门窗安装工程。

（2）塑料门窗安装工程质量监督标准与检验方法。

塑料门窗安装工程质量监督标准与检查方法详见现行国家有关施工质量验收规范及相关标准。

（三）金属门窗工程质量监督

金属门窗安装工程一般指钢门窗、铝合金门窗、涂色镀锌钢板门窗等安装。

1. 材料质量监督

（1）选用的铝合金型材应符合现行国家标准的规定，壁厚不得小于1.5 mm；选用的配件除不锈钢外，应做防腐处理，防止与铝合金型材直接接触。

（2）铝合金型材表面阳极氧化膜厚度应符合要求。

（3）铝合金门窗的质量（窗框尺寸偏差：窗框、窗扇和相邻构件装配间隙和同一平面高低差；窗框、扇四周宽度偏差：平板玻璃与玻璃槽的配合尺寸；中空玻璃与玻璃槽的配合尺寸；窗装饰表面的各种损伤）应符合要求。

（4）进入现场的铝合金门窗，必须有产品准用证和出厂合格证。

（5）建筑外窗的水密性、气密性、抗风压性能、保温性能、中空玻璃露点、玻璃遮阳系数和可见光透射比应符合设计要求。

（6）建筑外窗进入施工现场时，应按地区类别对其水密性、气密性、抗风压性能、保温性能、中空玻璃露点、玻璃遮阳系数和可见光透射比等性能进行复验，复检合格方可用于工程。

2. 施工过程质量监督

（1）安装前应按设计要求检查门窗洞口位置和尺寸，左右位置挂垂线控制，窗台标高通过50线控制，合格后方可进行安装。

（2）金属门窗安装应采用预留洞口的施工方法（即后塞口的施工方法），不得采用边安装边砌口或先安装后砌口的施工方法。

（3）门窗安装就位后应暂时用木楔固定，定位木楔应设置于门窗四角或框梃端部，否则易产生变形。

（4）铝合金门窗装入洞口应横平竖直，外框与洞口应弹性连接牢固，不得将门窗外框直接埋入墙体。与混凝土墙体连接时，门窗框的连接件与墙体可用射钉或膨胀螺栓固定，与砖墙连接时，应预先在墙体埋设混凝土块，然后按上述办法处理。

（5）铝合金门窗的连接件应伸出铝框予以内外锚固，连接件应采用不锈钢或经防腐处理的金属件，其厚度不小于1.5 mm，宽度不小于25 mm，数量、位置应符合规范规定。

（6）铝合金门窗横向、竖向组合时，应采取套插、搭接形成曲面组合，搭接长度宜为10 mm，并用密封胶密封。

（7）铝合金门窗框与墙体间隙塞填应按设计要求处理，如设计无要求时，应采用矿棉条或聚氨酯PU发泡剂等软质保温材料填塞，框四周缝隙须留5~8 mm深的槽口用密封胶密封。

（8）门窗附件安装，必须在地面、墙面和顶棚等抹灰完成后，并在安装玻璃之前进行，且应检查门窗扇质量，对附件安装有影响的应先校正，然后再安装。

（9）铝合金门窗玻璃安装时，要在门窗槽内放弹性垫块（如胶木等），不准玻璃与门窗直接接触。玻璃与门窗槽搭接数量应不少于6 mm，玻璃与框槽间隙应用橡胶条或密封胶压牢或填满。

（10）铝合金门窗安装好后，应经喷淋试验，不得有渗漏现象。

（11）铝合金推拉窗顶部应设限位装置，其数量和间距应保证窗扇抬高或推拉时不脱轨。

（12）钢门窗及零附件质量必须符合设计要求和规范规定，安装的位置、开启方向必须符合设计要求。

（13）门窗地脚与预埋件宜采用焊接，如不采用焊接，应在安装完地脚后，用水泥砂浆或细石混凝土将洞口缝隙填实。

（14）钢门窗扇安装应关闭严密，开关灵活，无阻滞、回弹和倒翘。

（15）双层钢窗的安装间距应符合设计要求。

（16）钢门窗与墙体缝隙填嵌应饱满、表面平整；嵌套材料和方法符合设计要求。玻璃前，同时应检查门扇的质量，对附属物的安装有影响者，应改正后再安装。

3. 金属门窗安装工程施工质量监督

（1）金属门窗安装工程质量监督批及检验数量。

金属门窗安装工程质量监督数量同木门窗安装工程。

（2）金属门窗安装工程质量监督标准与检验方法。

金属门窗安装工程质量监督标准与检查方法详见现行国家有关施工质量验收规范及相关标准。

（四）门窗玻璃安装工程质量监督

1. 材料质量监督

（1）进场玻璃应提供玻璃质量证明文件。

（2）检查玻璃的品种、规格、尺寸、色彩、图案和涂膜朝向应符合设计要求。

（3）镶嵌用的镶嵌条、定位块和隔片、填色材料、密封条等的品种、规格、断面尺寸、颜色、物理及化学性能应符合设计要求。

2. 施工过程质量监督

（1）木门窗和钢门窗玻璃安装前，必须清理玻璃槽内的木屑、灰浆、尘土等杂物，使油灰与槽口黏结牢固。

（2）安装金属门窗玻璃时，应先检查金属门窗扇是否有相关证书，预留安钢丝卡的孔眼是否齐全、准确。

（3）金属门窗扇如有扭曲变形、安钢丝卡的孔眼如不符合要求，则应校正及补钻孔眼。

（4）玻璃安装应在门窗五金件安装后、涂刷最后一遍油漆前进行。

（5）油灰应具有塑性，嵌模时不断裂、不麻面，用于钢门窗玻璃的油灰应具有防锈性能。

（6）油灰抹完后，要用抹布将玻璃擦干净。

（7）铝合金和塑料门窗玻璃安装前，应将玻璃槽内的灰浆、尘土、垃圾等杂物清除干净，检查排水孔是否畅通。

（8）磨砂玻璃安装时，磨砂面应向内。

（9）带密封条的玻璃压条，其密封条必须与玻璃全部紧贴，压条与型材之间无明显缝隙，压条接缝应不大于 0.5 mm。

（10）检查密封胶条的转角处理是否符合要求。

3. 玻璃安装工程质量监督

（1）玻璃安装工程质量监督批及检验数量。

玻璃安装工程检验批及检查数量同门窗工程。

（2）门窗玻璃安装工程质量监督标准与检验方法。

窗玻璃安装工程的质量监督标准与检验方法详见现行国家有关施工质量验收规范及相关标准。

十、抹灰工程质量监督

抹灰工程指一般抹灰、装饰抹灰、清水砌体勾缝等分项工程。

（一）一般抹灰工程质量监督

1. 材料质量要求

（1）水泥宜采用强度等级不小于 32.5 的硅酸盐水泥、普通硅酸盐水泥；水泥进场应进行外观检查，检查品种、生产日期、生产批号、强度等级等；要注意检查水泥的质量证明文件（如出厂合格证、出厂检验报告），并按规定现场随机取样进行复检，试验合格后方可使用。

进场水泥如遇水泥强度等级不明或出厂日期超过 3 个月及受潮变质等情况，应经试验鉴定，按试验结果确定使用与否。不同品种的水泥不得混合使用。

（2）抹灰用石灰，一般由块状石灰熟化成石灰膏后使用，熟化时应用筛孔孔径不大于 3 mm 的网筛过滤。石灰在池内熟化时间一般不少于 15 d；罩面用的磨细石灰粉的熟化时间不应少于 30 d。

（3）抹灰宜采用中砂（平均粒径为 0.35~0.50 mm）或粗砂（平均粒径不

大于 0.5 mm）与中砂混合掺用，尽可能少用细砂（平均粒径为 0.25~0.35 mm），不宜使用特细砂（平均粒径小于 0.25 mm）。砂在使用前必须过筛，不得含有杂质，含泥量应符合标准规定。

（4）常用的建筑石膏的密度为 2.60~2.75 g/cm^3，堆积密度为 800~1 000 kg/m^3。石膏加水后凝结硬化速度很快，规范规定初凝时间不得少于 4 min，终凝时间不得超过 30 min。

2. 施工过程的质量控制

（1）一般抹灰应在基体或基层的质量检查合格后才能进行。

（2）正式抹灰前，应按施工方案（或安全技术交底）及设计要求抹出样板间，待有关方检验合格后，方可正式进行。

（3）检查抹灰前基层表面的尘土、污垢、油渍等是否清除干净，砌块、混凝土缺陷部位应先期进行处理，并应洒水润湿基层。

（4）抹灰前，应纵横拉通线，用与抹灰层相同的砂浆设置标志或标筋。

（5）检查抹灰层厚度，要求当抹灰厚度≥ 35 mm 时，应采取加强措施。不同材料基体交接处表面的抹灰，应采取防止开裂的加强措施；当采用加强网时，加强网与各基体的搭接宽度不应小于 100 mm。

（6）检查普通抹灰表面是否光滑、洁净，接槎是否平整，分制缝是否清晰；高级抹灰表面应光滑、洁净，颜色均匀、无抹纹，分割缝和灰线应清晰美观。

（7）检查护角、孔洞、槽、盒周围的抹灰表面是否整齐、光滑，管道后面的抹灰表面是否平整。

（8）检查抹灰层的总厚度，要求总厚度应符合设计要求。水泥砂浆不得抹在石灰砂浆层上；罩面石膏灰不得抹在水泥砂浆层上。

（9）室内墙面、柱面和门窗洞口的阳角做法应符合设计要求，当设计无要求时应采用 1 ：2 的水泥砂浆做暗护角，其高度不低于 2 m，宽度不小于 50 mm。

（10）外墙窗台、窗眉、雨篷、压顶和突出腰线等，上面应做出排水坡度，下面应抹滴水线或做滴水槽，滴水槽的深和宽均不小于 10 mm。

3. 一般抹灰工程施工质量监督

（1）一般抹灰工程质量监督批与检验数量。

相同材料、相同工艺和施工条件的室外抹灰工程每 500~1 000 m^2 应划分为一个检验批，不足 500 m² 也应划分为一个检验批；相同材料、相同工艺和施工条件的室内抹灰工程每 50 个自然间（大面积房间和走廊按抹灰面积 30 m² 为一间）应划分为一个检验批，不足 50 间也应划分为一个检验批；室内每个检验批应至少抽查总数的 10%，且不得少于 3 间。不足 3 间时应全数检查；室外每个检验批内每 100 m² 应至少抽查 1 处，且每处不得小于 10 m²。

（2）一般抹灰工程质量监督方法与标准详见现行国家有关施工质量验收规范及相关标准。

（二）装饰抹灰工程质量监督

1. 材料质量要求

（1）水泥、砂质量控制要点同上相应要点。

（2）应控制骨料质量，其质量要求是颗粒坚韧、有棱角、洁净且不得含有风化的石粒，使用时应冲洗干净并晾干。

（3）应控制彩色瓷粒质量，其粒径为 1.2~3.0 mm，且应具有大气稳定性好、表面瓷粒均匀等。

（4）装饰砂浆中的颜料，应采用耐碱和耐晒（光）的矿物颜料，常用的有氧化铁黄、铬黄、氧化铁红、群青、氧化铁棕、氧化铁黑、钛白粉等。

（5）建筑胶黏剂应选择无醛胶黏剂，产品性能参照《水溶性聚乙烯醇建筑胶黏剂》（JC/T 438—2006）的要求，游离甲醛含量≤ 0.1 g/kg，其他有害物质限量符合《室内装饰装修材料胶黏剂中有害物质限量》（GB 18583—2008）的要求。当选择聚乙烯醇缩甲醛类胶黏剂时，不得用于医院、老年建筑、幼儿园、学校教室等民用建筑的室内装饰装修工程。

2. 施工过程的质量控制

（1）一般抹灰应在基体或基层的质量检查合格后才能进行，基层必须清理干净。

（2）正式抹灰前，应按施工方案（或安全技术交底）及设计要求抹出样板间，待有关方检验合格后，方可正式进行。

（3）装饰抹灰应做在已硬化、粗糙而平整的中层砂浆面上，涂抹前应洒水湿润。

（4）装饰抹灰的施工缝，应留在分格缝、墙面阴角、水落管背后或独立装饰组成部分的边缘处。每个分块必须连续作业，不显接槎。

（5）喷涂、弹涂等工艺不能在雨天进行；干黏石等工艺在大风天气不宜施工。

（6）装饰抹灰的周围墙面、窗洞口等部位，应采取遮挡措施，以防污染。

（7）检查装饰抹灰工程的表面质量。

3. 装饰抹灰工程质量监督

（1）装饰抹灰工程质量监督批与检验数量。

标准装饰抹灰工程质量监督数量同一般抹灰工程。

（2）装饰抹灰工程质量监督标准与检验方法。

装饰抹灰工程质量监督标准与检验方法详见现行国家有关施工质量验收规范及相关标准。

十一、饰面工程质量监督

（一）饰面板安装工程质量监督

1. 材料质量要求

（1）饰面板的品种、规格、质量、花纹、颜色和性能应符合设计要求，木龙骨、木饰面、塑料饰面板的燃烧性能等级应符合设计要求，进场产品应有合格证书和性能检测报告，并应做进场验收记录。

（2）天然石饰面板主要有天然大理石饰面板、花岗石饰面板、青石板等。其质量要求规定如下：大理石质地较密实，表观密度为 2 500~2 600 kg/m³，抗压强度为 70~150 MPa，磨光打蜡后表面光滑，但大理石易风化和溶蚀，表面会失去光泽，所以不宜用于室外，大理石应石质细密、无腐蚀斑点、光洁度高、棱角齐全、色泽美观、底面整齐；花岗石属坚硬石材，表观密度为 2 600 kg/m³，抗压强度为 120~250 MPa，空隙率与吸水率较小、耐风化、耐冻性强，但耐火性不好，颜色一般为淡灰、淡红或微黄；青石板材质软、易风化，使用规格多为 30~50 cm 的矩形块，常用于园林建筑的墙柱面及勒脚等饰面。

（3）人造石饰面板主要有预制水磨石饰面板、预制水刷石饰面板、人造大理石饰面板、金属饰面板、瓷板饰面板等。其质量要求规定如下：预制水磨石饰面板要求表面平整光滑，石子显露均匀无磨纹、色泽鲜明、棱角齐全、底面整齐；预制水刷石饰面板要求石粒均匀紧密、表面平整、色泽均匀、棱角齐全、底面整齐；人造大理石饰面板可分为水泥型、树脂型、复合型、烧结型四类，质量要求同大理石，不宜用于室外装饰。常用的金属饰面板有铝合金饰面板、不锈钢饰面板、彩色涂层钢板（烤漆钢板）、复合钢板等，金属饰面板表面应平整、光滑、无裂缝和皱褶、颜色一致、边角整齐、涂膜厚度均匀；瓷板饰面板材料应符合现行国家标准的有关规定，并应有出厂合格证，其材料应具有不燃烧性或难燃烧性及耐候性等特点。

（4）工程中所用龙骨的品种、规格、尺寸、形状应符合设计规定。当墙体采用普通型钢时，应做除锈、防锈处理。木龙骨要干燥、纹理顺直、没有节疤。

（5）木龙骨、木饰面板、塑料饰面板的燃烧性能等级应符合设计要求。

（6）镀锌膨胀螺栓的规格及拉拔试验应符合设计要求。

（7）硅胶的品种、规格、颜色等应符合设计要求，并具有出厂合格证和复检报告。

（8）安装饰面板所用的铁制锚固件、连接件，应经镀锌或防锈处理；镜面和光面的大理石、花岗石饰面板，应采用铜或不锈钢的连接件。

（9）安装装饰板所用的水泥，其体积安定性必须合格，其初凝时间不得少于 45 min，终凝时间不得超过 12 h。砂则要求颗粒坚硬、洁净，且含泥量不得大于 3%（质量分数）。石灰膏不得含有未熟化的颗粒。施工所采用的其他胶结材料的品种，掺和比例应符合设计要求。

（10）室内采用的花岗石应进行放射性检测。

2. 施工过程的质量监督

（1）饰面板安装工程应在主体结构、穿过墙体的所有管道、线路等施工完毕并经验收合格后进行。

（2）瓷板安装前应对基层进行验收，对影响主体安全性、适用性及饰面板安装的基层质量缺陷给予修补。

（3）饰面板安装工程安装前，应编制施工方案和进行安全技术交底，并监督其有效实施。

（4）石材饰面板安装前，应按品种、规格和颜色进行分类选配，并将其侧面和背面清扫干净，修边打眼，每块板上的上下打眼数量不少于 2 个，并用防锈金属丝穿入孔内以做系固之用。

（5）饰面板的安装顺序宜由下往上进行，避免交叉作业。

（6）饰面板挂件的规格、位置、数量及其安装质量应满足设计及相关规程的规定。

（7）石材饰面板安装时，缝宽用木楔调整，并确保外表面平整垂直及板的上沿平顺。

（8）室内安装天然石光面和镜面的饰面板，接缝应干接，接缝处宜用与饰面板相同颜色的水泥擦缝；室外安装天然石光面和镜面的饰面板，板缝可干接或用水泥细砂浆勾缝，干接缝应用与饰面板相同颜色的水泥浆接缝。安装天然石粗磨面、麻面、条纹面、天然面饰面板的接缝和勾缝应用水泥砂浆，接缝要填塞密实无“瞎”缝。

（9）安装人造石饰面板，接缝宜用与饰面板相同颜色的水泥浆或水泥砂浆抹勾严实。

（10）饰面板完工后，表面应清洗干净。光面和镜面饰面板经清洗晾干后，方可打蜡擦亮。

（11）冬期施工应采取相应措施保护砂浆，以免受冻。

3. 饰面板安装工程施工质量监督标准

（1）饰面板安装工程质量监督批与检验数量。

饰面板安装工程同一般抹灰工程。

（2）饰面板安装工程质量监督标准与检验方法。

饰面板安装工程质量监督标准与检验方法详见现行国家有关施工质量验收规范及相关标准。

（二）饰面砖粘贴工程检验

1. 材料质量要求

（1）釉面瓷砖要求尺寸一致、颜色均匀，无缺釉、脱釉现象，无凸凹扭曲和裂纹、夹心等缺陷，边缘和棱角整齐，吸水率不大于1.8%，常用于厕所、浴室、厨房、游泳池等场所。

（2）饰面砖的品种、规格、图案、颜色和性能应符合设计要求。进场后应派人进行挑选，并分类堆放备用。使用前，应在清水中浸泡2 h以上，晾干后方可使用。

（3）陶瓷锦砖要求规格颜色一致，无受潮变色现象，拼接在纸板上的图案应符合设计要求，纸板完整，顺粒齐全，无缺棱掉角及碎粒，常用于室内外墙面及室内地面。

（4）水泥、石灰、砂和纸筋同一般抹灰。

2. 施工过程的质量监督

（1）饰面砖粘贴工程应在主体结构、穿过墙体的所有管道、线路等施工完毕并经验收合格后进行。

（2）饰面砖粘贴前，应编制施工方案和进行安全技术交底，并监督其有效实施。

（3）饰面砖粘贴前，应对基层进行验收，对于不满足要求的基层必须进行处理。当基体的抗拉强度小于外墙面砖粘贴强度时，必须进行加固处理，加固后应对粘贴样板进行强度检测。对于加气混凝土砌块、轻质砌块，轻质墙板等基体，若采用外墙面饰面砖作贴面装饰时，必须有可靠的粘贴质量保证措施。否则，不宜采用外墙面砖饰面；对于混凝土基体表面，应采用聚合物砂浆或其他界面处理剂做结合层。

（4）饰面砖粘贴应预排，以便拼缝均匀。同一墙面上的横竖排列，不得有一项以上的非整砖。非整砖应排在次要部位或阴角处。

（5）粘贴饰面砖横竖须按弹线标志进行。表面应平整，不显接槎，接缝平直，宽度一致；基层表面如有管线、灯具、卫生设备等突出物，周围的砖应用整砖套割吻合，不得用非整砖拼凑镶砖。

（6）粘贴室内面砖时一般由下往上逐层粘贴，从阳角起贴，先贴大面，后贴阴阳角及凹槽等难度较大的部位。

（7）每块砖上口平齐划一，竖缝应单边按墙上控制线齐直，砖缝应横平竖直。

（8）粘贴室内面砖时，如设计无要求，接缝宽度为1.0~1.5 mm；墙裙、浴盆、水池等处和阴阳角处应使用配件砖；粘贴室内面砖的房间，阴阳角须找方，要防止地面沿墙边出现宽窄不一现象。

（9）粘贴室外面砖时，水平缝用嵌缝条控制，使用前木条应先捆扎后用水浸泡，施工中每次重复使用木条前都要及时清除余灰，以保证缝格均匀；粘贴室外面砖的竖缝用竖向弹线控制，其弹线密度可根据操作工人水平确定。可每块弹，也可 5~10 块弹一垂线。操作时，面砖下面坐在嵌条上，一边与弹线水平，然后依次向上粘贴。

（10）饰面板（砖）工程的防震缝、伸缩缝、沉降缝等部位的处理应保证缝的使用功能和饰面的完整性。

3. 饰面砖粘贴工程质量监督

（1）饰面砖粘贴工程质量监督批与检验数量。

饰面砖粘贴工程质量监督数量同一般抹灰工程。

（2）饰面砖粘贴工程质量监督标准和检验方法。

饰面砖粘贴工程质量监督标准和检验方法详见现行国家有关施工质量验收规范及相关标准。

（三）涂饰工程质量监督

1. 材料质量监督

（1）腻子：材料进入现场应有产品合格证、性能检验报告、出厂质量保证书、进场验收记录，水泥、胶黏剂的质量应按有关规定进行复试，严禁使用安定性不合格的水泥，严禁使用黏结强度不达标的胶黏剂。普通硅酸盐水泥强度等级不得低于 32.5。超过 90 d 的水泥应进行复检，复检不达标的不得使用。

配套使用的腻子和封底材料必须与选用饰面涂料性能相适应，内墙腻子的主要技术指标应符合现行行业标准《建筑室内用腻子》（JG/T 298—2010）的规定。外墙腻子的强度应符合现行国家标准《复层建筑涂料》（GB/T 9779—2015）的规定，且不易开裂。建筑室内用胶黏剂材料必须符合《民用建筑工程室内环境污染控制规范》（GB 50325—2010）的有关要求。

（2）涂料：涂料类型的选用应符合设计要求。检查材料的产品合格证、性能检测报告及进场验收记录。进场涂料按有关规定进行复试，并经试验鉴定合格后方可使用。超过出厂保质期的涂料应进行复验，复验达不到质量标准不得使用。

室内用水性涂料、溶剂型涂料必须符合《民用建筑工程室内环境污染控制规范》（GB 50325—2010）的有关要求。

2. 施工过程质量监督控制

（1）检查基层是否牢固，基层应不开裂、不掉粉、不起砂、不空鼓、无剥离、无石灰爆裂点和无附着力不良的旧涂层等。

（2）检查基层的表面平整度、立面垂直度、阴阳角垂直、方正和有无缺棱掉角现象，检查分格缝深浅是否一致且横平竖直。基层允许的偏差应符合技术规范的要求且表面应平而不光。

3. 施工过程质量监督控制

（1）检查基层是否牢固，基层应不开裂、不掉粉、不起砂、不空鼓、无剥离。无石灰爆裂点和无附着力不良的旧涂层等。

（2）检查基层的表面平整度、立面垂直度、阴阳角垂直、方正和有无缺棱掉角现象，检查分格缝深浅是否一致且横平竖直。基层允许偏差应符合现行国家有关施工质量验收规范及相关标准的要求，且表面应平而不光。

第三节　工程质控数据监管要点

一、钢材质量控制资料

（1）钢材进场时应提供产品合格证和出厂检验报告。

（2）钢筋进场时，应按现行国家标准《钢筋混凝土用钢第 2 部分：热轧带肋钢筋》（GB/T 1499.2—2018）、《预应力混凝土用钢绞线》（GB/T 5224—2014）等的规定抽取试件做力学性能检验，其质量必须符合有关标准的规定。

①低碳钢热轧圆盘条应成批验收，每批由同一牌号、同一炉罐号、同一尺寸的盘条组成，其重量不得大于 60 t。

允许由同一牌号的 A 级钢（包括 Q195）和 B 级钢、同一冶炼和浇铸方法、不同炉罐号的钢轧成的盘条组成混合批，但每批不得多于 6 个炉罐号。各炉罐号含碳量之差不得大于 0.02%，含锰量之差不得大于 0.15%。

判定规则：任何检验批如有某一项试验结果不符合标准要求，则从同一批中再取双倍数量的试样进行该不合格项目的复验。复验结果（包括该项试验所要求的任一指标）即使只有一个指标不合格，则整批不得交货。

②钢筋混凝土用热轧光圆钢筋应按批进行检查和验收，每批应由同一牌号、同一炉罐号、同一规格、同一交货状态的钢筋组成，其重量不大于 60 t。

公称容量不大于 30 t 的冶炼炉冶炼的钢和连铸坯轧成的钢筋，允许同一牌号、同一冶炼方法、同一浇铸方法的不同炉罐号组成混合批，但每批不得多于 6 个炉罐号。各炉罐号含碳量之差不得大于 0.02%，含锰量之差不得大于 0.15%。

判定规则同盘条。

③钢筋混凝土用热轧带肋钢筋应按批进行检查和验收，每批应由同一牌号、同一炉罐号、同一规格、同一交货状态的钢筋组成，其重量不大于 60 t。

允许同一牌号、同一冶炼方法、同一浇铸方法的不同炉罐号组成混合批，但每批不得多于 6 个炉罐号。各炉罐号含碳量之差不得大于 0.02%，含锰量之差不得大于 0.15%。

判定规则同盘条。

④冷轧带肋钢筋应按批进行检查和验收，每批应由同一牌号、同一外形、同一规格、同一生产工艺和同一交货状态的钢筋组成，每批重量不大于 60 t。

判定规则同盘条。

⑤钢筋混凝土用余热处理钢筋，钢筋应按批进行检查和验收，每批应由同一牌号、同一炉罐号、同一规格、同一交货状态的钢筋组成，其重量不大于 60 t。

公称容量不大于 30 t 的冶炼炉冶炼制成的钢坯制的钢筋，允许同一牌号、同一冶炼方法、同一浇铸方法的不同炉罐号组成混合批，但每批不得多于 6 个炉罐号。各炉罐号含碳量之差不得大于 0.02%，含锰量之差不得大于 0.15%。

判定规则同盘条。

冷轧扭钢筋验收批应由同一牌号、同一规格尺寸、同一台轧机、同一台班的钢筋组成，且每批不大于 10 t，不足 10 t 按一批计。

判定规则：

其一，当全部检验项目均符合本标准规定，则该批钢筋判定为合格。

其二，当检验项目中有一项检验结果不符合有关要求，则应从同一批钢筋中重新加倍随机取样，对不符合项目进行复检。若试样复检后合格，该批钢筋可判定为合格。否则根据不同项目按下列规则判定：当抗拉强度、拉伸、冷弯试验不合格，或重量负偏差大于 5% 时，该批钢筋判定为不合格。

⑥当轧扁厚度小于或节距大于本标准规定，仍可判定为合格，但需降直径规格使用。

冷拔螺旋钢筋应成批验收。每批应由同一牌号、同一规格和同一级别的钢筋组成，每批重量不大于 50 t。

判定规则：当某一项检验结果不符合标准规定时，则该盘不得交货，并从同一批未经试验的钢丝盘中取双倍数量的试样进行该不合格项目的复验（包括该项试验所要求的任一指标）。复验结果即使只有一个试样不合格，则整批不得交货，或进行逐盘检验合格后交货。供方有权对复验不合格产品进行加工分类（包括热处理）后，重新提交验收。

⑦预应力混凝土用钢绞线应成批验收，每批钢绞线由同一牌号、同一规格、同一生产工艺捻制的钢绞线组成，每批质量不得大于 60 t。供方每一交货批钢绞线的实际强度不能高于其抗拉强度级别 200 MPa。

判定规则同冷拔螺旋钢筋。

⑧预应力混凝土用钢丝应成批验收，每批钢丝由同一牌号、同一规格、同一加工状态的钢丝组成，每批质量不大于 60 t。

判定规则同冷拔螺旋钢筋。

（3）抗震等级为一级、二级、三级的框架和斜撑构件（含梯段），其纵向受力钢筋采用普通钢筋时，钢筋的抗拉强度实测值与屈服强度实测值的比值不应小于 1.25；钢筋的屈服强度实测值与屈服强度标准值的比值不应大于 1.3，且钢筋在最大拉力下的总伸长率实测值不应小于 9%。

（4）当发现钢筋脆断、焊接性能不良或力学性能显著不正常等现象时，应对该批钢筋进行化学成分检验或其他专项检验。

（5）钢结构用钢材的合格证及复验。

①承重结构钢材应有下列项目的合格保证。

a. 承重结构钢材，应保证抗拉强度、伸长率、屈服点和硫、磷的极限含量；焊接结构应保证碳的极限含量。必要时还应有冷弯试验的合格保证。

b. 对重级工作制和吊车起重量大于等于 50 t 的中级工作制焊接吊车梁和类似结构的钢材，应有常温冲击韧性的合格保证；计算温度等于或低于 -20℃时，Q235 钢应具有 -20℃下冲击韧性的合格保证，Q345 钢应具有 -40℃下冲击韧性的合格保证。

c. 重级工作制的非焊接吊车梁，必要时其钢材也应具有冲击韧性的合格保证。

d. 对于高层钢结构建筑，承重结构的钢材一般应保证抗拉强度、伸长率、屈服点、冷弯试验、冲击韧性合格和硫、磷含量的极限值，对焊接结构尚应有含碳量极限值的合格保证。

②对属于下列情况之一的钢结构用钢材，应进行抽样复验。

a. 国外进口钢材（当具有国家进出口质量检验部门的复验商检报告时，可以不再进行复验）。

b. 钢材混批：

碳素结构钢每批应由同一牌号、同一炉罐号、同一等级、同一品种、同一尺寸、同一交货状态的钢材组成，其重量不大于 60 t。

公称容量不大于 30 t 的冶炼炉冶炼的钢和连铸坯轧成的钢材，允许同一牌号的 A、B 级钢、同一冶炼和浇注方法、不同炉罐号组成混合批，但每批不多于 6 个炉罐号。各炉罐号含碳量之差不得大于 0.02%，含锰量之差不得大于 0.15%。

低合金高强度结构钢每批应由同一牌号、同一质量等级、同一炉罐号、同一品种、同一尺寸、同一热处理制度（指热处理状态供应）的钢材组成，其重量不大于 60 t。

A、B 级钢允许由同一牌号、同一质量等级、同一冶炼和浇注方法，不同炉罐号组成混合批，但每批不多于 6 个炉罐号。各炉罐号含碳量之差不得大于 0.02%，含锰量之差不得大于 0.15%。

板厚等于或大于 40 mm，且设计有 Z 向性能要求的厚板。

建筑结构安全等级为一级、大跨度（大于等于 60 m）钢结构中主要受力构件（弦杆或梁用钢板）所采用的钢材。

设计有复验要求的钢材。对质量有疑义的钢材：对质量证明文件有疑义时的钢材；质量证明文件不全的钢材；质量证明书中的项目少于设计要求的钢材。

二、钢材焊接、机械连接质量控制资料

(1)焊条(丝,剂)等焊接材料应有产品合格证;当采用低氢型碱性焊条时,应按使用说明书的要求烘焙,且宜放入保温筒内保温使用;酸性焊条如在运输或存放中受潮,使用前亦应烘焙后方能使用。焊剂应存放在干燥的库房内,当受潮时,在使用前应经 250~300℃烘焙 2 h。

(2)钢结构焊接材料应有质量合格证明文件、中文标志及检验报告、品种、规格、性能等应符合现行国家产品标准和设计要求。焊条、焊丝、焊剂、电渣焊熔嘴等焊接材料与母材的匹配应符合设计要求及现行行业标准《建筑钢结构焊接技术规程》(JGJ 81—2002)的规定。焊条、焊剂、药芯焊丝、熔嘴、瓷环等在使用前,应按其产品说明书及焊接工艺文件的规定进行烘焙和存放。

(3)机械连接套筒应有合格证书、型式检验报告。

(4)机械连接试验。

①钢筋连接工程开始前及施工过程中,应对每批进场钢筋进行接头工艺检验,工艺检验应符合下列要求:

a. 每种规格钢筋的接头试件不应少于 3 根。

b. 钢筋母材抗拉强度试件不应少于 3 根,且应取自接头试件的同一根钢筋。

②现场检验应进行外观质量检查和单向拉伸试验。对接头有特殊要求的结构,应在设计图纸中另行注明相应的检验项目。

③接头的现场检验按验收批进行。同一施工条件下采用同一批材料的同等级、同型式、同规格接头,以 500 个为一个验收批进行检验与验收,不足 500 个也作为一个验收批。

④对接头的每一验收批,必须在工程结构中随机截取 3 个接头试件做抗拉强度试验,按设计要求的接头等级进行评定。当 3 个接头试件的抗拉强度均符合相应等级的要求时,该验收批评为合格。如有 1 个试件的强度不符合要求,应再取 6 个试件进行复检。复检中如仍有 1 个试件的强度不符合要求,则该验收批评为不合格。

⑤现场检验连续 10 个验收批抽样试件抗拉强度试验 1 次合格率为 100%时,验收批接头数量可以扩大 1 倍。

（5）钢筋焊接试验。

①在工程开工正式焊接之前，参与该项施焊的焊工应进行现场条件下的焊接工艺试验。并经试验合格后，方可正式生产。试验结果应符合质量检验与验收时的要求。

②钢筋闪光对焊接头、电弧焊接头、电渣压力焊接头、气压焊接头拉伸试验结果均应符合下列要求：

a.3 个热轧钢筋接头试件的抗拉强度均不得小于该牌号钢筋规定的抗拉强度；RRB400 钢筋接头试件的抗拉强度均不得小于 570 N/mm^2。

b. 至少应有 2 个试件断于焊缝之外，并应呈延性断裂。当达到上述 2 项要求时，应评定该批接头为抗拉强度合格。

c. 当试验结果有 2 个试件抗拉强度小于钢筋规定的抗拉强度，或 3 个试件均在焊缝或热影响区发生脆性断裂时，则一次判定该批接头为不合格品。

d. 当试验结果有 1 个试件的抗拉强度小于规定值，或 2 个试件在焊缝或热影响区发生脆性断裂，其抗拉强度均小于钢筋规定抗拉强度的 1.10 倍时，应进行复验。

e. 复验时，应再切取 6 个试件。复验结果如仍有 1 个试件的抗拉强度小于规定值，或有 3 个试件在焊缝或热影响区呈脆性断裂，其抗拉强度小于钢筋规定抗拉强度的 1.10 倍时，应判定该批接头为不合格品。

f. 当接头试件虽断于焊缝或热影响区，呈脆性断裂，但其抗拉强度大于或等于钢筋规定抗拉强度的 1.10 倍时，可按断于焊缝或热影响区之外，呈延性断裂同等对待。

③闪光对焊接头、气压焊接头进行弯曲试验时，应将受压面的全面毛刺和镦粗凸起部分消除，且应与钢筋的外表齐平。

a. 当试验结果弯至 90° 有 2 个或 3 个试件外侧（含焊缝和热影响区）未发生破裂时，应评定该批接头弯曲试验合格。

b. 当 3 个试件均发生破裂，则一次判定该批接头为不合格品。

c. 当有 2 个试件发生破裂时，应进行复验。

d. 复验时，应再切取 6 个试件。复验结果如有 3 个试件发生破裂时，应判定该接头为不合格品。

注：当试件外侧横向裂纹宽度达到 0.5 mm 时，应认定已经破裂。

（6）钢筋焊接骨架和焊接网。

①接头的质量检验，应分批进行外观检查和力学性能检验，并应按下列规定选取检验批。

a. 钢筋牌号、直径及尺寸相同的焊接骨架和焊接网应视为同一类型制品，且每 300 件作为一批，一周内不足 300 件的亦应按一批计算。

b. 热轧钢筋的焊点应做剪切试验，试件应为 3 件；冷轧带肋钢筋焊点除做剪切试验外，尚应对纵向和横向冷轧带肋钢筋做拉伸试验，试件应各为 1 件。

②当拉伸试验结果不合格时，应再切取双倍数量试件进行复检；复验结果均合格时，应评定该批焊接制品焊点拉伸试验合格。

当剪切试验结果不合格时，应从该批制品中再切取 6 个试件进行复验；当全部试件平均值达到要求时，应评定该批焊接制品焊点剪切试验合格。

（7）钢筋闪光对焊接头。

闪光对焊接头的质量检验，应分批进行外观检查和力学性能检验，并应按下列规定选取检验批：

①在同一台班内，由同一焊工完成的 300 个同牌号、同直径钢筋焊接接头应作为一批。当同一台班内焊接的接头数量较少，可在一周之内累计计算；累计仍不足 300 个接头时，应按一批计算。

②力学性能检验时，应从每批接头中随机切取 6 个接头，其中 3 个做拉伸试验，3 个做弯曲试验。

③焊接等长的预应力钢筋（包括螺丝端杆与钢筋）时，可按生产时同等条件制作模拟试件。

④螺丝端杆接头可只做拉伸试验。

⑤封闭环式箍筋闪光对焊接头，以 600 个同牌号、同规格的接头作为一批，只做拉伸试验。

当模拟试件试验结果不符合要求时，应进行复验。复验应从现场焊接接头中切取，其数量和要求与初始试验相同。

（8）钢筋电弧焊接头。

①电弧焊接头的质量检验，应分批进行外观检查和力学性能检验，并应按下列规定选取检验批：

a. 在现浇混凝土结构中，应以 300 个同牌号钢筋、同型式接头作为一批；

在房屋结构中，应以不超过一楼层中 300 个同牌号钢筋、同型式接头作为一批。每批随机切取 3 个接头、做拉伸试验。

b. 在装配式结构中，可按生产条件制作模拟试件，每批 3 个，做拉伸试验。

c. 钢筋与钢板电弧搭接焊接头可只进行外观检查。

注：在同一批中若有几种不同直径的钢筋焊接接头，应在最大直径钢筋接头中切取 3 个试件。以下电渣压力焊接头、气压焊接头取样均同。

②当模拟试件试验结果不符合要求时，应进行复验。复验应从现场焊接接头中切取，其数量和要求与初始试验时相同。

（9）钢筋电渣压力焊接头。

电渣压力焊接头的质量检验，应分批进行外观检查和力学性能检验，并应按下列规定选取检验批：

在现浇钢筋混凝土结构中，应以 300 个同牌号钢筋接头作为一批；在房屋结构中，应以不超过一楼层中 300 个同牌号钢筋接头作为一批；当不足 300 个接头时，仍应作为一批。每批随机切取 3 个接头做拉伸试验。

（10）钢筋气压焊接头：

气压焊接头的质量检验，应分批进行外观检查和力学性能检验，并应按下列规定选取检验批：

①在现浇钢筋混凝土结构中，应以 300 个同牌号钢筋接头作为一批；在房屋结构中，应以不超过一楼层中 300 个同牌号钢筋接头作为一批；当不足 300 个接头时，仍应作为一批。

②在柱、墙的竖向钢筋连接中，应从每批接头中随机切取 3 个接头做拉伸试验；在梁、板的水平钢筋连接中，应另切取 3 个接头做弯曲试验。

（11）预埋件钢筋 T 型接头。

①当进行力学性能检验时，应以 300 件同类型预埋件作为一批。一周内连续焊接时，可累计计算。当不足 300 件时，亦应按一批计算。应从每批预埋件中随机切取 3 个接头做拉伸试验。

②预埋件钢筋 T 形接头拉伸试验结果，3 个试件的抗拉强度均应符合下列要求：HPB235 钢筋接头不得小于 350 N/mm^2，HRB335 钢筋接头不得小于 470 N/mm^2，HRB400 钢筋接头不得小于 550 N/mm^2。

当试验结果 3 个试件中有 1 个小于规定值时，应进行复验。

复验时，应再取 6 个试件。复验结果，其抗拉强度均达到上述要求时，应评定该批接头为合格品。

（12）钢结构焊接试验。

①施工单位对其首次采用的钢材、焊接材料、焊接方法、焊后热处理等，应进行焊接工艺评定，并应根据评定报告确定焊接工艺。

施工单位对其采用的焊钉和钢材焊接应进行焊接工艺评定，其结果应符合设计要求和国家现行有关标准的规定。

②重要钢结构采用的焊接材料应进行抽样复验，复验结果应符合现行国家产品标准和设计要求。

该复验应为见证取样、送样检验项目。本条中“重要”是指：

a. 建筑结构安全等级为一级的一、二级焊缝；

b. 建筑结构安全等级为二级的一级焊缝；

c. 大跨度结构中一级焊缝；

d. 重级工作制吊车梁结构中一级焊缝；

e. 设计要求。

焊接球焊缝应进行无损检验，其质量应符合设计要求。当设计无要求时应符合二级质量标准。每一规格按数量抽查 5%，且不应少于 3 个。

③设计要求全焊透的一、二级焊缝应采用超声波探伤进行内部缺陷的检验；超声波探伤不能对缺陷做出判断时，应采用射线探伤。探伤比例一级焊缝不得低于 100%，二级焊缝不得低于 20%。

④对一、二级焊缝，尚应按焊缝处数随机抽验 3%，且不应少于 3 处，进行见证取样送样试验，以检验焊缝的内部缺陷，外部缺陷及焊缝尺寸。

三、水泥质量控制资料

（1）水泥进场时应提供产品合格证、出厂检验报告。

（2）水泥进场时应对其品种、级别、包装或散装仓号、出厂日期等进行检查并应对其强度、安定性及其他必要的性能指标进行复验，其质量必须符合现行国家标准《通用硅酸盐水泥》（GB 175—2007）的规定。

当在使用中对水泥质量有怀疑或水泥出厂超过三个月（快硬硅酸盐水泥超

过一个月）时，应进行复验，并按复验结果使用。

钢筋混凝土结构、预应力混凝土结构中，严禁使用含氯化物的水泥。

检查数量：按同一生产厂家、同一等级、同一品种、同一批号且连续进场的水泥，袋装不超过 200 t 为一批，散装不超过 500 t 为一批，每批抽样不少于一次。

判定规则：

凡氧化镁、三氧化硫、初凝时间、安定性中任一项不符合规定时，均为废品。

凡细度、终凝时间、不溶物和烧失量中的任一项不符合规定，或混合材料掺加量超过最大限度，或强度低于其强度等级的指标时，为不合格品。

（3）孔道灌浆用水泥应采用普通硅酸盐水泥，其质量应符合以上规定（对孔道灌浆用水泥和外加剂用量较少的一般工程，当有可靠依据时，可不做材料性能的进场复验）。

四、砖、砌块、砂、石料的质量控制数据

（1）砖、砌块、砂、石应有产品的合格证书、产品性能检测报告。严禁使用国家明令淘汰的材料。

（2）砖的强度等级必须符合设计要求。每一生产厂家的砖到现场后，按烧结砖 15 万块、多孔砖 5 万块、灰砂砖及粉煤灰砖 10 万块各为一验收批，抽检数量为 1 组。

（3）施工时所用的混凝土小型空心砌块的产品龄期不应小于 28 d，强度等级必须符合设计要求。每一生产厂家、每 1 万块小砌块至少应抽检 1 组。用于多层以上建筑基础和底层的小砌块抽检数量不应少于 2 组。

（4）石材及砂浆强度等级必须符合设计要求。同一产地的石材至少应抽检 1 组。

（5）蒸压加气混凝土砌块、轻骨料混凝土小型空心砌块砌筑时，其产品龄期应超过 28 d。蒸压加气混凝土砌块以同品种、同规格、同等级的砌块，以 10 000 块为 1 批，不足 10 000 块亦为 1 批。轻骨料混凝土小型空心砌块以用同一品种轻骨料配置成的相同密度等级、相同强度等级、质量等级和同一生产工艺制成的 10 000 块轻骨料混凝土小型空心砌块为 1 批。

（6）砖、砌块复试项目有一项不合格，则判定为不合格。

（7）普通混凝土用砂、碎石、卵石供货单位应提供产品合格证或质量检验报告。购货单位应按同产地同规格分批验收。用大型工具（如火车、货船、汽车）运输的，以 400 m^3 或 600 t 为一验收批。用小型工具（如马车等）运输的，以 200 m^3 或 300 t 为一验收批。不足上述数量者以一批论。

砂每验收批至少应进行颗粒级配、含泥量和泥块含量检验。如为海砂，还应检验其氯离子含量。碎石、卵石每验收批至少应进行颗粒级配、含泥量、泥块含量及针、片状颗粒含量检验。对重要工程或特殊工程应根据工程要求，增加检测项目。

若检验不合格，应重新取样。对不合格项，进行加倍复验，若仍有一个试样不能满足标准要求，应按不合格品处理。

（8）轻集料按品种、种类、密度等级和质量等级分批检验与验收。每 200 m^3 为一批；不足 200 m^3 也以一批论。

轻粗集料检验项目：颗粒级配、堆积密度、粒型系数、筒压强度（高强轻粗集料尚应检测强度标号）和吸水率。

轻细集料检验项目：细度模数、堆积密度。

若有一项性能指标不符合要求，应从同一批轻集料中加倍取样，对不符合要求的指标进行复检。复检后仍然不符合要求时，则该批产品判为降等或不合格。

五、节能保温材料质量控制资料

（1）建筑工程使用的新型墙体材料和节能保温材料应符合设计和国家及省内有关现行标准的规定，无国家、行业地方标准的，应当有依法制定的企业标准。保温材料应具备下列资料：

①材料出厂合格证；

②材料性能检测报告；

③外保温系统的型式检验报告（有效期为两年）；

④省建设行政主管部门认证资料和企业标准（无国家、行业或地方标准的材料）；

⑤进场复试报告（按标准要求进场后应抽样检验的材料）。

（2）外墙外保温系统生产厂家应提供有效的型式检验报告，型式检验报告有效期为两年，其型式检验应符合下列要求。

①耐候性检验：外墙外保温系统经耐候性试验后，不得出现饰面层起泡或剥落、保护层空鼓或脱落等破坏，不得产生渗水裂缝。具有薄抹面层的外保温系统，抹面层与保温层的拉伸黏结强度不得小于 0.1 MPa，并且破坏部位应位于保温层内。

②胶粉 EPS 颗粒保温浆料外墙外保温系统的抗拉强度检验：抗拉强度不得小于 0.1 MPa，并且破坏部位不得位于各层界面。

③ EPS 板现浇混凝土外墙外保温系统现场黏结强度检验：现场黏结强度不得小于 0.1 MPa，并且破坏部位应位于 EPS 板内。

④胶黏剂拉伸黏结强度检验：胶黏剂与水泥砂浆的拉伸黏结强度在干燥状态下不得小于 0.6 MPa，浸水 48 h 后不得小于 0.4 MPa；与 EPS 板的拉伸黏结强度在干燥状态和浸水 48 h 后均不得小于 0.1 MPa，并且破坏部位应位于 EPS 板内。

⑤玻纤网耐碱拉伸断裂强力检验：玻纤网经向和纬向耐碱拉伸断裂强度不得小于 750 N/mm^2，耐碱拉伸断裂强力保留率均不得小于 50%。

（3）墙体节能工程使用的保温隔热材料进场后，应在监理（建设）单位的见证下取样，并送至有资质的检测机构进行进场复验。进场复验内容主要有：

①保温材料的导热系数、表观密度、抗压强度或压缩强度和燃烧性能；

②黏结材料的黏结强度；

③增强网的力学性能、抗腐蚀性能。

检验数量：同一厂家、同一品种产品，当单位工程建筑面积在 20 000 m^2 以下时各抽查不少于 3 次；当单位工程建筑面积在 20 000 m^2 以上时各抽查不少于 6 次。

（4）外保温工程施工，应在监理（建设）人员见证下，委托有资质的检测机构按下列要求进行现场检测：

①保温板材与基层的黏结强度应做现场拉拔试验，试验数量为每种类型的基层墙体取 5 处有代表性的部位。

②当保温层采用后置锚固件固定时，后置锚固件应进行锚固力现场拉拔试

验。试验数量为每种类型的基层墙体取锚固件数量的 1%，且不少于 3 根。

（5）幕墙节能工程使用的材料、构件等进场时，应对下列性能进行复验，复验应为见证取样送检，同一厂家的同一种产品抽检不得少于一组：

①保温材料：导热系统、密度、燃烧性能；

②幕墙玻璃：可见光透射比、传热系数、遮阳系数、中空玻璃露点；

③隔热型材：抗拉强度，抗剪强度。

（6）墙的气密性能应符合设计规定的等级要求。当幕墙面积大于 3 000 m^2 或建筑外墙面积 50% 时，应现场抽取材料和配件，在检测试验室安装制作试件进行气密性能检测，检测结果应符合设计规定的等级要求。气密性能检测应对一个单位工程中面积超过 1 000 m 的每一种幕墙均抽取一个试件进行检测。

性能检测试件应包括幕墙的典型单元、典型拼缝、典型可开启部分。试件应按照幕墙工程施工图进行设计，试件设计应经建筑设计单位项目负责人、监理工程师同意并确认。

（7）建筑外窗进入施工验场时，应对其气密性、传热系数、中空玻璃露点进行抽样复验，复验应为见证取样送检。同一厂家、同一品种、同一类型的产品各抽查不少于 3 樘（件）。

（8）屋面节能工程使用的保温隔热材料，进场时应对导热系数、密度、抗压强度或压缩强度和燃烧性能进行复验，复验应为见证取样送检，同一厂家的同一种产品抽检不得少于 3 次。

（9）地面节能工程使用的保温隔热材料，进场时应对导热系数、密度、抗压强度或压缩强度和燃烧性能进行复验。复验应为见证取样送检，同一厂家的同一种产品抽检不得少于 3 次。

（10）外墙节能构造的现场实体检验，每个单位工程应至少抽查 3 处，每处一个检查点。当一个单位工程外墙有两种以上外墙节能保温做法时，每种节能做法的外墙应抽查不少于 3 处。外墙节能构造的现场实体检验宜采用钻芯法，主要检验以下内容：

①墙体保温材料的种类是否符合设计要求；

②保温层厚度是否符合设计要求；

③保温层构造做法是否符合设计和施工方案要求。

外墙节能构造的现场实体检验应在监理（建设）人员见证下实施，可委托有资质的检测机构检测，也可由施工单位实施。

（11）外窗气密性的现场实体检验，每个单位工程每种主要窗型至少抽查3樘。外窗气密性的现场实体检验应在监理（建设）人员见证下抽样，委托有资质的检测机构实施。

六、外加剂质量控制资料

混凝土中掺用外加剂的质量及应用技术应符合现行国家标准《混凝土外加剂》（GB 8076—2008）、《混凝土外加剂应用技术规范》（GB 50119—2003）等和有关环境保护的规定。

预应力混凝土结构中，严禁使用含氯化物的外加剂。钢筋混凝土结构中，当使用含氯化物的外加剂时，混凝土中氯化物的总含量应符合现行国家标准《混凝土质量控制标准》（GB 50164—1992）的规定。

检查数量：按进场的批次和产品的抽样检验方案确定。

凡在砂浆中掺入有机塑化剂、早强剂、缓凝剂、防冻剂等，应经检验和试配符合要求后，方可使用。有机塑化剂应有砌体强度的型式检验报告。

（1）外加剂应有供货单位提供的下列技术文件。

①产品说明书，并应标明产品主要成分。

②出厂检验报告及合格证。

③掺外加剂混凝土性能检验报告。

（2）不同品种外加剂复合使用时，应注意其相容性及对混凝土性能的影响。使用前应进行试验，满足要求方可使用。

（3）外加剂现场检验项目。

①混凝土防冻剂：包括密度（或细度）、抗压强度比、钢筋锈蚀试验；同一厂家、同一品种防冻剂，每50 t为一批，不足50 t也作为一批。

②砂浆、混凝土防水剂：pH值、密度（或细度）、钢筋锈蚀。生产厂年产不小于500 t，每一批号为50 t；年产500 t以下，每一批号为30 t。每批不足50 t或30 t的也按一批量计。

③混凝土膨胀剂：限制膨胀率检测。生产厂日产量超过200 t时，以不超过200 t为一编号；不足200 t时，应以不超过日产量为一编号。

④喷射混凝土速凝剂：密度（或细度），凝结时间、1 d 抗压强度。同一厂家、同一品种速凝剂，每 20 t 为一批；不足 20 t 也作为一批。

⑤混凝土早强剂及早强减水剂：密度（或细度）、1 d、3 d 抗压强度及对钢筋的锈蚀作用。

⑥混凝土缓凝剂、缓凝减水剂及缓凝高效减水剂：pH 值、密度（或细度）、混凝土凝结时间、缓凝减水剂及缓凝高效减水剂应增做减水率、水泥适应性试验（当掺用含有糖类及木质素磺酸盐类物质的外加剂时）。

⑦混凝土泵送剂：pH 值、密度（或细度）坍落度增加值及坍落度损失。

⑧混凝土引气剂及引气减水剂：pH 值、密度（或细度）、含气量，引气减水剂应增测减水率。

⑨混凝土普通减水剂及高效减水剂：pH 值、密度（或细度）、混凝土减水率、水泥适应性试验（当掺用含有木质素磺酸盐类物质的外加剂时）。

七、钢结构防腐、防火涂料质量控制资料

（1）钢结构防腐涂料、稀释剂和固化剂等材料的品种、规格、性能等符合现行国家产品标准和设计要求，应提供质量合格证明文件、中文标志及检验报告等。

（2）钢结构防火涂料的品种、技术性能应符合设计要求，并应经过具有资质的检测机构检测，符合国家现行有关标准的规定，应提供质量合格证明文件、中文标志及检验报告等。

（3）钢结构防火涂料每使用 100 t 或不足 100 t 薄涂型防火涂料应抽检一次黏结强度；每使用 500 t 或不足 500 t 厚涂型防火涂料应抽检一次黏结强度和抗压强度。

八、幕墙及外窗试验质量控制资料

（1）幕墙工程所使用的各种材料、构件和组件应有产品合格证书、进场验收记录、性能检测报告。硅酮结构胶应有认定证书和抽查合格证明；进口硅酮结构胶应有商检证。

（2）同一幕墙工程应采用同一品牌的单组分或双组分的硅酮结构密封胶，并应有保质年限的质量证书。用于石材幕墙的硅酮结构密封胶还应有证明无污染的实验报告。

隐框、半隐框幕墙所采用的结构黏结材料必须是中性硅酮结构密封胶；全玻幕墙和点支承幕墙采用镀膜玻璃时，不应采用酸性硅酮结构密封胶。硅酮结构密封胶和硅酮建筑密封胶必须在有效期内使用。

（3）幕墙工程应对下列材料及其性能指标进行复验。

①铝塑复合板的剥离强度（同一厂家的同一等级、同一品种、同一规格的产品，每 3 000 m² 为一批；不足 3 000 m² 也按一批计）。

②石材的弯曲强度（不应小于 8.0 MPa）；寒冷地区石材的耐冻融性；室内用花岗石的放射性（同一生产地、同一品种、等级、规格的板材，每 200 m² 为一批；不足 200 m² 的单一工程部位的板材也按一批计）。

③玻璃幕墙用结构胶的邵氏硬度、标准条件拉伸黏结强度、相容性试验。

④石材用结构胶的黏结强度、密封胶的污染性试验；硅酮结构密封胶、硅酮耐候密封胶与所接触材料的相容性试验；橡胶条成分化验。

（4）应由国家指定检测机构出具硅酮结构胶相容性和剥离黏结性试验报告。

（5）后置埋件应进行现场拉拔强度检测。对同一单位工程、同一规格、同一型号，固定于相同基体上的锚栓，取样数量不少于总数的 1‰，且不少于 3 根。

（6）用硅酮结构密封胶黏结固定构件时，注胶应在温度 15℃以上 30℃以下，相对湿度 50% 以上且洁净、通风的室内进行。

（7）玻璃幕墙应进行抗风压变形性能、空气渗透性能、雨水渗漏性能及平面变形性能检测。

（8）建筑外墙金属窗、塑料窗应复验抗风压性能、空气渗透性能和雨水渗漏性能。

铝塑门窗的“三性”试验单元的选取；铝塑门窗原则上选取单元窗（外窗）作为“三性”试验单元，对于组合窗及无法进行“三性”试验的窗，应由设计验算其抗风压性能是否符合设计及规范要求；气密性能、水密性能应通过用该型材制作的标准窗进行试验测试。

九、人造木板质量控制资料

（1）人造木板及饰面人造木板应提供产品合格证书、进场验收记录、性能检测报告。民用建筑工程室内装修中采用的人造木板及饰面人造木板，必须有游离甲醛含量或游离甲醛释放量检测报告。某一种人造木板或饰面人造木板面积大于 500 m² 时，应对不同产品分别进行游离甲醛含量或游离甲醛释放量的复验。

（2）门窗工程、吊顶工程、轻质隔墙工程、细部工程等应对人造木板的甲醛含量进行复验。采用的某一种人造木板或饰面人造木板面积大于 500 m² 时，应对不同产品分别进行游离甲醛含量或游离甲醛释放量的复验。

十、其他原材料质量控制资料

（1）无黏结预应力筋的涂包质量应符合无黏结预应力钢绞线标准的规定。每 60 t 为一批，每一批抽取一组试件复验（当有工程经验，并经观察认为质量有保证时，可不做油脂用量和护套厚度的进场复验）。

（2）预应力筋用锚具、夹具和连接器应按设计要求采用，其性能应符合现行国家标准《预应力筋用锚具、夹具和连接器》（GB/T 14370—2007）等的规定。按进场批次和产品的抽样检验方案复验（对锚具用量较少的一般工程，如供货方提供有效的试验报告，可不做静载锚固性能试验）。

①只有在同种材料和同一生产工艺条件下生产的产品，才可列为同一批量。

②对硬度有严格要求的锚具零件，应进行硬度检验。应从每批中抽取 5% 的样品且不少于 5 套，按产品设计规定的表面位置和硬度范围（品质保证条件，由供货方在供货合同中注明）做硬度检验。

③静载锚固性能试验应由国家或省级质量技术监督部门授权的专业质量检测机构进行。

（3）预应力混凝土用金属波纹管的尺寸和性能应符合现行国家标准《预应力混凝土用金属波纹管》（JG 225—2020）的规定。按进场批次和产品的抽样检验方案复验（对金属波纹管用量较少的一般工程，当有可靠依据时，可不做径向刚度、抗渗漏性能的进场复验）。

（4）混凝土中氯化物和碱的总含量应符合现行国家标准《混凝土结构设计规范》（GB 50010—2010）和设计的要求。

（5）混凝土中掺用矿物掺合料的质量应符合现行国家标准《用于水泥和混凝土中的粉煤灰》（GB/T 1596—2017）等的规定。矿物掺合料的掺量应通过试验确定。按进场的批次和产品的抽样检验方案复验。

粉煤灰以连续供应的 200 t 相同等级的粉煤灰为一批，不足 200 t 者按一批论，粉煤灰的数量按干灰（含水量小于 1%）的重量计算。符合各级等级要求的为等级品，若任何一项不符合要求，应重新加倍取样，进行复验。复验不合格的需降级处理。

（6）拌制混凝土宜采用饮用水；当采用其他水源时，水质应符合现行标准《混凝土用水标准》（JGJ 63—2006）的规定。同一水源水质试验不应少于一次。

（7）大理石、花岗石等天然石材必须符合现行国家标准《建筑材料放射性核素限量》（GB 6566—2010）中有关材料有害物质的限量规定。进场应具有检测报告。民用建筑工程室内饰面采用的天然花岗岩石材，当总面积大于 200 m^2 时，应对不同产品分别进行放射性指标的复验。

（8）胶黏剂、沥青胶结料和涂料等材料应按设计要求选用，并应符合现行国家标准《民用建筑工程室内环境污染控制规范》（GB 50325—2010）的规定。

（9）板、块、木、竹地面面层材料应有材质合格证明文件及检测报告。

（10）门窗、吊顶、隔墙、涂饰、裱糊与软包、细部工程的材料应有产品合格证书、性能检测报告、进场验收记录。特种门及其附件应有生产许可文件。

（11）饰面板（砖）工程应有下列文件。

①材料的产品合格证书、性能检测报告、进场验收记录。

②后置埋件的现场拉拔检测报告。

③外墙饰面砖样板件的黏结强度检测报告。

（12）外墙饰面砖粘贴前和施工过程中，均应在相同基层上做样板件，并对样板件的饰面砖粘贴强度进行检验，其检验方法和结果判定应符合《建筑工程饰面砖粘结强度检验标准》（JGJ 100—2008）的规定。

①以每 1 000 m² 同类墙体饰面砖为一个检验批，不足 1 000 m² 应按 1 000 m² 计，每批应取一组 3 个试样，每相邻的三个楼层应至少取一组试样、试样应随机抽取，取样间距不得小于 500 mm。

②采用水泥砂浆或水泥浆黏结时，应在水泥砂浆或水泥浆龄期达到 28 d 时检验。当在 7 d 或 14 d 进行检验时，应通过对比试验确定其黏结强度的修正系数。

带饰面砖的预制墙板，每生产 100 块预制墙板取 1 组试样，每组在 3 块板中各取 1 个试样。预制墙板不足 100 块按 100 块计。

③在建筑物外墙上镶贴的同类饰面砖，其黏结强度同时符合下列两项指标时可定为合格：

a. 每组试样平均黏结强度均小于 0.4 MPa；

b. 每组可有一个试样的黏结强度小于 0.4 MPa，但不应小于 0.3 MPa。

④与预制构件一次成型的外墙板饰面砖，其黏结强度同时符合以下两项指标时可定为合格：

a. 每组试样平均黏结强度不应小于 0.6 MPa；

b. 每组可有一个试样的黏结强度小于 0.6 MPa，但不应小于 0.4 MPa。

⑤当两项指标均不符合要求时，其黏结强度应定为不合格；当两项指标有一项不合格时，应在该组试样原取样区域内重新抽取双倍试样检验。若检验结果仍有一项指标达不到规定数值，则该批饰面砖黏结强度可定为不合格。

（13）饰面板（砖）工程应对下列材料及其性能指标进行复验：

①室内用花岗石的放射性；

②粘贴用水泥的凝结时间、安定性和抗压强度；

③外墙陶瓷面砖的吸水率；

④寒冷地区外墙陶瓷面砖的抗冻性。

（14）陶瓷面砖组批原则。

干压陶瓷砖由同一生产厂、同种产品、同一规格、同一规格的实际交货量大于 5 000 m² 为一批，不足 5 000 m² 也按一批计。

彩色釉面陶瓷砖同一生产的产品每 500 m² 为一批，不足 500 m² 也按一批计；陶瓷锦砖由同一生产厂、同品种、同色号的产品 25~300 箱为一批。

（15）内、外墙涂料组批原则：由同一生产厂、同品种、相同包装的产品为一批。

（16）不发火（防爆的）地面面层的强度等级应符合设计要求。面层的不发火性试件，必须检验合格。

（17）锚喷支护防水工程的锚杆应进行抗拔试验。同一批锚杆每 100 根应取一组试件。每组 3 根，不足 100 根也取 3 根。

同一批试件抗拔力的平均值不得小于设计锚固力，且同一批试件抗拔力的最低值不应小于设计锚固力的 90%。

（18）装修材料应核查其燃烧性能或耐火极限，防火性能型式检验报告、合格证书等技术文件是否符合防火设计要求。在监理单位或建设单位监督下，由施工单位有关人员现场取样，并应由具备相应资质的检验单位进行见证取样检验。

下列装修材料进场应进行见证取样检验。

① B1 级木质材料；B1、B2 级纺织物、高分子合成材料、复合材料及其他材料。

②现场进行阻燃处理所使用的阻燃剂和防火涂料。

下列材料应进行抽样检验：

①现场阻燃处理后的纺织织物，每种取 2 m^2 检验燃烧性能；

②施工过程中受湿浸、燃烧性能可能受影响的纺织织物，每种取 2 m^2 检验燃烧性能；

③现场阻燃处理后的木质材料，每种取 4 m 检验燃烧性能；

④表面进行加工后的 B1 级木质材料，每种取 4 m^2 检验燃烧性能；

⑤现场阻燃处理后的泡沫塑料应进行抽样检验，每种取 0.1 m^2 检验燃烧性能；

⑥现场阻燃处理后的复合材料应进行抽样检验，每种取 4 m^2 检验燃烧性能。

第四节　主要质量通病防治

一、钢筋混凝土现浇楼板裂缝

通病表现形式：现浇板易产生贯通性裂缝或上表面裂缝；现浇板外角部位易产生斜裂缝；现浇板沿预埋线管易产生裂缝。

治理主要措施。

（1）住宅的建筑平面宜规则，避免平面形状突变。当平面有凹口时，凹口周边楼板的配筋宜适当加强。当楼板平面形状不规则时，宜设置梁使之形成较规则的平面。在未设梁的板的边缘部位设置暗梁，提高该部位的配筋率，提高混凝土的抗裂性能。

（2）应加大现浇板的刚度。现浇钢筋混凝土双向板设计厚度不应小于100 mm，厨房、厕浴、阳台板不得小于80 mm。当埋设线管较密或线管交叉时，板厚不宜小于120 mm。对于过长的单向板，设计时应进行抗裂验算，合理确定加密分布筋的配置。

（3）现浇板配筋设计宜采用热轧带肋钢筋细且密的配筋方案。

①屋面及建筑物两端的现浇板及跨度大于4.2 m的板应配制双层双向钢筋，钢筋间距不宜大于150 mm，直径不应小于8 mm。

②外墙转角处应设置放射形钢筋，钢筋的数量、规格不应少于7，长度应大于板跨的1/3，且不得小于1.2 m。

③在现浇板的板宽急剧变化处，大开洞削弱处等易引导收缩应力集中处，钢筋间距不应大于150 mm，直径不应小于8 mm，并应在板的上表面布置纵横两个方向的温度收缩钢筋。板的上、下表面沿纵横两个方向的配筋率均不应小于截面积的0.15%，且不小于$\Phi 6@200$。

④管线应尽量布置在梁内，当楼板内需埋置管线时，管线必须布置在上下钢筋网片之间，且不宜立体交叉穿越，确需立体交叉的不应超过两层管线。线

管在敷设时交叉布线处可采用线盒，同时在多根线管的集散处宜采用放射形分布，尽量避免紧密平行排列，以确保线管底部的混凝土浇筑顺利且振捣密实。当两根以上管并行时，沿管方向应增加 Φ4@150 宽 500 mm 的钢筋网片，做到在应力集中部位有双层布筋。

（4）现浇板强度等级不宜大于 C30，当大于 C30 时，应采取抗裂措施。

（5）剪力墙结构住宅结构长度大于 45 m 且无变形缝时，宜在中间位置设置后浇带。后浇带处应设置双层钢筋，后浇带混凝土与两侧混凝土浇筑的间隔时间不宜小于 2 个月。

（6）预拌混凝土使用单位在订购预拌混凝土前，应根据工程不同部位和环境提出对混凝土性能的明确技术要求。掺合料总掺量不应大于水泥用量的 30%。

（7）对高强度、高性能和有特殊要求的混凝土，建设单位、施工总包单位和监理单位应参与配合比设计。

（8）模板支撑系统必须经过计算，除满足强度要求外，还必须有足够的刚度和稳定性。

（9）后浇带处应采用独立的模板支撑体系，浇筑前和浇筑后混凝土达到拆模强度之前，后浇带两侧梁板下的支撑不得拆除。

（10）在混凝土浇筑时，对裂缝易发生部位和负弯矩筋受力最大区域应铺设临时性活动跳板。

（11）预拌混凝土在运输、浇筑过程中，严禁随意加水。

（12）现浇板浇筑时，应振捣充分。在混凝土终凝前应进行二次压抹，压抹后应及时覆盖和浇水养护。

（13）现浇板养护期间，当混凝土强度小于 1.2 MPa 时，不得进行后续施工。当混凝土强度小于 10 MPa 时，不宜在现浇板上吊运、堆放重物。吊运、堆放重物时，应采取有效措施，减轻冲击。

（14）主体验收前，应对现浇楼板进行检查，发现裂缝立即处理，并形成记录。

二、填充墙裂缝

通病表现形式：不同基体材料交接部位易产生裂缝；填充墙临时施工洞口周边易产生裂缝；填充墙内暗敷线管处易产生裂缝。

治理主要措施：

（1）蒸压（养）砖、混凝土小型空心砌块，蒸压加气混凝土砌块类的墙体材料至少养护 28 d 后方可用于砌筑。

（2）严格控制砌块的含水率和融水深度。墙体材料现场存放时应设置可靠的防潮、防雨淋措施。

（3）不同基体材料交接处应采取钉钢丝网等抗裂措施。钢丝网与不同基体的搭接宽度每边不小于 100 mm。钢丝网片的网孔尺寸不应大于 20 mm × 20 mm，其钢丝直径不应小于 1.2 mm，应采用热镀锌电焊钢丝网，并宜采用先成网后镀锌的后热镀锌电焊网。钢丝网应用钢钉或射钉加铁片固定，间距不大于 300 mm。

（4）在填充墙上剔凿设备孔洞、槽时，应先用切割锯沿边线切开，后将槽内砌块剔除，应轻凿，保持砌块完整，如有松动或损坏，应进行补强处理。剔槽深度应保持线管管壁外表面距墙面基层 15 mm，并用 M10 水泥砂浆抹实，外挂钢丝网片两边压墙不小于 100 mm。

（5）填充墙砌体应分次砌筑。每次砌筑高度不应超过 1.5 m，日砌筑高度不宜大于 2.8 m；灰缝砂浆应饱满密实，嵌缝应嵌成凹缝，严禁使用落地砂浆和隔日砂浆嵌缝。

（6）填充墙砌筑接近梁板底时，应留一定空间，再将其补砌挤紧。宜采用梁（板）底预留 30~50 mm，用干硬性 C25 膨胀细石混凝土填塞（防腐木楔 @600 mm 挤紧）方法。

（7）填充墙砌体临时施工洞处应在墙体两侧预留 26@500 拉结筋，补砌时应润湿已砌筑的墙体连接处，补砌应与原墙接磋处顶实，并外挂钢丝网片，两边压墙不小于 100 mm。

（8）消防箱、配电箱，水表箱，开关箱等预留洞上的过梁，应在其线管穿越的位置预留孔槽，不得事后剔凿，其背面的抹灰层应满挂钢丝网片。

三、墙面抹灰裂缝

通病表现形式：抹灰墙面易出现空鼓、裂缝。

治理主要措施：

（1）应严格控制抹灰砂浆配合比，宜用过筛中砂（含泥量 <5%），保证砂浆有良好的和易性和保水性。采用预拌砂浆时，应由设计单位明确强度及品种要求。

（2）对混凝土，填充墙砌体基层抹灰时，应先清理基层，然后做甩浆结合层，掺加界面剂与水泥浆拌和，喷涂后抹底灰。

（3）抹灰前墙面应浇水，浇水量应根据墙体材料和气温不同分别控制，并同时检查基体抗裂措施实施情况。

（4）抹灰面层严禁使用素水泥浆抹面。抹灰砂浆宜掺加聚丙烯抗裂纤维，碳纤维或耐碱玻璃纤维等纤维材料。必要时，可在基层抹灰和面层砂浆之间增加玻纤网。如墙面抹灰有施工缝时，各层之间施工缝应相互错开。

（5）墙面抹灰应分层进行，抹灰总厚度超过 35 mm 时，应采取加设钢丝网等抗裂措施。

（6）墙体抹灰完成后应及时喷水进行养护。

四、外墙保温饰面层裂缝、渗漏

通病表现形式：饰面层易出现开裂，外墙易产生渗漏。治理主要措施：

（1）外墙外保温施工图及设计变更均应经同一图审机构审查批准。设计变更不得降低节能效果，并应获得监理或建设单位确认，建设、施工单位不得更改外墙外保温系统构造和组成材料。

（2）外墙外保温设计应明确基层抹灰要求，并应对门窗洞口四周，外墙细部及突出构件等做好防水保温细部设计，出具节点详图。

（3）外墙外保温系统组成材料应与其系统型式检验报告一致。

（4）保温材料应有省级住房和城乡建设行政主管部门出具的产品认定证书。EPS 板自然条件下陈化期不得低于 42 d，60℃恒温蒸汽条件下不得低于 5 d，

XPS 板陈化期不得低于 28 d。

（5）涂饰饰面应采用与保温系统相容的柔性耐水腻子和高弹性涂料。

（6）外墙外保温施工前应做出专项施工方案，由总承包单位报建设（监理）单位审查批准后实施。

（7）外墙外保温工程施工应坚持样板引路的原则，样板验收合格后方可全面施工。

（8）外墙基层处理及找平层施工应符合下列要求：

①抹灰前应先堵好架眼及孔洞，封堵应由专人负责施工，施工、监理单位应对孔洞封堵质量进行专项检查验收，并形成隐蔽工程验收记录。

②封堵脚手架眼和孔洞时，应清理干净，浇水湿润，然后采用干硬性细石混凝土封堵严密。

③穿墙螺栓孔宜采用聚氨酯发泡剂和防水膨胀干硬性水泥砂浆填塞密实，封堵后孔洞外侧表面应进行防水处理。

（9）粘贴聚苯板外墙外保温系统施工应符合下列要求：

①条粘法需用工具锯齿涂抹，涂抹面积应达到 100%；

②点框法粘结面积不应小于 50%。涂料饰面时，当采用 EPS 板做保温层，建筑物高度在 20 m 以上时，宜采用以粘结为主，锚栓固定为辅的粘锚结合的方式，锚栓每平方米不宜少于 3 个；当采用 XPS 板做保温层，应从首层开始采用粘锚结合的方式，锚栓每平方米不宜少于 4 个，锚栓在墙体转角、门窗洞口边缘的水平、垂直方向加密，其间距不大于 300 mm，锚栓距基层墙体边缘应不小于 60 mm，锚栓拉拔力不得小于 0.3 MPa。

③以 XPS 板为保温层时，应对 XPS 板表面进行粗造化处理，并应在两面喷刷专用界面砂浆，界面砂浆宜为水泥基界面砂浆。

④保温板之间应拼接紧密，并与相邻板齐平，胶黏剂的压实厚度宜控制在 3~5 mm，贴好后应立即刮除板缝和板侧面残留的胶黏剂。保温板间残留缝隙应采用阻燃型聚氨酯发泡材料填缝，板件高差不得大于 1.5 mm。

⑤门窗洞口上部和突出建筑物的装饰腰线、女儿墙压顶等有排水要求的外墙部位应做滴水线。

⑥门窗洞口四角聚苯板不得拼接，应采用整板切割成型，拼缝离开角部至少 200 mm。

⑦耐碱网格布粘贴时，洞口处应在其四周各加贴一块长 300 mm，宽 200 mm 的 45° 斜向耐碱玻纤网布；转角处两侧的耐碱玻纤网布应互绕搭接，每边搭接长度不应小于 200 mm。或采用附加网处理。

⑧在外墙保温系统的起始和终端部位的墙下端、檐口处及门窗洞口周边等部位应做好耐碱玻纤网的反包处理。

（10）硬泡聚氨酯外墙外保温系统施工应符合下列要求：

①喷涂法施工时，外墙基层应涂刷封闭底涂。喷涂前应采取遮挡措施对门窗，脚手架等非喷涂部位进行保护。

②喷涂硬泡聚氨酯的施工环境温度不应低于 10℃，空气相对湿度宜小于 80%，风力不宜大于三级。严禁在雨天、雪天施工。当施工中途下雨、下雪时应采取遮盖措施。

③喷涂硬泡聚氨酯采用抹面胶浆时，抹面层厚度控制：普通型 3~5 mm；加强型 5~7 mm；并应严格控制表面平整度超差。

（11）外墙保温层需设置分格缝的，应由设计明确位置及处理措施。

（12）需穿透外墙保温层固定的管道及设备支架等，其与保温层结合的间隙应采取可靠措施做防水密封处理。

（13）外墙施工完后，建设单位应组织参建单位对外墙进行淋水试验，淋水持续时间不得少于 2 h，并做好检查记录。

五、外窗渗漏

通病表现形式：外窗框周边易出现渗水；组合窗的拼接处易出现渗水。治理主要措施如下。

（1）外窗制作前必须对洞口尺寸逐一校核，保证门窗框与墙体间有适合的间隙；外窗进场后应对其气密性能、水密性能及抗风压性能进行复验。

（2）窗下框应采用固定片法安装固定，严禁用长脚膨胀螺栓穿透型材固定门窗框。固定片宜为镀锌铁片，镀锌铁片厚度不小于 1.5 mm，固定点间距：转角处 180 mm，框边处不大于 500 mm。窗侧面及顶面打孔后工艺孔冒安装前应用密封胶封严。

（3）窗框与结构墙体间应施打聚氨酯发泡胶，发泡前应清理干净，发泡胶应连续施打，一次成形，填充饱满。

（4）外窗框四周密封胶应采用中性硅酮密封胶，密封胶应在外墙粉刷涂料前完成，打胶要保证基层干燥，无裂纹、气泡，转角处平顺、严密。

（5）外窗台上应做出向外的流水斜坡，坡度不小于10%，内窗台应高于外窗台 10 mm。窗楣上应做鹰嘴或滴水槽。

（6）组合外窗的拼程料应采用套插或搭接连接，并应伸入上下基层不应少于 15 mm。拼接时应带胶拼接，外缝采用硅酮密封胶密封。

（7）外窗排水孔位置、数量、规格应根据窗型设置，满足排水要求。

（8）外窗安装完成后，应进行外窗现场淋水见证检验，并形成记录。

六、有防水要求的房间地面渗漏

通病表现形式：管根、墙根、板底等部位易出现渗漏。治理主要措施如下。

（1）有防水要求的房间楼板混凝土应一次浇筑，振捣密实。楼板四周应设现浇钢筋混凝土止水台，高度不小于 120 mm，且应与楼板同时浇筑。

（2）防水层应沿墙四周上返，高出地面不小于 300 mm。管道根部、转角处，墙根部位应做防水附加层。

（3）管道穿过楼板的洞口处封堵时应支设模板，将孔洞周围浇水湿润，用高于原设计强度一个等级的防渗混凝土分两次进行浇灌、捣实。管道穿楼板处宜采用止水节施工法。

（4）对于沿地面敷设的给水、采暖管道，在进入有水房间处，应沿有水房间隔墙外侧抬高至防水层上反高度以上后，再穿过隔墙进入卫生间，避免破坏防水层。

（5）地漏安装的标高应比地面最低处低 5 mm，地漏四周用密封材料封堵严密。门口处地面标高应低于相邻无防水要求房间的地面不小于 20 mm。

（6）有防水要求的房间内穿过楼板的管道根部应设置阻水台，且阻水台不应直接做在地面面层上。阻水台高度应提前预留，保证高出成品地面 20 mm。有套管的，必须保证套管高度满足上口高出成品地面 20 mm。

（7）防水层上施工找平层或面层时应做好成品保护，防止破坏防水层。有防水要求的房间应做二次蓄水试验，即防水隔离层施工完成时一次，工程竣工验收时一次，蓄水时间不少于 24 h，蓄水高度不少于 20~30 mm，并形成记录。

七、屋面渗漏

通病表现形式：屋面细部处理不规范，易产生漏水、渗水。治理主要措施如下。

（1）不得擅自改变屋面防水等级和防水材料，确需变更的，应经原审图机构审核批准，图纸设计中应明确节点细部做法。

（2）屋面防水必须由有相应资质的专业防水队伍施工，施工前应进行图纸会审，掌握细部构造及有关技术要求。

（3）卷材防水屋面基层与女儿墙，山墙、天窗壁、变形缝，烟（井）道等突出屋面结构的交接处和基层转角处，找平层均应做成圆弧形，圆弧半径应符合规范要求。

（4）卷材防水在天沟，檐沟与屋面交接处、泛水、阴阳角等部位，应做防水附加层；附加层经验收合格后，方可进行下一步的施工。

（5）天沟，檐沟、檐口，泛水和立面卷材收头的端部应裁齐，塞入预留凹槽内，用金属压条钉压固定，最大钉距不应大于 450 mm，并用密封材料嵌填封严。

（6）伸出屋面的管道、井（烟）道，设备底座及高出屋面的结构处应用柔性防水材料做泛水，其高度不小于 250 mm；管道底部应做防水台，防水层收头处应箍紧，并用密封材料封口。

（7）屋面水落口周围直径 500 mm 范围内应设不小于 5% 的坡度坡向水落口，水落口处防水层应伸入水落口内部不应小于 50 mm，并用防水材料密封。

（8）刚性防水层与基层、刚性保护层与柔性防水层之间应做隔离层。屋面细石混凝土保护层分隔缝间距不宜大于 4.0 m。

（9）屋面太阳能、消防等设施、设备、管道安装时，应采取有效措施，避免破坏防水层。

（10）屋面防水工程完工后，应做蓄水检验，蓄水时间不少于 24 h，蓄水最浅处不少于 30 mm；坡屋面应做淋水检验，淋水时间不少于 2 h。

第五节　主要技术标准规范强制性条文

一、建筑节能工程施工质量验收规范（GB 5041—2007）

（1）单位工程竣工验收应在建筑节能分部工程验收合格后进行。

（2）设计变更不得降低建筑节能效果。当设计变更涉及建筑节能效果时，应经原施工图设计审查机构审查，在实施前应办理设计变更手续，并获得监理或建设单位的确认。

（3）建筑节能工程应按照经审查合格的设计文件和经审查批准的施工方案施工。

（4）墙体节能工程使用的保温隔热材料，其导热系数、密度、抗压强度或压缩强度、燃烧性能应符合设计要求。

（5）墙体节能工程的施工，应符合下列规定：

①保温隔热材料的厚度必须符合设计要求。

②保温板材与基层及各构造层之间的黏结或连接必须牢固。黏结强度和连接方式应符合设计要求。保温板材与基层的黏结强度应做现场拉拔试验。

③保温浆料应分层施工。当采用保温浆料做外保温时，保温层与基层及各层之间的黏结必须牢固，不应脱层、空鼓和开裂。

④当墙体节能工程的保温层采用预埋或后置锚固件固定时，锚固件数量、位置、锚固深度和拉拔力应符合设计要求。后置锚固件应进行锚固力现场拉拔试验。

（6）严寒和寒冷地区外墙热桥部位，应按设计要求采取节能保温等隔断热桥措施。

（7）幕墙节能工程使用的保温隔热材料，其导热系数、密度、燃烧性能应符合设计要求。幕墙玻璃的传热系数、遮阳系数、可见光透射比、中空玻璃露点应符合设计要求。

（8）建筑外窗的气密性、保温性能、中空玻璃露点、玻璃遮阳系数和可见光透射比应符合设计要求。

（9）屋面节能工程使用的保温隔热材料，其导热系数、密度、抗压强度或压缩强度、燃烧性能应符合设计要求。

（10）地面节能工程使用的保温材料，其导热系数、密度、抗压强度或压缩强度、燃烧性能应符合设计要求。

二、硬泡聚氨酯保温防水工程技术规范（GB 50404—2017）

（1）喷涂硬泡聚氨酯施工时，应对作业面外易受飞散物料污染的部位采取遮挡措施。

（2）硬泡聚氨酯保温及防水工程所采用的材料应有产品合格证书和性能检测报告，材料的品种、规格、性能等应符合设计要求和本规范的规定。

材料进场后，应按规定抽样复验，提出试验报告，严禁在工程中使用不合格的材料。

注：硬泡聚氨酯及其主要配套辅助材料的检测除应符合有关标准规定外，还应按本规范附录 A 至 附录 E 的规定执行。

（3）硬泡聚氨酯保温层上不得直接进行防水材料热熔、热粘法施工。

（4） 平屋面排水坡度不应小于 2%，天沟、檐沟的纵向坡度不应小于 1%。

（5）硬泡聚氨酯保温层厚度必须符合设计要求。

（6）硬泡聚氨酯板外墙外保温工程施工应符合下列要求。

粘贴硬泡聚氨酯板材时，应将胶黏剂涂在板材背面，黏结层厚度应为 3~6 mm，黏结面积不得小于硬泡聚氨酯板材面积的 40%。

（7）主控项目的验收应符合下列规定：硬泡聚氨酯保温层厚度必须符合设计要求。

三、外墙外保温工程技术标准（JGJ 144—2019）

（1）外墙外保温系统经耐候性试验后，不得出现饰面层起泡或剥落、保护层空鼓或脱落等破坏，不得产生渗水裂缝。具有薄抹面层的外保温系统，抹面层与保温层的拉伸黏结强度不得小于 0.1 MPa，并且破坏部位应位于保温层内。

（2）EPS 板现浇混凝土外墙外保温系统现场黏结强度不得小于 0.1 MPa，并且破坏部位应位于 EPS 板内。

（3）胶黏剂与水泥砂浆的拉伸黏结强度在干燥状态下不得小于 0.6 MPa，浸水 48 h 后不得小于 0.4 MPa；与 EPS 板的拉伸黏结强度在干燥状态和浸水 48 h 后均不得小于 0.1 MPa，并且破坏部位应位于 EPS 板内。

（4）玻纤网经向和纬向耐碱拉伸断裂强力均不得小于 750 N/50 mm，耐碱拉伸断裂强力保留率均不得小于 50%。

（5）外保温工程施工期间以及完工后 24 h 内，基层及环境空气温度不应低于 5℃。夏季应避免阳光暴晒，在 5 级以上大风天气和雨天不得施工。

（6）现场取样胶粉 EPS 颗粒保温浆料干密度不应大于 250 kg/m³，并且不应小于 180 kg/m³。现场检验保温层厚度应符合设计要求，不得有负偏差。

（7）无网现浇系统 EPS 板两面必须预喷刷界面砂浆。

（8）有网现浇系统 EPS 钢丝网架板厚度、每平方米腹丝数量和表面荷载值应通过试验确定。EPS 钢丝网架板构造设计和施工安装应考虑现浇混凝土侧压力影响，抹面层厚度应均匀，钢丝网应完全包覆于抹面层中。

（9）固定系统锚栓预埋金属固定件数量应通过试验确定，并且每平方米不应小于 7 个。单个锚栓拔出力和基层力学性能应符合设计要求。

（10）机械固定系统金属固定件、钢筋网片、金属锚栓和承托件应做防锈处理。

四、建筑变形测量规范（JGJ 8—2016）

（1）下列建筑在施工和使用期间应变形测量：

①地基基础设计等级为甲级的建筑物；

②复合地基或软弱地基上的设计等级为乙级的建筑；

③加层、扩建建筑；

④受邻近深基坑开挖施工影响或受场地地下水等环境因素变化影响的建筑；

⑤需要积累经验或进行设计分析的建筑。

（2）当建筑变形观测过程中发生下列情况之一时，必须立即报告委托方，同时应及时增加观测次数或调整变形测量方案：

①变形量或变形速率出现异常变化；

②变形量达到或超出预警值；

③周边或开挖面出现塌陷、滑坡；

④建筑本身、周边建筑及地表出现异常；

⑤由于地震、暴雨、冻融等自然灾害引起的其他变形异常情况。

五、建筑抗震设计规范（GB 50011—2010）

钢筋混凝土构造柱、芯柱和底部框架—抗震墙砖房中砖瓦抗震墙的施工，应先砌墙后浇构造柱、芯柱和框架梁柱。

六、建筑地基基础工程施工质量验收规范（GB 50202—2018）

（1）对灰土地基、砂和砂石地基、土工合成材料地基、粉煤灰地基、强夯地基、注浆地基、预压地基、其竣工后的结果（地基强度或承载力）必须达到设计要求的标准。检验数量，每单位工程不应少于 3 点，1 000 m^3 以上工程，每 100 m^3 至少应有 1 点，3 000 m^2 以上工程，每 300 m 至少应有 1 点。每一独立基础下至少应有 1 点，基槽每 20 延米应有 1 点。

（2）对水泥土搅拌桩复合地基、高压喷射注浆桩复合地基、砂桩地基、振冲桩复合地基、土和灰土挤密桩复合地基、水泥粉煤灰碎石桩复合地基及夯实水泥土桩复合地基，其承载力检验，数量为总数的 0.5%~1.0%，但不应少于 3 处。有单桩强度检验要求时，数量为总数的 0.5%~1.0%，但不应少于 3 根。

（3）打（压）入桩（预制混凝土方桩、先张法预应力管桩、钢桩）的桩位偏差，必须符合设计规定。斜桩倾斜度的偏差不得大于倾斜角正切值的 15%（倾斜角系桩的纵向中心线与铅垂线间夹角）。

（4）工程桩应进行承载力检验。对于地基基础设计等级为甲级或地质条件复杂、成桩质量可靠性低的灌注桩，应采用静载荷试验的方法进行检验，检验桩数不应少于总数的 1%，且不应少于 3 根。当总桩数少于 50 根时，不应少于 2 根。

（5）土方开挖的顺序、方法必须与设计工况相一致，并遵循“开槽支撑、先撑后挖、分层开挖、严禁超挖”原则。

（6）基坑（槽）、管沟土方工程验收必须确保支护结构安全和周围环境安全为前提。

七、湿陷性黄土地区建筑规范（GB 50025—2004）

（1）在湿陷性黄土场地，对建筑物及其附属工程进行施工，应根据湿陷性黄土的特点和设计要求采取措施防止施工用水和场地雨水流入建筑物地基（或基坑内）引起湿陷。

（2）在建筑物邻近修建地下工程时，应采取有效措施，保证原有建筑物和管道系统的安全使用，并应保持场地排水畅通。

（3）建筑场地的防洪工程应提前施工，并应在汛期前完成。

（4）浅基坑或基槽的开挖与回填，应符合下列规定：

当基坑或基槽挖至设计深度或标高时，应进行验槽。

（5）深基坑的开挖与支护，应符合下列要求：

深基坑的开挖与支护，必须进行勘察与设计。

（6）当发现地基浸水湿陷和建筑物产生裂缝时，应暂时停止施工，切断有关水源，查明浸水的原因和范围，对建筑物的沉降和裂缝加强观测，并绘图记录，经处理后方可继续施工。

（7）管道和水池等施工完毕，必须进行水压试验。不合格的应返修或加固，重做试验，直至合格为止。

清洗管道用水、水池用水和试验用水，应将其引至排水系统，不得任意排放。

（8）在使用期间，对建筑物和管道应经常进行维护和检修，并应确保所有防水措施发挥有效作用，防止建筑物和管道的地基浸水湿陷。

八、建筑基桩检测技术规范（JGJ 106—2014）

（1）工程桩应进行单桩承载力和桩身完整性抽样检测。

（2）为设计提供依据的竖向抗压静载试验应采用慢速维持荷载法。

（3）单位工程同一条件下的单桩竖向抗压承载力特征值应按单桩竖向抗压极限承载力统计值的一半取值。

（4）单位工程同一条件下的单桩水平承载力特征值的确定应符合下列规定。

①当水平承载力按桩身强度控制时，取水平临界荷载统计值为单桩水平承载力特征值。

②当桩受长期水平荷载作用且桩不允许开裂时，取水平临界荷载统计值的0.8倍作为单桩水平承载力特征值。

（5）低应变检测报告应给出桩身完整性检测的实测信号曲线。

（6）高应变检测用重锤应材质均匀、形状对称、锤底平整，高径（宽）比不得小于1，并采用铸铁或铸钢制作。当采取自由落锤安装加速度传感器的方式实测锤击力时，重锤应整体铸造，且高径（宽）比应在1.0~1.5范围内。

（7）进行高应变承载力检测时，锤的重量应大于预估单桩极限承载力的1.0%~1.5%，混凝土桩的桩径大于600 mm或桩长大于30 m时取高值。

（8）当出现下列情况之一时，高应变锤击信号不得作为承载力分析计算的依据：

①传感器安装处混凝土开裂或出现严重塑性变形使力曲线最终未归零；

②严重锤击偏心，两侧力信号幅值相差超过1倍；

③触变效应的影响，预制桩在多次锤击下承载力下降；

④四通道测试数据不全。

（9）高应变实测的力和速度信号第一峰起始比例失调时，不得进行比例调整。

（10）高应变检测报告应给出实测的力与速度信号曲线。

九、建筑桩基技术规范（JGJ 94—2008）

（1）挖土应均衡分部进行，对流塑状软土的基坑开挖，高差不应超过1 m。

（2）在承台和地下室外墙与基坑侧壁间隙回填土前，应排除积水，清除虚土和建筑垃圾。填土应按设计要求选料，分层夯实、对称进行。

（3）工程桩应进行承载力和桩身质量检验。

十、建筑基坑支护技术规程（JGJ 120—2012）

（1）基坑边界周围地面应设排水沟，且应避免漏水、渗水进入坑内；放坡开挖时，应对坡顶、坡面、坡脚采取降排水措施。

（2）基坑周边严禁超堆荷载。

（3）基坑开挖过程中，应采取措施防止碰撞支护结构、工程桩或扰动基底原状土。

十一、建筑边坡工程技术规范（GB 50330—2013）

（1）对土石方开挖后不稳定或欠稳定的边坡，应根据边坡的地质特征和可能发生的破坏等情况，采取自上而下、分段跳槽、及时支护的逆作法或部分逆作法施工。严禁无序大开挖、大爆破作业。

（2）一级边坡工程施工应采用信息施工法。

（3）岩石边坡开挖采用爆破法施工时，应采取有效措施避免爆破对边坡和坡顶建（构）筑物的震害。

十二、建筑地基处理技术规范（JGJ 79—2012）

（1）垫层的施工质量检验必须分层进行。应在每层的压实系数符合设计要求后铺填上层土。

（2）预压法竣工验收检验应符合下列规定：

①排水竖井处理深度范围内和竖井底面以下受压土层，经预压所完成的竖向变形和平均固结度应满足设计要求；

②应对预压的地基土进行原位十字板剪切试验和室内土工试验。必要时，还应进行现场载荷试验，试验数量不应少于 3 点。

（3）当强夯施工所产生的振动对邻近建筑物或设备会产生有害的影响时，应设置监测点，并采取挖隔振沟等隔振或防振措施。

（4）强夯处理后的地基竣工验收时，承载力检验应采用原位测试和室内土工试验。强夯置换后的地基竣工验收时，承载力检验除应采用单墩载荷试验检验外，还应采用动力触探等有效手段查明置换墩着底情况及承载力与密度随深度的变化，对饱和粉土地基允许采用单墩复合地基载荷试验代替单墩载荷试验。

（5）振冲处理后的地基竣工验收时，承载力检验应采用复合地基载荷试验。

（6）砂石桩地基竣工验收时，承载力检验应采用复合地基载荷试验。

（7）水泥粉煤灰碎石桩地基竣工验收时，承载力检验应采用复合地基载荷试验。

（8）夯实水泥土桩地基竣工验收时，承载力检验应采用单桩复合地基载荷试验。对重要或大型工程，尚应进行多桩复合地基载荷试验。

（9）水泥土搅拌法（干法）喷粉施工机械必须配置经国家计量部门确认的、具有能瞬时检测并记录出粉量的粉体计量装置及搅拌深度自动记录仪。

（10）竖向承载水泥土搅拌桩地基竣工验收时，承载力检验应采用复合地基载荷试验和单桩载荷试验。

（11）竖向承载旋喷桩地基竣工验收时，承载力检验应采用复合地基载荷试验和单桩载荷试验。

（12）石灰桩地基竣工验收时，承载力检验应采用复合地基载荷试验。

（13）灰土挤密桩和土挤密桩地基竣工验收时，承载力检验应采用复合地基载荷试验。

（14）柱锤冲扩桩地基竣工验收时，承载力检验应采用复合地基载荷试验。

（15）单液硅化法处理后的地基竣工验收时，承载力及其均匀性应采用动力触探或其他原位测试检验。必要时，还应在加固土的全部深度内，每隔 1 m 取土样进行室内试验，测定其压缩性和湿陷性。

十三、混凝土结构工程施工质量验收规范（GB 50204—2015）

（1）模板及其支架应根据工程结构形式、荷载大小、地基土类别、施工设备和材料供应等条件进行设计。模板及其支架应具有足够的承载能力、刚度和稳定性，能可靠地承受浇筑混凝土的重量、侧压力以及施工荷载。

（2）当钢筋的品种、级别或规格需作变更时，应办理设计变更文件。

（3）钢筋进场时，应按现行国家标准《钢筋混凝土用热轧带肋钢筋》GB 1499 等的规定抽取试件作力学性能检验，其质量必须符合有关标准的规定。

（4）对有抗震设防要求的框架结构，其纵向受力钢筋的强度应满足设计要求；当设计无具体要求时，对一、二级抗震等级，检验所得的强度实测值应符合下列规定：

①钢筋的抗拉强度实测值与屈服强度实测值的比值不应小于 1.25；

②钢筋的屈服强度实测值与强度标准值的比值不应大于 1.3。

（5）钢筋安装时，受力钢筋的品种、级别、规格和数量必须符合设计要求。

（6）预应力筋进场时，应按规定抽取试件作力学性能检验，其质量必须符合有关标准的规定。

（7）预应力筋安装时，其品种、级别、规格、数量必须符合设计要求。

（8）张拉过程中应避免预应力筋断裂或滑脱；当发生断裂或滑脱时，必须符合下列规定。

①对后张法预应力结构构件，断裂或滑脱的数量严禁超过同一截面预应力筋总根数的 3%，且每束钢丝不得超过一根；对多跨双向连续板，其同一截面应按每跨计算。

②对先张法预应力构件，在浇筑混凝土前发生断裂或滑脱的预应力筋必须予以更换。

（9）水泥进场时应对其品种、级别、包装或散装仓号、出厂日期等进行检查，并应对其强度、安定性及其他必要的性能指标进行复验，其质量必须符合现行国家标准《硅酸盐水泥、普通硅酸盐水泥》GB 175。

当在使用中对水泥质量有怀疑或水泥出厂超过三个月（快硬硅酸盐水泥超过一个月）时，应进行复验，并按复验结果使用。

钢筋混凝土结构、预应力混凝土结构中，严禁使用含氯化物的水泥。

（10）混凝土中掺用外加剂的质量及应用技术应符合现行国家标准《混凝土外加剂》GB 8076、《混凝土外加剂应用技术规范》GB 50119 等和有关环境保护的规定。

预应力混凝土结构中，严禁使用含氯化物的外加剂。钢筋混凝土结构中，当使用含氯化物的外加剂时，混凝土中氯化物的总含量应符合现行国家标准《混凝土质量控制标准》GB 50164 的规定。

（11）结构混凝土的强度等级必须符合设计要求。用于检查结构构件混凝土强度的试件，应在混凝土的浇筑地点随机抽取。取样与试件留置应符合下列规定：

①每拌制100盘且不超过100 m^3的同配合比的混凝土，取样不得少于一次；

②每工作班拌制的同一配合比的混凝土不足100盘时，取样不得少于一次；

③当一次连续浇筑超过1 000 m^3时，同一配合比的混凝土每200 m^3取样不得少于一次；

④每一楼层、同一配合比的混凝土，取样不得少于一次；

⑤每次取样应至少留置一组标准养护试件，同条件养护试件的留置组数应根据实际需要确定。

（12）现浇结构的外观质量不应有严重缺陷。

（13）现浇结构不应有影响结构性能和使用功能的尺寸偏差。混凝土设备基础不应有影响结构性能和设备安装的尺寸偏差。

对超过尺寸允许偏差且影响结构性能和安装、使用功能的部位，应由施工单位提出技术处理方案，并经监理（建设）单位认可后进行处理。对经处理的部位，应重新检查验收。

（14）预制构件应进行结构性能检验，结构性能检验不合格的预制构件不得用于混凝土结构。

十四、建筑工程大模板技术规程（JGJ 74—2003）

（1）组成大模板各系统之间的连接必须安全可靠。

（2）大模板的支撑系统应能保持大模板竖向放置的安全可靠和在风荷载作用下的自身稳定性。地脚调整螺栓长度应满足调节模板安装垂直度和调整自稳角的需要，地脚调整装置应便于调整，转动灵活。

（3）大模板钢吊环应采用Q235A材料制作并应具有足够的安全储备，严禁使用冷加工钢筋。焊接式钢吊环应合理选择焊条型号，焊缝长度和焊缝高度应符合设计要求；装配式吊环与大模板采用螺栓连接时必须采用双螺母。

（4）配板设计应遵循下列原则：

大模板的重量必须满足现场起重设备能力的要求。

（5）吊装大模板时应设专人指挥，模板起吊应平稳，不得偏斜和大幅度摆动。操作人员必须站在安全可靠处，严禁人员随同大模板一同起吊。

（6）吊装大模板必须采用带卡环吊钩。当风力超过 5 级时应停止吊装作业。

（7）大模板的拆除应符合下列规定：

起吊大模板前应先检查模板与混凝土结构之间所有对拉螺栓、连接件是否全部拆除，必须在确认模板和混凝土结构之间无任何连接后方可起吊大模板，移动模板时不得碰撞墙体。

（8）大模板的堆放应符合下列要求。

①大模板现场堆放区应在起重机的有效工作范围之内，堆放场地必须坚实平整，不得堆放在松土、冻土或凹凸不平的场地上。

②大模板堆放时，有支撑架的大模板必须满足自稳角要求；当不能满足要求时，必须另外采取措施，确保模板放置的稳定。没有支撑架的大模板应存放在专用的插放支架上，不得倚靠在其他物体上，防止模板下脚滑移倾倒。

③大模板在地面堆放时，应采取两块大模板板面对板面相对放置的方法，且应在模板中间留置不小于 600 mm 的操作间距；当长时期堆放时，应将模板连接成整体。

十五、钢筋焊接及验收规程（JGJ 18—2003）

（1）从事钢筋焊接施工的焊工必须持有焊工考试合格证，才能上岗操作。

（2）凡施焊的各种钢筋、钢板均应有质量证明书；焊条、焊剂应有产品合格证。

（3）在工程开工正式焊接之前，参与该项施焊的焊工应进行现场条件下的焊接工艺试验。并经试验合格后，方可正式生产。试验结果应符合质量检验与验收时的要求。

（4）钢筋闪光对焊接头、电弧焊接头、电流压力焊接头、气压焊接头拉伸试验结果均应符合下列要求。

① 3 个热轧钢筋接头试件的抗拉强度均不得小于该牌号钢筋规定的抗拉强度；RRB400 钢筋接头试件的抗拉强度均不得小于 570 N/mm²。

②至少应有 2 个试件断于焊缝之外，并应呈延性断裂。当达到上述 2 项要求时，应评定该批接头为抗拉强度合格。

当试验结果有 2 个试件抗拉强度小于钢筋规定的抗拉强度，或 3 个试件均在焊缝或热影响区发生脆性断裂时，则判定该批接头为不合格品。

当试验结果有 1 个试件的抗拉强度小于规定值，或 2 个试件在焊缝或热影响区发生脆性断裂，其抗拉强度均小于钢筋规定抗拉强度的 1.10 倍时，应进行复验。

复验时，应再切取 6 个试件。复验结果，当仍有 1 个试件的抗拉强度小于规定值，或有 3 个试件断于焊缝或热影响区呈脆性断裂，其抗拉强度小于钢筋规定抗拉强度的 1.10 倍时，应判定该批接头为不合格品。

注：当接头试件虽断于焊缝或热影响区，呈脆性断裂，但其抗拉强度大于或等于钢筋规定抗拉强度的 1.10 倍时，可按断于焊缝或热影响区之外，呈延性断裂同等对待。

（5）闪光对焊接头、气压焊接头进行弯曲试验时，应将受压面的金属毛刺和墩粗凸起部分消除，且应与钢筋的外表齐平。

第六章 建筑安全生产管理

第一节 安全生产责任制

安全管理是建筑施工企业管理的重要组成部分，包括对人的安全管理和对物的安全管理两个主要方面。其中，对人的安全管理尤为重要。在导致事故发生的诸多原因中，人的不安全因素占有很大比例。人既是伤亡事故的受害者，又是肇事者。控制人的不安全行为是防止事故发生的关键。因此，根据《安全生产法》和《建设工程安全生产管理条例》的规定，建筑施工企业应当建立健全以安全生产责任制为核心的安全生产教育培训、安全检查以及机械设备、安全防护用具等安全生产管理制度。

一、安全生产责任制的概念

安全生产责任制是建筑施工企业最基本的安全生产管理制度，是依照“安全第一，预防为主”的安全生产方针和“管生产必须管安全”的原则，将企业各级负责人、各职能机构及其工作人员和各岗位作业人员在安全生产方面应做的工作及应负的责任加以明确规定的一种制度。安全生产责任制是建筑施工企业所有安全规章制度的核心。

我国《安全生产法》规定：生产经营单位“应当建立、健全安全生产责任制度”。《建设工程安全生产管理条例》规定：“施工单位应当建立健全安全生产责任制度。”因此，施工单位应当根据有关法律、法规的规定，结合本企业机构设置和人员组成情况，制定本企业的安全生产责任制。通过制定安全生产责任制，建立分工明确、奖罚分明、运行有效、责任落实，能够充分发挥作用的、长效的安全生产机制，把安全生产工作落到实处。

二、安全生产责任制制定的原则

建筑施工企业制定安全生产责任制应当遵循以下原则：

1. 合法性

必须符合国家有关法律、法规和政策、方针的要求，并及时修订。

2. 全面性

必须明确每个部门和人员在安全生产方面的权利、责任和义务，做到安全工作层层有人负责。

3. 可操作性

必须建立专门的考核机构，形成监督，检查和考核机制，保证安全生产责任制得到真正落实。

三、安全生产责任制的主要内容

安全生产责任制主要包括施工单位各级管理人员和作业人员的安全生产责任制，以及各职能部门的安全生产责任制。各级管理人员和作业人员包括企业负责人、分管安全生产负责人、技术负责人、项目负责人和负责项目管理的其他人员、专职安全生产管理人员、施工班组长及各工种作业人员等。各职能部门包括。施工单位的生产计划、技术、安全、设备、材料供应、劳动人事、财务、教育、卫生、保卫消防等部门及工会组织等。

四、各级管理人员和作业人员的安全生产责任制

1. 施工单位主要负责人

《建设工程安全生产管理条例》规定：“施工单位主要负责人依法对本单位的安全生产工作全面负责。”施工单位主要负责人职责主要包括：

（1）认真贯彻执行国家有关建筑安全生产的方针、政策、法律法规和标准，贯彻、执行省市有关建筑安全生产的法规、规章、标准、规范和规范性文件；

（2）组织和督促本单位安全生产工作，建立健全本单位安全生产责任制；

（3）组织制定本单位安全生产规章制度和操作规程；

（4）保证本单位安全生产所需资金的投入；

（5）组织开展本单位的安全生产教育培训；

（6）建立健全安全管理机构，配备专职安全管理人员，组织开展安全检查，及时消除生产安全事故隐患；

（7）组织制定本单位生产安全事故应急救援预案，组织、指挥本单位生产安全事故应急救援工作；

（8）发生事故后，积极组织抢救，采取措施防止事故扩大。同时保护好事故现场，并按照规定的程序及时如实报告，积极配合事故的调查处理。

2. 施工单位分管安全生产负责人

施工单位分管安全生产负责人的职责主要包括：

（1）认真贯彻执行国家有关建筑安全生产的方针、政策、法律法规和标准，贯彻执行省市有关建筑安全生产的法规、规章、标准、规范和规范性文件；

（2）协助本单位主要负责人做好并具体负责安全生产管理工作；

（3）组织制定并落实安全生产管理目标；

（4）负责本单位安全管理机构的日常管理工作；

（5）负责安全检查工作，落实整改措施，及时消除施工过程中的不安全因素；

（6）落实本单位管理人员和作业人员的安全生产教育培训和考核工作；

（7）落实本单位生产安全事故应急救援预案和事故应急救援工作；

（8）发生事故后，积极组织抢救，采取措施防止事故扩大。同时保护好事故现场，积极配合事故的调查处理。

3. 施工单位技术负责人

施工单位技术负责人的职责主要包括：

（1）认真贯彻、执行国家有关建筑安全生产的方针、政策、法律法规和标准，贯彻执行省市有关建筑安全生产的法规、规章、标准、规范和规范性文件；

（2）协助主要负责人做好并具体负责本单位的安全技术管理工作；

（3）组织编制和审批施工组织设计的和专业性较强的工程项目的安全施工方案；

（4）负责对本单位使用的新材料、新技术、新设备、新工艺制定相应的安全技术措施和安全操作规程；

（5）参与制定本单位的安全操作规程和生产安全事故应急救援预案；

（6）参与生产安全事故和未遂事故的调查，从技术上分析事故原因，针对事故原因提出技术措施。

4. 项目负责人

《建设工程安全生产管理条例》规定：施工单位的项目负责人应当由取得相应执业资格的人员担任，对建设工程项目的安全施工负责，落实安全生产责任制度、安全生产规章制度和操作规程，确保安全生产费用的有效使用。并根据工程的特点组织制定安全施工措施，消除安全事故隐患，及时、如实报告生产安全事故。施工单位的项目负责人是建设工程项目安全生产的第一责任人，其主要职责包括：

（1）认真贯彻、执行国家有关建筑安全生产的方针、政策、法律法规和标准，贯彻、执行省市有关建筑安全生产的法规、规章、标准、规范和规范性文件；

（2）落实本单位安全生产责任制和安全生产规章制度；

（3）建立工程项目安全生产保证体系，配备与工程项目相适应的安全管理人员；

（4）保证安全防护和文明施工资金的投入，为作业人员提供必要的个人劳动保护用具和符合安全、卫生标准的生产、生活环境；

（5）落实本单位安全生产检查制度，对违反安全技术标准、规范和操作规程的行为及时予以制止或纠正；

（6）落实本单位施工现场的消防安全制度，确定消防责任人，按照规定配备消防器材和设施；

（7）落实本单位安全教育培训制度，组织岗前和班前安全生产教育；

（8）根据施工进度，落实本单位制定的和组织制定安全技术措施，按规定程序进行安全技术“交底”；

（9）使用符合要求的安全防护用具及机械设备，定期组织检查、维修、保养，保证安全防护设施有效、机械设备安全使用；

（10）根据工程特点，组织对施工现场易发生重大事故的部位、环节进行监控；

（11）按照本单位或总承包单位制定的施工现场生产安全事故应急救援预案，建立应急救援组织或者配备应急救援人员、器材、设备等，并组织演练；

（12）发生事故后，积极组织抢救，采取措施防止事故扩大。同时保护好事故现场，按照规定的程序及时如实报告，积极配合事故的调查处理。

5. 专职安全生产管理人员

专职安全生产管理人员负责对安全生产进行现场监督检查，其主要职责包括：

（1）认真贯彻、执行国家有关建筑安全生产的方针、政策、法律法规和标准，贯彻执行省、市有关建筑安全生产的法规、规章、标准、规范和规范性文件；

（2）监督专项安全施工方案和安全技术措施的执行，对施工现场安全生产进行监督检查；

（3）发现生产安全事故隐患，及时向项目负责人和安全生产管理机构报告，并监督检查整改情况；

（4）及时制止施工现场的违章指挥、违章作业行为；

（5）发生事故后，应积极参加抢救和救护，并按照规定的程序及时如实报告，积极配合事故的调查处理。

6. 施工班组长

施工班组长的主要职责包括：

（1）认真贯彻、执行国家和省、市有关建筑安全生产的方针、政策、法律法规、规章、标准、规范和规范性文件；

（2）具体负责本班组在施工过程中的安全管理工作；

（3）组织本班组的班前安全学习；

（4）严格执行各项安全生产规章制度和安全操作规程；

（5）严格执行安全技术“交底”；

（6）不违章指挥和冒险作业，严禁班组成员违章作业，对违章指挥提出意见，并有权拒绝执行；

（7）发生生产安全事故后，应积极参加抢救和救护，保护好事故现场，并按照规定的程序及时如实报告。

7. 作业人员

作业人员的主要职责包括：

（1）认真贯彻、执行国家和省、市有关建筑安全生产的方针、政策、法律法规、规章、标准、规范和规范性文件；

（2）认真学习、掌握本岗位的安全操作技能，提高安全意识和自我保护能力；

（3）积极参加本班组的班前安全活动；

（4）严格遵守工程建设强制性标准以及本单位的各项安全生产规章制度和安全操作规程；

（5）正确使用安全防护用具和机械设备；

（6）严格按照安全技术"交底"进行作业；

（7）遵守劳动纪律，不违章作业，有权拒绝违章指挥；

（8）发生生产安全事故后，保护好事故现场，并按照规定的程序及时如实报告。

五、各职能部门的安全生产责任制

按照建筑施工企业的机构设置，各职能部门应当履行以下职责。

1. 生产计划部门

生产计划部门的主要职责包括：

（1）严格按照安全生产和施工组织设计的要求组织生产；

（2）在布置、检查生产的同时，布置、检查安全生产措施；

（3）加强施工现场管理，建立安全生产、文明施工秩序，并进行监督检查。

2. 技术部门

技术部门的主要职责包括：

（1）认真贯彻、执行国家、行业和省、市有关安全技术规程和标准；

（2）制定本单位的安全技术标准和安全操作规程；

（3）负责编制施工组织设计和专项安全施工方案；

（4）编制安全技术措施并进行安全技术"交底"；

（5）制定本单位使用的新材料、新技术、新设备、新工艺的安全技术措施和安全操作规程；

（6）会同劳动人事、教育和安全管理等职能部门编制安全技术教育计划，进行安全技术教育；

（7）参与生产安全事故和未遂事故的调查，从技术上分析事故原因，针对事故原因提出技术措施。

3. 安全管理部门

安全管理部门的主要职责包括：

（1）认真贯彻、执行国家和省、市有关建筑安全生产的方针、政策、法律法规、规章、标准、规范和规范性文件；

（2）负责本单位和工程项目的安全生产、文明施工检查，监督检查安全事故隐患整改情况；

（3）参加审查施工组织设计、专项安全施工方案和安全技术措施，并对贯彻执行情况进行监督检查；

（4）掌握安全生产情况，调查研究生产过程中的不安全问题，提出改进意见，制定相应措施；

（5）负责安全生产宣传教育工作，会同教育、劳动人事等有关职能部门对管理人员、作业人员进行安全技术和安全知识教育培训；

（6）参与制定本单位的安全操作规程和生产安全事故应急救援预案；

（7）制止违章指挥和违章作业行为，依照本单位的规定对违反安全生产规章制度和安全操作规程的行为实施处罚；

（8）负责生产安全事故的统计报告工作，参与本单位生产安全事故的调查和处理。

4. 设备管理部门

设备管理部门的主要职责包括：

（1）负责本单位施工机械设备管理工作，参与制定设备管理的规章制度和施工机械设备的安全操作规程，并监督实施；

（2）负责新购进和租赁施工机械设备的生产制造许可证、合格证和安全技术资料的审查工作；

（3）监督管理施工机械设备的安全使用、维修、保养和改造工作，并参与定期检查和巡查；

（4）负责施工机械设备的租赁、安装、验收以及淘汰、报废的管理工作；

（5）参与施工组织设计和专项施工方案的编制和审批工作，并监督实施；

（6）参与组织对施工机械设备操作人员的培训工作，并监督检查持证上岗情况；

（7）参与施工机械设备事故的调查、处理工作，制定防范措施并督促落实。

5. 材料供应部门

材料供应部门的主要职责包括：

（1）负责采购安全生产所需的安全防护用具、劳动防护用品和材料、设施；

（2）购买的安全防护用具、劳动防护用品和材料等必须符合国家、行业标准要求。

6. 劳动人事部门

劳动人事部门的主要职责包括：

（1）认真贯彻落实国家、行业有关安全生产、劳动保护的法律，法规和政策；

（2）负责劳动防护用品和安全防护服装的发放工作；

（3）会同教育、安全管理等职能部门对管理人员和作业人员进行安全教育培训；

（4）对违反安全生产管理制度和劳动纪律的人员，提出处理建议和意见。

7. 财务部门

财务部门的主要职责包括：

（1）按照国家有关规定和实际需要，提供安全技术措施费用和劳动保护费用；

（2）按照国家有关规定和实际需要，提供安全教育培训经费；

（3）对安全生产所需费用的合理使用实施监督。

8. 教育部门

教育部门的主要职责包括：

（1）负责编制安全教育培训计划，制定安全生产考核标准；

（2）组织实施安全教育培训；

（3）组织培训效果考核；

（4）建立安全教育培训档案。

9. 卫生部门

卫生部门的主要职责包括：

（1）负责卫生防病宣传教育工作；

（2）负责对从事砂尘、粉尘、有毒、有害和高温、高处条件下作业人员以及特种作业人员进行健康检查，并制定落实预防职业病和改善卫生条件的措施；

（3）发生安全事故后，对伤员采取抢救、治疗措施。

10. 保卫消防部门

保卫消防部门的主要职责包括：

（1）认真贯彻落实国家、行业有关消防保卫的法律、法规和规定；

（2）参与制定消防安全管理制度并监督执行；

（3）严格执行动火审批制度；

（4）会同教育、安全管理等部门对管理人员和作业人员进行消防安全教育。

11. 工会组织

工会组织的主要职责包括：

（1）维护职工在安全、健康等方面的合法权益，积极反映职工对安全生产工作的意见和要求；

（2）组织开展安全生产宣传教育；

（3）参与生产安全事故的调查、处理和善后工作。

六、总承包单位和分包单位的安全生产责任制

（1）工程项目实行施工总承包的，由总承包单位对施工现场的安全生产负总责。

（2）工程项目依法实行分包的，总承包单位应当审查分包单位的安全生产条件与安全保证体系，对不具备安全生产条件的不予发包。

（3）总承包单位应当和各分包单位签订分包合同，分包合同中应当明确各自的安全生产方面的责任、权利和义务。总承包单位和分包单位各自承担相应的安全生产责任，并对分包工程的安全生产承担连带责任。

（4）总承包单位负责编制整个工程项目的施工组织设计和安全技术措施，并向分包单位进行安全技术交底。分包单位应当服从总承包单位的安全生产管理，按照总承包单位编制的施工组织设计和施工总平面布置图进行施工。

（5）分包单位应当执行总承包单位的安全生产规章制度，分包单位不服

从总承包单位管理导致生产安全事故的，由分包单位承担主要责任。

（6）施工现场发生生产安全事故，由总承包单位负责统计上报。

七、安全生产责任制的考核

为了确保安全生产责任制落到实处，施工单位应当制定安全生产责任考核办法并予以实施。考核办法主要包括下列内容：

（1）组织领导。施工单位和工程项目部建立安全生产责任制考核机构。

（2）考核范围。施工单位各级管理人员、工程项目管理人员和作业人员，以及施工单位各职能部门、分支机构和项目部。

（3）考核内容。各项安全生产责任制确定的安全生产目标、为实现安全生产目标所采取措施和安全生产业绩等情况。

（4）考核时间。主要是考核的时间周期。考核周期可根据企业具体情况而定。

（5）考核方法。考核方法可采取百分制或扣分制。实行分级考核：施工单位各职能部门、分支机构、项目部和管理人员以及工程项目负责人由施工单位考核机构进行考核；项目部管理人员、作业人员由工程项目部考核机构进行考核。

（6）考核结果。考核结果可分为优秀、合格和不合格。

（7）奖惩措施。对考核优秀的，给予奖励；对考核不合格的，给予处罚。奖罚必须兑现。

第二节　安全目标管理

一、目标管理

目标管理是企业在一定时期内，通过确定总目标、分解目标、落实措施、安排进度、具体实施、严格考核的自我控制，达到最终目的的一种管理方法。

目标管理把“以工作为中心”和“以人为中心”的管理方法有机结合起来，使人了解工作的目标，实行自我控制。在保证完成任务的前提下，人可以自主地、创造性地选择完成任务的方法，能够充分发挥人的积极性和创造性。目标管理具有先进性、科学性、实用性和有效性。

二、安全目标管理的概念和意义

安全目标管理是依据行为科学的原理，以系统工程理论为指导，以科学方法为手段，围绕企业生产经营总目标和上级对安全生产的考核指标及要求，结合本企业中远期安全管理规划和近期安全管理状况，制定出一个时期（一般为 1 年）的安全工作目标，并为这个目标的实现而建立安全保证体系，制定行之有效的保证措施。安全目标管理的要素包括目标确定、目标分解、目标实施和检查考核四部分。

施工单位实行安全目标管理，有利于激发人在安全生产工作中的责任感，提高职工安全技术素质，促进科学安全管理方式的推行，充分体现了“安全生产，人人有责”的原则，使安全管理工作科学化、系统化、标准化和制度化，实现安全管理全面达标。

三、安全管理目标的确定

1. 安全管理目标确定的依据

确定安全管理目标的依据主要包括：

（1）国家的安全生产方针、政策和法律、法规的规定；

（2）行业主管部门和地方政府签订的安全生产管理目标和有关规定、要求；

（3）企业的基本情况，包括技术装备、人员素质、管理体制和施工任务等；

（4）企业的中长期规划、近期的安全管理状况；

（5）上年度伤亡事故情况及事故分析。

2. 安全管理目标的主要内容

施工单位安全管理目标主要包括如下内容：

（1）生产安全事故控制目标。施工单位可根据本单位生产经营目标和上级有关安全生产指标确定事故控制目标，包括确定死亡、重伤轻伤事故的控制指标。

（2）安全达标目标。施工单位应当根据年度在建工程项目情况，确定安全达标的具体目标。

（3）文明施工实现目标。施工单位应当根据当地主管部门的工作部署、制定创建省级、市级安全文明工地的总体目标。

（4）其他管理目标。如企业安全教育培训目标、行业主管部门要求达到的其他管理目标等。

3. 安全管理目标确定的原则

制定安全目标。要根据施工单位的实际情况科学分析，综合各方面的因素，做到重点突出、方向明确、措施对应、先进可行。目标确定应遵循以下原则：

（1）重点性。制定目标要主次分明、重点突出、按职定责。安全管理目标要突出生产安全事故、安全达标等方面的指标。

（2）先进性。目标的先进性即它的适用性和挑战性。确定的目标略高于实施者的能力和水平，使之经过努力可以完成。

（3）可比性。尽量使目标的预期成果做到具体化、定量化。如负伤频率不能笼统地提出比去年有所下降，而应当具体提出降低的百分比。

（4）综合性。制定目标既要保证上级下达指标的完成，又要兼顾企业各个环节、各个部门和每个职工之能力。

（5）对应性。每个目标、每个环节要有针对性措施，保证目标实现。

四、安全管理目标体系与分解

施工单位应当建立安全目标管理体系，将安全管理目标分解到各个部门、工程项目和人员。安全目标管理体系由目标体系和措施体系组成。

1. 目标体系

目标体系就是将安全目标网络化、细分化。目标体系是安全目标管理的核心，由总目标、分目标和子目标组成。安全总目标是施工单位所需要达到的目标。为完成安全总目标，各部门和各项目部要根据自身的具体情况，提出部门、项目部的分目标、子目标。

目标分解要做到横向到边、纵向到底、纵横连锁、形成网络。横向到边就是把施工单位的安全总目标分解到各个职能部门、科室；纵向到底就是把安全总目标由上而下一层一层分解，明确责任，使责任落实到人，形成个人保班组、班组保项目部、项目部保企业的多层管理、安全目标连锁体系。

2. 措施体系

措施体系是安全目标实现的保证。措施体系就是安全措施（包括组织保证、技术保证和管理保证措施等）的具体化、系统化，是安全目标管理的关键。

根据目标层层分解的原则，保证措施也要层层落实，做到目标和保证措施相对应，使每个目标值都有具体保证措施。

五、安全管理目标的实施

安全管理目标的实施阶段是安全目标管理取得成效的关键环节。安全管理目标的实施就是执行者根据安全管理目标的要求、措施、手段和进度将安全管理目标进行落实，保证按照目标要求完成。安全管理目标的实施阶段应做好以下几方面的工作。

（1） 建立分级负责的安全责任制。制定各个部门、人员的责任制，明确各个部门、人员的权利和责任。

（2）建立安全保证体系。通过安全保证体系，形成网络，使各层次互相配合、互相促进，推进目标管理顺利开展。

（3）建立各级目标管理组织，加强对安全目标管理的组织领导工作。

（4）建立危险性较大的分部分项工程跟踪监控体系。发现事故隐患，及时进行整改，保证施工安全。

六、安全管理目标的检查考核

安全管理目标的检查考核是在目标实施阶段之后，通过检查，对成果做出评价并进行奖惩，总结经验，为下一个目标管理循环做好准备。进行安全管理目标的检查考核应做好

以下几个方面的工作：

1. 建立检查考核机构

施工单位和工程项目部应当建立安全目标管理考核机构。考核机构负责对施工单位各部门、项目部和有关人员进行检查考核。

2. 制定检查考核办法

施工单位制定安全目标管理检查考核办法应包括：

（1）考核机构和人员组成；

（2）被考核部门和人员；

（3）考核内容；

（4）考核时间；

（5）考核方法和奖惩办法。

3. 实施检查考核的要求

（1）检查考核应严格按考核办法进行，防止流于形式。

（2）实行逐级考核制度。施工单位考核机构对各职能部门和项目负责人进行检查考核，项目部考核机构对项目部管理人员和施工班组进行考核。

（3）根据考核结果实施奖惩。对考核优良的按办法给予奖励，对考核不合格的给予处罚。

（4）做好考核总结工作。每次考核结束，被考核单位和部门要认真总结目标完成情况，并制定整改措施，认真落实整改。

第三节 施工组织设计

一、施工组织设计的概念

施工组织设计指以施工项目为对象编制的，用以指导其施工全过程各项施工活动的技术、经济、组织、协调和控制的综合性文件。

施工组织设计是施工单位在施工前，按照国家和行业的法律、法规、标准等有关规定，从施工的全局出发，根据工程概况、施工工期、场地环境等条件，以及机械设备、施工机具和变配电设施的配备计划等具体条件，对工程施工程序、施工流向、施工顺序、施工进度、施工方法、施工人员、技术措施（包括质量和安全）、材料供应以及运输道路、设备设施和水电能源等现场设施的布置和建设做出规划，以便对施工中的各种需要和变化，做好事前准备，使施工建立在科学合理的基础上，从而取得最好的经济效益和社会效益。施工组织设计是组织工程施工的纲领性文件，是保证安全生产的基础。

二、施工组织设计的分类

施工组织设计一般分为施工组织总设计、单位（项）工程施工组织设计和分部分项工程施工组织设计三类。

1. 施工组织总设计

以建设项目或者群体工程为对象编制，对其统筹规划，用以指导其建设全过程的施工组织设计。主要内容包括：建设项目概况、施工总目标、施工组织、施工部署和施工方案；建设项目的施工准备工作、资源，环境、施工安全、质量、设施和总成本等计划以及施工总平面、主要技术经济指标。施工组织总设计是编制单位（项）工程施工组织设计的基础。

2. 单位（项）工程施工组织设计

单位（项）工程施工组织设计是以一个单位工程或者单项工程为对象编制的在施工总设计的总体规划和控制下，进行较具体、详细的施工安排；是指导工程项目生产活动的综合性文件，也是编制分部分项工程施工组织设计的基础。

3. 分部分项工程施工组织设计

分部分项工程施工组织设计是以一个分部工程或其一个分项工程为对象进行编制，用以指导各项作业活动的技术、经济、组织、协调和控制的综合性文件。

三、施工组织设计编制的原则和要求

编制施工组织设计应遵循下列原则和要求：

（1）认真贯彻国家、行业工程建设的法律、法规、标准、规范等；

（2）严格执行工程建设程序，坚持合理的施工程序、顺序和工艺；

（3）优先选用先进施工技术，充分利用施工机械设备，提高施工的机械化、自动化程度，改善劳动条件，提高劳动生产率；

（4）认真编制各项实施计划，科学安排夏季、冬季和雨期施工，严格控制工程质量、安全、进度和成本，保证全年施工的均衡性和连续性；

（5）按照“安全第一，预防为主”的方针，制定安全技术措施，防止生产安全事故的发生；

（6）按照国家、行业和地方的有关规定，制定文明施工措施；

（7）充分考虑对周边环境的影响，对施工现场毗邻的建筑物、构筑物以及施工现场内的各类地下管线制定保护措施；

（8）充分利用施工现场原有的设施作为临时设施，新建的临时设施应符合国家或行业标准，确保安全、卫生；

（9）进行平面布置时，应充分考虑易燃易爆物品仓库、配电室、外电线路、起重机械的设置位置，按标准和规范的要求保持一定的安全距离。

四、施工组织设计的编制和审批

施工组织设计由施工单位技术负责人组织有关人员进行编制，施工单位的施工技术、安全、设备等部门进行会审，经施工单位技术负责人和工程监理单位总监理工程师审批签字。

五、施工组织设计的实施

1. 施工组织设计的修订

施工单位必须严格执行施工组织设计，不得擅自修改经过审批的施工组织设计。如因设计、结构等因素发生变化，确需修订的，应重新履行会审、审批程序。

2. 施工组织设计的监督实施

施工单位的项目负责人应当组织项目管理人员认真落实施工组织设计。在施工组织设计实施过程中，专职安全生产管理人员和工程监理单位的监理人员要进行现场监督，发现不按照施工组织设计施工的行为要予以制止；施工作业人员要严格按照安全技术“交底”进行施工，将安全技术措施落到实处；施工单位的施工技术、安全、设备等有关部门应当对施工组织设计的实施进行监督落实，保证各分部分项工程按照施工组织设计顺利进行。

第四节　安全专项施工方案

对于达到一定规模的危险性较大的分部分项工程，以及涉及新技术、新工艺、新设备、新材料的工程，因其复杂性和危险性，在施工过程中易发生人身伤亡事故，施工单位应当根据各分部分项工程的不同特点，有针对性地编制专项施工方案。原建设部于 2004 年 12 月 1 日下发的《危险性较大工程安全专项施工方案编制及专家论证审查办法》，2009 年 5 月 13 日住房和城乡建设部发布了《危险性较大的分部分项工程安全管理办法》，对专项施工方案的编制、审查及专家论证做了明确的规定。

一、安全专项施工方案的概念

建筑工程安全专项施工方案，是指建筑施工过程中，施工单位在编制施工组织（总）设计的基础上，对危险性较大的分部分项工程，依据有关工程建设标准、规范和规程，单独编制的具有针对性的安全技术措施文件。

危险性较大的分部分项工程是指建筑工程在施工过程中存在的、可能导致作业人员群死群伤或造成重大不良社会影响的分部分项工程。

建设单位在申请领取施工许可证或办理安全监督手续时，应当提供危险性较大的分部分项工程清单和安全管理措施。施工单位、监理单位应当建立危险性较大的分部分项工程安全管理制度。

二、安全专项施工方案的编制范围

1. 基坑支护、降水工程

开挖深度超过 3 m（含 3 m）或虽未超过 3 m 但地质条件和周边环境复杂的基坑（槽）支护、降水工程。

2. 土方开挖工程

开挖深度超过 3 m（含 3 m）的基坑（槽）的土方开挖工程。

3. 模板工程及支撑体系

（1）各类工具式模板工程：包括大模板、滑模、爬模、飞模等工程。

（2）混凝土模板支撑工程：搭设高度 5 m 及以上；搭设跨度 10 m 及以上；施工总荷载 10 kN/m^2 及以上；集中线荷载 15 kN/m 及以上；高度大于支撑水平投影宽度且相对独立无联系构件的混凝土模板支撑工程。

（3）承重支撑体系：用于钢结构安装等满堂支撑体系。

4. 起重吊装及安装拆卸工程

（1）采用非常规起重设备、方法，且单件起吊重量在 10 kN 及以上的起重吊装工程。

（2）采用起重机械进行安装的工程。

（3）起重机械设备自身的安装、拆卸。

5. 脚手架工程

（1）搭设高度 24 m 及以上的落地式钢管脚手架工程。

（2）附着式整体和分片提升脚手架工程。

（3）悬挑式脚手架工程。

（4）吊篮脚手架工程。

（5）自制卸料平台、移动操作平台工程。

（6）新型及异型脚手架工程。

6. 拆除、爆破工程

（1）建筑物、构筑物拆除工程。

（2）采用爆破拆除的工程。

7. 其他

（1）建筑幕墙安装工程。

（2）钢结构、网架和索膜结构安装工程。

（3）人工挖扩孔桩工程。

（4）地下暗挖、顶管及水下作业工程。

（5）预应力工程。

（6）采用新技术、新工艺、新材料、新设备及尚无相关技术标准的危险性较大的分部分项工程。

三、专家论证的安全专项施工方案范围

下列危险性较大的分部分项工程，应由工程技术人员组成的专家组对安全专项施工方案进行论证、审查。

1. 深基坑工程

（1）开挖深度超过 5 m（含 5 m）的基坑（槽）的土方开挖、支护降水工程。

（2）开挖深度虽未超过 5 m，但地质条件、周围环境和地下管线复杂，或影响毗邻建筑（构筑）物安全的基坑（槽）的土方开挖、支护、降水工程。

2. 模板工程及支撑体系

（1）工具式模板工程：包括滑模、爬模、飞模工程。

（2）混凝土模板支撑工程：搭设高度 8 m 及以上；搭设跨度 18 m 及以上；施工总荷载 15 kN/m² 及以上；集中线荷载 20 kN/m 及以上。

（3）承重支撑体系：用于钢结构安装等满堂支撑体系，承受单点集中荷载 700 kg 以上。

3. 起重吊装及安装拆卸工程

（1）采用非常规起重设备、方法，且单件起吊重量在 100 kN 及以上的起重吊装工程。

（2）起吊重量 300 kN 及以上的起重设备安装工程；高度 200 m 及以上内爬起重设备的拆除工程。

4. 脚手架工程

（1）搭设高度 50 m 及以上落地式钢管脚手架工程。

（2）提升高度 150 m 及以上附着式整体和分片提升脚手架工程。

（3）架体高度 20 m 及以上悬挑式脚手架工程。

5. 拆除、爆破工程

（1）采用爆破拆除的工程。

（2）码头、桥梁、高架、烟囱、水塔或拆除中容易引起有毒有害气（液）体或粉尘扩散、易燃易爆事故发生的特殊建、构筑物的拆除工程。

（3）可能影响行人、交通、电力设施、通信设施或其他建、构筑物安全

的拆除工程。

（4）文物保护建筑、优秀历史建筑或历史文化风貌区控制范围的拆除工程。

6. 其他

（1）施工高度 50 m 及以上的建筑幕墙安装工程。

（2）跨度大于 36 m 及以上的钢结构安装工程；跨度大于 60 m 及以上的网架和索膜结构安装工程。

（3）开挖深度超过 16 m 的人工挖孔桩工程。

（4）地下暗挖工程、顶管工程、水下作业工程。

（5）采用新技术、新工艺、新材料、新设备及尚无相关技术标准的危险性较大的分部分项工程。

四、安全专项施工方案的编制与审核

1. 安全专项施工方案的编制

施工单位应当在危险性较大的分部分项工程施工前编制专项方案。建筑工程实行施工总承包的，专项方案应当由施工总承包单位组织编制。其中，起重机械安装拆卸工程、深基坑工程、附着式升降脚手架等专业工程实行分包的，其专项方案可由专业承包单位组织编制。

安全专项施工方案应根据工程建设标准和勘察设计文件，并结合工程项目和分部分项，工程的具体特点进行编制。除工程建设标准有明确规定外，安全专项施工方案主要应包括以下内容：

（1）工程概况：危险性较大的分部分项工程概况、施工平面布置、施工要求和技术保证条件；

（2）编制依据：相关法律、法规、规范性文件、标准、规范及图纸（国标图集）、施工组织设计等；

（3）施工计划：包括施工进度计划、材料与设备计划；

（4）施工工艺技术：技术参数、工艺流程、施工方法、检查验收等；

（5）施工安全保证措施：组织保障、技术措施、应急预案、监测监控等；

（6）劳动力计划：专职安全生产管理人员特种作业人员等；

（7）计算书及相关图纸。

2. 安全专项施工方案的审核

专项方案应当由施工单位技术部门组织本单位施工技术、安全、质量等部门的专业技术人员进行审核。经审核合格的，由施工单位技术负责人签字。实行施工总承包的，专项方案应当由总承包单位技术负责人及相关专业承包单位技术负责人签字。

不需专家论证的专项方案，经施工单位审核合格后报监理单位，由项目总监理工程师审核签字。

五、安全专项施工方案的专家论证

1. 专家论证的组织

超过一定规模的危险性较大的分部分项工程专项方案应当由施工单位组织召开专家论证会。实行施工总承包的，由施工总承包单位组织召开专家论证会。

2. 专家组人员的条件

专家组人员应具备下列基本条件：

（1）诚实守信、作风正派、学术严谨；

（2）从事专业工作 15 年以上或具有丰富的专业经验；

（3）具有高级专业技术职称。

各地住房和城乡建设主管部门应当按专业类别建立专家库。专家库的专业类别及专家数量应根据本地实际情况设置。专家名单应当予以公示。同时应当根据本地区实际情况，制定专家资格审查办法和管理制度并建立专家诚信档案，及时更新专家库。

3. 论证审查方式和程序

专家组成员应当由 5 名及以上符合相关专业要求的专家组成。本项目参建各方的人员不得以专家身份参加专家论证会。下列人员应列席论证会：

（1）专家组成员；

（2）建设单位项目负责人或技术负责人；

（3）监理单位项目总监理工程师及相关人员；

（4）施工单位分管安全的负责人、技术负责人、项目负责人、项目技术负责人、专项方案编制人员、项目专职安全生产管理人员；

（5）勘察、设计单位项目技术负责人及相关人员。

专家论证的主要内容：

（1）专项方案内容是否完整、可行；

（2）专项方案计算书和验算依据是否符合有关标准规范；

（3）安全施工的基本条件是否满足现场实际情况。

专项方案经论证后，专家组应当提交论证报告，对论证的内容提出明确的意见，并在论证报告上签字。该报告作为专项方案修改完善的指导意见。

4. 审批程序

施工单位应当根据论证报告修改完善专项方案，并经施工单位技术负责人、项目总监理工程师、建设单位项目负责人签字后，方可组织实施。

实行施工总承包的，应当由施工总承包单位、相关专业承包单位技术负责人签字。专项方案经论证后需做重大修改的，施工单位应当按照论证报告修改，并重新组织专家进行论证。

六、安全专项施工方案的实施

1. 安全专项施工方案的修订

施工单位应当严格按照专项方案组织施工，不得擅自修改、调整专项方案。如因设计、结构、外部环境等因素发生变化确需修改的，修改后的专项方案应当重新审核。对于超过一定规模的危险性较大的工程专项方案，施工单位应当重新组织专家进行论证。

2. 安全专项施工方案的交底

专项方案实施前，编制人员或项目技术负责人应当向现场管理人员和作业人员进行安全技术交底。

3. 安全专项施工方案实施情况的验收

施工单位应当指定专人对专项方案实施情况进行现场监督和按规定进行监测。发现不按照专项方案施工的，应当要求其立即整改；发现有危及人身安全紧急情况的，应当立即组织作业人员撤离危险区域。

施工单位技术负责人应当定期巡查专项方案实施情况。

对于按规定需要验收的危险性较大的分部分项工程，施工单位、监理单位应当组织有关人员进行验收。验收合格的，经施工单位项目技术负责人及项目总监理工程师签字后，方可进入下一道工序。

4. 需编制安全专项施工方案工程的监理

监理单位应当将危险性较大的分部分项工程列入监理规划和监理实施细则，应当针对工程特点、周边环境和施工工艺等，制定安全监理工作流程、方法和措施。

监理单位应当对专项方案实施情况进行现场监理；对不按专项方案实施的，应当责令整改；施工单位拒不整改的，应当及时向建设单位报告；建设单位接到监理单位报告后，应当立即责令施工单位停工整改；施工单位仍不停工整改的，建设单位应当及时向住房城乡建设主管部门报告。

七、法律责任

建设单位未按规定提供危险性较大的分部分项工程清单和安全管理措施，未责令施工单位停工整改的，未向住房城乡建设主管部门报告的；施工单位未按规定编制、实施专项方案的；监理单位未按规定审核专项方案，或未对危险性较大的分部分项工程实施监理的，住房城乡建设主管部门应当依据有关法律法规予以处罚。

第五节　安全技术措施

安全技术措施是指针对建筑安全生产过程中已知的或潜在的危险因素，采取的消除或控制的技术性措施。安全技术措施是施工组织设计和专项施工方案的重要组成部分。

一、安全技术措施编制的原则和要求

施工单位在编制施工组织设计时应当根据建筑工程的特点制定相应的安全技术措施。安全技术措施的编制应当符合下列原则和要求：

（1）规范性。应当符合国家和行业的技术标准、规范。

（2）针对性。应当从工程项目所处位置、施工环境条件、结构特点、施工工艺、设备机具配备以及安全生产目标等方面进行全面、充分的考虑，并结合本单位的技术条件和管理经验，对专业性较强的分部分项工程以及涉及新技术、新工艺、新设备、新材料的工程，施工单位应当单独编制安全技术措施。

（3）可操作性。应当便于作业人员了解掌握，确保技术措施能够得到有效落实。

二、安全技术措施的主要内容

（1）进入施工现场安全方面的规定；

（2）地基与深基坑的安全防护；

（3）高处作业与立体交叉作业的安全防护；

（4）施工现场临时用电工程的设置和使用；

（5）施工机械设备和起重机械设备的安装、拆卸和使用；

（6）采用新技术、新工艺、新设备、新材料时的安全技术；

（7）预防台风、地震、洪水等自然灾害的措施；

（8）防冻、防滑、防寒、防中暑、防雷击等季节性施工措施；

（9）防火、防爆措施；

（10）易燃易爆物品仓库、配电室、外电线路、起重机械的平面布置和大模板、构件等物料堆放；

（11）对施工现场毗邻的建筑物、构筑物以及施工现场内的各类地下管线的保护；

（12）施工作业区与生活区的安全距离；

（13）施工现场临时设施（包括办公、生活设施等）的设置和使用；

（14）施工作业人员的个人安全防护措施。

三、安全技术措施资金投入

在建筑施工中，安全防护设施不设置或不到位，是造成事故的主要原因之一。安全防护设施不设置或不到位往往是由于建设单位和施工单位未按照国家法律、法规的有关规定，保证安全技术措施资金的投入。为保证安全生产，建设单位和施工单位应当确保安全技术措施资金的投入。

（1）建设单位在编制工程概算时，应当考虑到建设工程安全作业环境及安全施工措施所需费用。建设单位应当按照有关法律、法规的规定，保证安全生产资金的投入。

（2）对于有特殊安全防护要求的工程，建设单位和施工单位应当根据工程实际需要，在合同中约定安全措施所需费用。施工单位在动力设备、输电线路、地下管道、密封防震车间、易燃易爆地段以及在交通要道附近施工时，施工开始前应向监理工程师提出安全防护措施。经监理工程师认可后实施，防护措施费用由建设单位承担。实施爆破作业，在放射、毒害性环境中施工（含储存、运输，使用等）及使用毒害性、腐蚀性物品施工时，施工单位应在施工前以书面形式通知监理工程师，并提出相应的安全防护措施。经监理工程师认可后实施，由建设单位承担安全防护措施费用。

（3）施工单位应当保证本单位的安全生产投入。施工单位应当制订安全生产投入的计划和措施，企业负责人和工程项目负责人应当采取措施确保安全投入的有效落实，保证工程项目实施过程中用于安全生产的人力、财力、物力到位，满足安全生产和文明施工需要。

（4）对列入建设工程概算的安全作业环境及安全施工措施所需费用，应当用于施工安全防护用具及设施的采购和更新、安全施工措施的落实和安全生产条件的改善，不得挪作他用。

四、安全技术交底

1. 安全技术交底的概念

安全技术交底是指将预防和控制安全事故发生及减少其危害的安全技术措施以及工程项目、分部分项工程概况向作业班组、作业人员做出的说明。安全技术交底制度是施工单位有效预防违章指挥、违章作业和伤亡事故发生的一种有效措施。

2. 安全技术交底的程序和要求

施工前，施工单位的技术人员应当将工程项目、分部分项工程概况以及安全技术措施要求向施工作业班组、作业人员进行安全技术交底，使全体作业人员明白工程施工特点及各施工阶段安全施工的要求，掌握各自岗位职责和安全操作方法。安全技术交底的要求如下。

（1）施工单位负责项目管理的技术人员向施工班组长、作业人员进行交底。

（2）交底必须具体、明确针对性强。交底要依据施工组织设计和分部分项安全施工方案安全技术措施的内容，以及分部分项工程施工给作业人员带来的潜在危险因素，就作业要求和施工中应注意的安全事项有针对性地进行交底。

（3）各工种的安全技术交底一般与分部分项安全技术交底同步进行。对施工工艺复杂、施工难度较大或作业条件危险的，应当单独进行各工种的安全技术交底。

（4）交底应当采用书面形式。

（5）交底双方应当签字确认。

3. 安全技术交底的主要内容

（1）工程项目和分部分项工程的概况；

（2）工程项目和分部分项工程的危险部位；

（3）针对危险部位采取的具体防范措施；

（4）作业中应注意的安全事项；

（5）作业人员应遵守的安全操作规程和规范；

（6）作业人员发现事故隐患后应采取的措施；

（7）发生事故后应及时采取的避险和急救措施。

第六节　安全检查

一、安全检查的概念

安全检查是一种对在生产过程和安全管理中存在的隐患、有害和危险因素、缺陷等进行的一种检验，以明确隐患和危险因素、缺陷的存在状况，并对有可能导致事故的情况进行分析，从而采取相应的对策，将隐患和危险因素排除掉，从而保证安全生产的一种工作方法。在安全生产管理工作中，安全检查是一种非常重要的工作，它可以在安全生产工作中，发现不安全的情况和不安全的行为，采取一种有效的措施，它可以消除事故隐患，落实整改措施，预防伤亡事故，改善劳动环境。

二、安全检查制度

建设单位应建立并完善安全检查制度，安全检查制度应包括以下内容：

（1）为进行安全检查而进行的；

（2）组织安全检查；

（3）安全巡查的内容、形式和方法（包括施工单位、分公司和项目等各级巡查），以及巡查的时间或周期；

（4）对隐患进行整改和复查；

（5）总结、评价、奖励和惩罚。

三、安全检查的形式

1. 定期安全检查

安全检查通常采取有计划、有目的和有组织的方式进行。验收周期可视建设单位而定。如施工单位可以确立季度检查，分公司每月检查，工地每周检查，团队每日检查等制度等等。定期检查具有广泛性和深度性，可以解决一些常见问题。

2. 经常性安全检查

经常性安全检查是通过日常的巡视方式实现的。如施工班组班前、班后的岗位安全检查，各级安全员及安全值班人员日常巡回检查等，能够及时发现隐患并及时消除，保证施工正常进行。

3. 专项（业）安全检查

专项（业）安全检查指的是针对某个专项问题或在施工过程中存在的普遍性安全问题而展开的单项或定向检查。如模板施工，施工提升，防尘防毒，防火检查等 . 专项（业）检查具有较强的针对性和专业性，通常情况下，检查的重点是检查难度较大或者存在问题较多的部位或分部、分项工程。通过检查，找出可能存在的问题，制定整改措施，及时消除隐患。

4. 季节性、节假日安全检查

季节性安全检查是针对冬季、夏季、雨季等气候特征对施工安全可能造成影响而进行的一项安全检查。

节假日安全检查指的是在节假日（如元旦、春节、劳动节、国庆节）期间和节假日前后，针对员工容易纪律松懈、思想麻痹等情况，展开的安全检查。

5. 综合性安全检查

综合安全检查是指由主管部门或者企业组织，对本行业或者其下属单位所实施的综合安全检查。

四、安全检查的主要依据和内容

1，安全检查的主要依据

安全检查主要依据的是国家、省、市有关安全生产的法律、法规以及安全技术标准和规范。目前普遍使用的施工安全技术标准和规范主要包括：

（1）《建筑施工安全检查标准》（JGJ 59—2011）；

（2）《施工现场临时用电安全技术规范》（JGJ 46—2005）；

（3）《建筑施工高处作业安全技术规范》（JGJ 80—2016）；

（4）《龙门架及井架物料提升机安全技术规范》（JGJ 88—2010）；

（5）《建筑施工扣件式钢管脚手架安全技术规范》（JGJ 130—2011）；

（6）《建筑施工门式钢管脚手架安全技术规范》（JGJ 128—2010）。

2. 安全检查的主要内容

（1）贯彻执行国家、省、市有关安全生产法律、法规和规定；

（2）国家安全技术标准、规范、规程及工程建设强制性标准的贯彻落实情况；

（3）施工单位执行有关安全生产的各项规章制度；

（4）制定并实施安全生产责任制和安全管理目标；

（5）执行安全教育和培训制度；

（6）执行安全检查系统；

（7）落实安全生产投入；

（8）统计报告和调查处理生产安全事故的情况；

（9）管理人员及特殊工作人员取得相关证件的状况；

（10）专项整治、专项检查的情况；

（11）实施意外伤害保险制度；

（12）制定并演练生产安全事故应急预案的情况；

（13）安全生产达标、文明施工的情况。

五、安全检查的程序

安全检查一般依照以下程序进行：

（1）确定审查的目标、目标和任务；

（2）制定检验计划，确定检验的内容，检验的方法和步骤；

（3）组织稽查人员（配备专职人员），成立稽查机构；

（4）进入接受视察的单位，进行现场视察，并使用所需的仪器进行测量；

（5）查阅安全生产相关文件、资料，开展现场检查、面谈；

（6）对安全检查结果进行总结，指出安全隐患及存在的问题，并提出改进意见及建议；

（7）对被检查单位实施“三定”（定人、时限、措施）的整改；

（8）被检查者应向检查组报告检查组，由检查组复审；

（9）对视察工作进行总结。

六、安全检查的一般要求

安全检查要科学，要有效。随着安全管理工作的科学化、规范化、规范化，当前的安全检查工作基本上都是通过安全检查表、实际测量来完成的。施工单位应注意下列事项：

（1）充分认识到安全检查的重要性与必要性，将安全检查工作规范化、标准化；

（2）说明安全检查的目的，内容，标准，要求和方法。

（3）按照检查的需要，对检查人员进行配备，确定负责人员，抽调专业人员参与，分工明确；

（4）检查时，重点检查重点项目和重点部位；

（5）检查时，检查员应及时制止或纠正违反安全技术标准、规范及操作规程的行为；

（6）对检验结果认真、详尽、具体地做好记录；

（7）对发现的安全隐患及问题，在做好记录的同时，发出整改通知；

（8）被检查单位对检查发现的安全隐患、问题，要按照“三定”的原则制定整改方案；

（9）整改完毕后，负责整改的单位或人员，应当填写安全隐患整改报告，并向被检查单位报告，经复查、验收合格后，才能投入生产；

（10）检查完毕后，应认真、全面、系统地分析检查情况和存在的问题，对安全评估进行定性和定量的评价，并将检查的结果如实、完整地反映出来。

七、安全生产教育培训的意义

高度重视并加强对建筑行业的安全生产和劳动保护工作，加强对职工的安全生产教育，始终是我国政府坚定不移的一贯方针。《中华人民共和国劳动法》规定，用人单位必须对劳动者进行劳动安全卫生教育、防止劳动过程中的事故，减少职业危害。《中华人民共和国安全生产法》（以下简称《安全生产法》）

规定："生产经营单位应当对从业人员进行安全生产教育和培训，保证从业人员具备必要的安全生产知识，熟悉有关的安全生产规章制度和安全操作规程，掌握本岗位的安全操作技能。未经安全生产教育和培训合格的从业人员，不得上岗作业。"《中华人民共和国建筑法》规定："建筑施工企业应当建立健全劳动安全生产教育制度，加强对职工安全生产的教育；未经安全生产教育培训的人员，不得上岗作业。"《建设工程安全生产管理条例》规定，施工单位应当建立健全安全生产责任制度和安全生产教育培训制度，接受安全教育、组织安全培训是建筑业职工和施工企业的法定义务。

安全生产教育和培训工作是实现安全生产目标的重要基础工作，只有在建筑工人中开展安全生产教育和培训，才能提高工人们做好安全生产工作的自觉性和积极性，增强他们的安全意识，掌握安全知识，贯彻执行安全技术规范和标准，有效落实安全规章制度。

八、企业管理人员的安全生产教育培训

（一）企业管理人员安全生产考核的目的和依据

施工单位的主要负责人，依法对本单位的安全生产工作进行了全方位的负责，项目负责人对建设工程项目的安全生产负责，专职安全生产管理人员负责对安全生产的监督检查，他们都是在施工企业中进行安全生产的重要岗位，他们在安全生产方面的知识水平和管理能力，与他们所在单位的安全生产管理工作水平有着直接的联系。为此，国家有关法律、法规规定，从事建设工程施工活动的建筑施工企业管理人员必须经建设行政主管部门或者其他有关部门安全生产考核，取得安全生产考核合格证书后，方可担任相应职务。《安全生产法》规定："生产经营单位的主要负责人和安全生产管理人员必须具备与本单位所从事的生产经营活动相应的安全生产知识和管理能力。建筑施工单位的主要负责人和安全生产管理人员，应当由有关主管部门对其安全生产知识和管理能力考核合格后方可任职"。《建设工程安全生产管理条例》规定："施工单位的主要负责人、项目负责人、专职安全生产管理人员应当经建设行政主管部门或者其他有关部门考核合格后方可任职。"

（二）企业管理人员安全生产考核的对象

建筑施工企业的管理人员在进行安全生产考核时，主要的目标是：建筑施工企业（含独立法人子公司）的主要负责人、项目负责人和专职的安全生产管理人员。

建设施工企业的主要负责人，是对本企业的日常生产经营活动和安全生产工作全面负责，并有生产经营决策权的人员。企业的法定代表人，企业的最高行政主管，企业的主管人员，企业的主管人员等。

建筑施工企业的项目负责人，是由企业的法定代表人委托的，对其进行全面的管理和监督。

建设单位的专业技术负责人是建设单位的专业技术负责人。具体内容有：企业安全生产管理机构的领导和工作人员，以及施工现场的专职安全员等。

（三）企业管理人员安全生产考核管理的相关规定

1. 考核管理机关

地方政府主要负责对地方政府和地方政府的工程项目进行评估，以及对地方政府进行评估、发放证书等。

省、自治区、直辖市人民政府建设行政主管部门对本级以上地区的建设工程项目经理进行了安全生产考核，并向其颁发了相应的资质证书。

2. 申请条件

建筑施工企业的管理人员，必须具有与之相适应的学历、专业技术职称以及一定的安全生产工作经验，并且在经过了对该企业进行的每年的安全生产教育培训之后，才能参与到由建设行政主管部门进行的安全生产考试中去。

3. 考核内容

对工程项目经理进行了安全生产考核，并对其进行了分析。

4. 有效期

取得的资格证书三年内有效。到期后，如需延长，须在到期日前三个月内到发证部门提出延长。

5. 监管

建设行政主管部门对建筑施工企业管理人员履行安全生产管理职责的情况

进行了监督，其中，如果出现了一些违反安全生产法律法规、未履行安全生产管理职责、未按照规定进行年度安全生产教育培训、发生死亡事故等情形，造成了很大的损失，将会被收回安全生产考核合格证书，并在限定时间内进行整改，再进行一次考核。

（四）企业管理人员安全知识考试的主要内容

企业管理人员安全知识考试主要考查的是三个方面的知识：安全生产法律法规、安全生产管理以及安全技术。

（1）国家有关施工安全生产的方针政策，法律法规，部门规章，标准及相关规范性文件，省级和市级有关施工安全生产的。

（2）建筑施工企业负责人安全生产责任。

（3）建设工程安全生产管理基本制度，包括安全生产责任制、安全教育培训制度、安全检查制度、安全资金保障制度、专项安全施工方案审批论证制度、消防安全制度、意外伤害保险制度、事故应急救援预案制度、安全事故统计报告制度、安全生产许可制度、安全评价制度等。

（4）建筑施工企业安全生产管理的基础理论和基础知识，国内外建筑施工安全生产的发展过程、特点及管理经验、

（5）安全生产责任制、规章制度的内容与编制方法，施工现场安全监督检查的基础知识、内容与方法。

（6）重特大事故的紧急救援计划及现场救援。

（7）负责安全事故的报告、调查与处理。

（8）一类具有建筑安全方面的专业知识，以及建筑安全技术。

（9）一类典型事件的案例分析。

（五）对施工企业主要负责人进行安全管理能力考核的主要内容

（1）贯彻执行国家有关建设工程安全生产的方针政策、法律法规、标准、规范，以及省、市有关建设工程安全生产的法律法规、标准、规范及规范性文件的情况；

（2）组织并监督本单位安全生产状况；

（3）建立安全生产责任体系，制定、执行安全生产制度及操作规程；

（4）用于安全生产的资本投入；

（5）组织开展安全生产教育和培训的情况；

（6）组织安全检查工作，及时解决生产安全事故的隐患状况；

（7）制定并组织生产安全事故应急救援计划的实施情况；

（8）在事故发生后，是否能积极组织救援工作，采取预防事故扩大的措施，对事故现场进行保护，并按规定程序及时、准确地报告，并积极配合事故调查和处理工作；

（9）生产安全状况。

（六）对施工企业项目负责人进行安全管理能力考核时应注意的问题

（1）贯彻执行国家有关建设工程安全生产的方针政策、法律法规、标准、规范、规范性文件，省级和市级有关建设工程安全生产的法规、规章、标准、规范、规范性文件；

（2）组织并督促所负责的工程项目的安全生产工作，并落实本单位的安全生产责任制及相关规章制度；

（3）建设工程项目的安全生产保障体系及相应的安全管理人员配备状况；

（4）确保工人在安全防护、文明施工方面的资金投入，保证工人的劳动防护用具及生产、生活环境条件符合安全、卫生的要求；

（5）制定安全技术措施并进行安全技术交底；

（6）实施本单位安全教育培训制度，开展岗前、班前安全教育；

（7）对安全检查的开展情况；

（8）施工现场执行消防安全制度的状况；

（9）安全防护用具和机械设备的安全管理制度的执行情况；

（10）设立应急救援机构或配备应急救援人员、器材、装备等，并组织演练；

（11）在事故发生后，是否能积极组织救援工作，采取防止事故扩大的措施，对事故现场进行保护，及时、准确地将事故报告给单位负责人，并积极配合事故调查处理；

（12）在安全方面的表现。

（七）对建筑施工企业安全生产专职管理者进行安全生产管理能力考核的主要内容

（1）贯彻执行国家有关建设工程安全生产的方针政策、法律法规、标准、规范、规范性文件，省级和市级有关建设工程安全生产的法规、规章、标准、规范、规范性文件；

（2）企业安全管理机构负责人是否能根据企业安全生产的实际情况，及时修改企业安全管理制度，调派各级安全管理人员，监督、指导和评估企业内部各部门的安全管理工作，协助相关部门调查和处理事故；

（3）安监部门的工作人员是否能做好与安全生产有关的数据统计，安全防护用品的配发和检查，以及施工现场的安全检查。

（4）在施工现场，专职的安全生产管理人员是否可以对施工现场的安全生产进行认真的巡视和督查，并将检查的结果记录在案，在发现施工现场有安全隐患的时候，是否可以及时向企业的安全生产管理机构和项目经理汇报，是否可以对违规指挥和违规操作进行及时制止。

（5）在发生意外事故时，是否能积极参与救援工作，及时、如实报告，并积极配合事故调查；

（6）生产安全状况。

九、“三级”安全教育培训

建筑企业职工的“三级”安全教育和培训，是指建筑企业对新入厂工人进行的从企业到项目（或工区）到施工班组的“三级”安全教育和培训。新入厂人员须经过“三级”安全教育培训，通过考核后方可上岗。

1. 安全教育训练“三级”的要点

（1）企业层面的安全教育和训练。

①安全生产的含义及基本知识。

②国家有关安全生产的方针政策和法规；

③国家和行业的安全技术标准、规范和规程；

④有关安全生产的地方法律法规及安全技术标准、规程；

⑤企业的安全生产制度、制度和其他方面的规定；

⑥企业发生过的主要安全事故及吸取的教训。

（2）在项目层面进行的安全教育和训练。

①建筑工地安全管理的法律、制度和相关规章制度；

②每种工作方式的安全技术规程；

③劳动纪律、安全生产、文明施工的基本要求；

④项目概况，包括施工现场环境、施工特点、危险工作区域和安全防范措施；

⑤安全保护设备的地点、性能和功能。

（3）在团队层面上进行安全教育和训练 。

①本队所从事工作的基本资料，包括现场环境、施工特性、工作危险位置、安全防范措施；

②对本团队所使用的机械设备和安全装置是否符合安全使用的要求；

③了解安全使用和维护个人安全防护装备的知识；

④团队安全要求、团队安全活动等。

2. 安全教育训练“三级”的要求

（1）企业级的安全教育培训通常是由本企业的教育，劳动，安全，技术等部门共同开展的，项目级的安全教育培训通常是由项目负责人，安全，技术方面的工作人员组织的，团队级的，通常是由班组长组织的；

（2）在企业层面和项目层面至少安排 15 个学时以上，在团队层面至少安排 20 个学时以上；

（3）受教育者须经教育培训考试合格，方可上岗；

（4）在员工的安全教育档案中，要记录“三级”的安全教育、培训、考核等。

十、建筑工程专业技术人员的管理

建筑施工特种作业人员指的是在建筑施工活动中，从事有可能对自己、他人和周围设备设施的安全产生重大危害的工作人员。

根据我国《安全生产法》《建设工程安全生产管理条例》《安全生产许可证条例》等法律法规的规定，建筑施工特种作业人员必须经建设主管部门考核合格，方可上岗从事相应作业。为进一步规范建筑施工特种作业人员管理，

2008 年 4 月，住房和城乡建设部发布了《建筑施工特种作业人员管理规定》，规范了特种作业人员的培训、考核、使用、监督等方面的内容。

（一）建设工程特殊工作的范围与条件

1. 建筑工程特殊作业工种的界定

建筑行业属于高危行业，通常情况下，建筑施工特种作业具体包括以下内容：电工作业、高处作业、起重机械设备作业、中小型机械操作、厂内机动车辆驾驶、土石方爆破作业、金属焊接切割作业，锅炉司炉作业等。其中，按照住房和城乡建设部规定，以下工种须通过省级建设主管部门的考核，并取得建筑施工特种作业人员操作资格证书后，才能上岗从事相应工作。

（1）建筑电工：指从事建筑工程施工现场临时电气作业的人员。

（2）建筑架子工（一般脚手架）：指在建筑施工现场从事落地或悬挂脚手架，模板支架，外部电气防护架，卸料平台，洞口边沿防护等登高安装、维修及拆除工作的人员。

（3）搭架工（附连式提升脚手架）：指在建筑施工现场从事附连式提升脚手架安装、提升、维修及拆解工作的人员。

（4）施工吊车信号司索工：指在施工现场从事吊车系紧、挂钩等司索工作及吊装指挥工作的人员。

（5）施工起重机械驾驶员（塔吊）：指在施工现场从事固定、轨道及内部爬升式塔吊操作的人员。

（6）施工提升机驾驶员（施工升降机），系指在施工现场驾驶、操作施工升降机的人员。

（7）施工起重机驾驶员（物料起重机），系指在施工现场驾驶和操作物料起重机的人员。

（8）施工起重设备安装及拆卸工（塔吊）：指在施工现场从事安装、附接及拆解固定、轨道及内部爬升式塔吊的工作人员。

（9）施工起重机安装及拆卸工（施工起重机）：指在施工现场从事施工起重机安装及拆卸工的人员。

（10）施工起重机安装拆卸工（材料升降机）：指在建筑施工现场从事物料吊车安装、加固及拆解工作的人员。

（11）高处作业吊篮安放与拆卸工：指在建筑工程施工现场从事吊篮安放与拆解工作的人员。

（12）省级人民政府建设管理部门认定的其他特殊作业项目。

2. 应聘从事特种作业人员培训和考核的人员

基本条件：

（1）年龄在 18 岁以上，并满足有关岗位的年龄要求；

（2）在二级乙等或以上医院经过体格检查，未患有不利于从事有关特殊工作疾病或身体残疾；

（3）中专以上文化程度；

（4）特殊工作所需的其他条件。

报考特种作业人员的条件、程序、工作时间等事项，应当在报名地点公布。

（二）建筑施工特种作业人员的培训

1. 特种作业人员的培训内容

根据我国《安全生产法》《安全生产许可证条例》的规定，特种作业人员必须按照国家有关规定经过专门的安全作业培训。特种作业人员的培训内容包括安全技术理论和实际操作技能。其中，安全技术理论包括安全生产基本知识、专业基础知识和专业技术理论等内容；实际操作技能主要包括安全操作要领，常用工具的使用，主要材料、元配件、隐患的辨识，安全装置调试，故障排除、紧急情况处理等技能。培训教学采用统一的大纲和教材。

2. 培训机构

从事特种作业人员培训的机构，由省、市建筑工程管理部门统一布点。培训机构除应具备有关部门颁发的相应资质外，还应具备培训建筑施工特种作业人员的下列条件：

（1）与所从事培训工种相适应的安全技术理论、实际操作师资力量；

（2）有固定和相对集中的校舍、场地及实习操作场所；

（3）有与从事培训工种相适应的教学仪器、图书、资料以及实习操作仪器、设施、设备、器材、工具等；

（4）有健全的教学、实习管理制度。

（三）建筑施工特种作业人员的考核和发证

建筑施工特种作业人员的考核和发证工作，由省、市建筑工程管理部门负责组织实施，一般包括申请、受理、审查、考核、发证等程序。

1. 考核申请

通常情况下，在培训合格后由培训机构集中向考核机关提出考核申请。培训机构除向考核机关提交培训合格人员名单外，还应提供申请人下列个人资料:

（1）建筑施工特种作业操作资格证书考核申请表；

（2）身份证（原件和复印件）；

（3）由二级乙等以上医院出具的体检合格证明。

2. 考核受理

考核机构应当自收到申请人提交的申请材料之日起 5 个工作 8 内依法做出受理或者不予受理的决定。不予受理的，应当当场或书面通知申请人并说明理由。对于受理的申请，考核发证机关应当及时向申请人核发准考证。

3. 评估审查

经受理后，评估机构应于 5 个工作日内完成评估，并以书面方式通知评估人员。

不予批准的，应当以书面形式通知申请人，并说明理由。

4. 测验内容

对特种作业人员进行安全技术理论考核和实际操作技能考核 . 安全技术理论考试一般采用闭卷形式进行；实践技能的考核，通常采取现场模拟操作与口头测试相结合的方式。考试未通过者，准予补考一次；补考仍未通过者，应重新进行专项培训。

5. 颁发证书

经考核合格的，由市建设单位报请省建设单位颁发证书。经省级建设部门审核合格后，由省级建设部门统一颁发操作资格证书。执业资格证书由国务院建设行政部门统一印制，并在全省统一编号。

6. 复核证书的延期

（1）有效期限。特种作业人员从业资格证书的有效期为 2 年 . 有效期届满需延长者，应在有效期届满前三个月内向原考试发证机关提出延长复核申请。

经复审通过者，其资格证书有效期延长两年。

（2）延期复审的内容．特种作业人员操作资格证书延期复核的内容主要包括了以下内容：身体状况、年度安全教育培训和继续教育情况、责任事故和违法违章情况等。凡有以下情况之一者，不得延期：

①已超过有关岗位的年龄要求；

②身体状况不适合从事特种作业的；

③直接负责所发生的事故；

④在 2 年内发生过严重违法违规行为，且有 3 次以上违规行为记录的；

⑤未按照规定参加年度安全教育或继续教育的；

⑥考试发证机关规定的其他情况。

（3）对材料进行审核的延期。特种作业人员申请复审的，应当提交以下材料：

①特殊作业人员延期复审的申请表；

②身份证原件及复印件；

③经二级乙等或以上医院同意的体检证明；

④安全教育培训证书及继续教育证书；

⑤由雇主出具的特殊工人管理档案；

⑥考试发证机关要求提供的其他信息。

7. 证明书的管理

任何单位或个人不得对从业资格证书进行涂改、倒卖、出租、出借，或以其他方式转让从业资格证书。

（1）重新签发证明书。操作资格证书遗失或损毁时，持证者应在公开媒体上声明其无效，并于一个月内持该无效材料到原考试发证机关补办。

（2）撤销证书。有以下情形之一者，由考核发证机关依职权吊销操作资格证书。

①考核发证机构工作人员不按规定程序发放操作资格证书；

②考核发证机关工作人员对不符合或不符合规定条件的应聘者颁发操作资格证书；

③持卡人以虚假手段骗取业务资格证书或办理延期手续者；

④其他经考核发证机关认定应予撤销资格的情形。

（3）撤销证书。有以下情形之一者，由考核发证机关依职权取消操作资格。

①依法不能延期的；

②持卡人未在规定期限内提出延期复核申请的；

③持证人已死亡，或不具备完全民事行为能力；

④其他由考核发证机关规定应予取消资格的情况。

（4）撤销证书。有以下情形之一者，由考核发证机关依职权吊销操作资格证书。

①持照人违规操作，导致生产安全事故或其他严重后果；

②持卡人在发现危险或其他不安全因素后，没有及时报告，导致严重后果者。违反以上规定，导致生产安全事故的，3年之内，不允许再次申请操作员资格；造成重大事故者，终身不能申请操作员资格。

（四）从事建筑工程专业的从业人员

1. 雇主的责任

特种作业人员所从事的工作一般都具有较大的潜在危险性，一旦发生事故，不仅会给特种作业人员自身的生命安全造成危害，同时，也容易对其他从业人员乃至民众的生命财产安全构成威胁。在建筑施工领域，大多数的事故都与特种作业有关系。

加强对特种作业人员的管理是降低事故发生率的关键。关于特种工人的管理，雇主应履行以下职责：

（1）依法聘用具有有效操作资格证的人员，从事有关特殊作业；

（2）依法与特殊工作人员订立劳动合同的；

（3）制订并执行本单位的特种作业安全规程及相关的安全管理制度；

（4）以书面形式通知特种作业人员违反本规定的危险；

（5）根据有关规定，组织特种作业人员每年参加 24 个学时以上的安全教育和继续教育；

（6）对本单位的特殊工作人员建立管理档案；

（7）对特种作业人员的违规行为进行调查处理，并做记录；

（8）不能因为员工对本单位的安全生产工作进行批评、检举、控告，或者拒绝违章指挥、强令冒险作业而降低员工的工资和福利等待遇或解除劳动合同；

（9）首次取得操作员资格证书者，应安排至少 3 个月的实习时间，以便正式上岗；

（10）特种工人在更换工作场所时，不得因任何原因而非法扣留其操作执照；

（11）其他由法律、法规和相关规章制度规定确定的职责。

2. 特殊劳动者的权利与义务

（1）特殊劳动者的权利。

①有权拒绝任何违反规定的命令或强迫他人进行冒险工作；

②有权在发生可能危及人身安全的紧急情况时，立即停止工作或撤出危险地区；

③有权知道自己在工作场所、工作岗位上的危险因素，采取的预防措施，发生的事故时应采取的应急措施，并向单位提出安全意见。

④有权批评、检举和控告本单位的安全生产问题；

⑤因生产安全事故而受伤害者，除依法享受工伤保险待遇外，依相关民事法律尚有赔偿权利者，有权要求本单位赔偿。

（2）特殊工作者的责任。

①严格遵守安全生产相关法律、法规和劳动纪律；

②严格按安全操作规程操作；

③安全防护装备的正确穿戴和使用；

④按照规定维护和保养工作工具及设备；

⑤参加每年规定的安全教育和继续教育；

⑥如发现危险或不安全因素，应立即向现场管理者及相关人员报告；

⑦在施工过程中，必须随身携带施工许可证，并愿意接受施工单位的管理和施工单位的监督检查；

⑧法律、法规和相关法规明文规定的其他义务。

十一、外调人员的安全教育和培训工作

作业人员在进入新的施工场地或工作岗位之前，应当进行安全教育和培训；未经教育培训或经教育培训考核未合格者，不得从事本作业。

1. 转场的安全教育和训练

“转场”指的是工人进入一个新的施工场地。建筑工程具有很强的单一性，其所处的地理位置，结构形式，气候条件，施工环境等各不相同，因此，施工现场的安全生产状况也各不相同。在进入新的施工现场之前，作业人员必须按照新的施工作业特点，进行有针对性的安全生产教育，对新项目的安全生产规章制度了如指掌，对新的工程作业特点以及安全生产应注意的事项了如指掌，并通过考核后方可上岗。

2. 对转岗人员进行安全生产教育和培训

“转岗”是指工人到新岗位工作的过程。建筑施工工序繁多，在很多情况下，各个工序之间的作业环境、设备的使用以及操作工法都存在着很大的差异，因此，其他岗位的安全生产知识和经验无法满足新岗位的安全生产需求。所以，施工单位在工人进入新的岗位，从事新的工种作业之前，一定要针对新岗位的作业特点，开展有针对性的安全生产教育和培训，让工人们对新岗位的安全操作规程、安全防范措施以及新岗位的安全操作技能都了如指掌，并通过考核后，他们才能上岗。如果新的岗位属于特殊工种，还必须按照国家相关规定，经过专门的安全生产培训，并取得特种作业操作资格证书后，方可上岗工作。

十二、对新技术、新工艺、新材料、新装备的安全教育和培训

随着我国经济的快速发展，科学技术的飞速进步，不断引进利用国外的先进技术和设备，新技术，新工艺，新材料，新设备在工程建设中的应用越来越多，对提高工程质量起着举足轻重的作用。但是，如果施工单位对所采用的新技术、新工艺、新材料和新设备不够了解和掌握，不能完全掌握其安全技术性能，或者不能采取行之有效的安全防护措施，不能对作业人员展开专门的安全生产教育和培训，作业人员还在按照老知识、老方法进行作业，就有可能造成重大隐患。

所以，施工单位在采用新技术、新工艺、新材料和新设备之前，一定要对它们有充分的了解和研究，掌握它们的安全技术特征，采取有针对性的安全防护措施，同时还要对操作人员进行安全教育和培训。

新技术、新工艺、新材料、新设备的使用，由施工单位的技术部和安全部负责，主要包括以下几个方面：

（1）介绍新技术、新工艺、新材料、新装备的特点；

（2）一类新技术、新工艺、新材料和新设备投入使用后可能引起的新的危害因素和预防措施；

（3）安全保护装置的特性及其在新设备中的应用；

（4）安全管理制度和新技术、新工艺、新材料和新设备的操作规程；

（5）在使用新技术、新工艺、新材料和新设备时应特别注意的问题。

十三、季节性安全教育

季节性施工主要指夏季施工和冬季施工；季节性安全教育是针对冬季、夏季、雨期等气候特征对施工安全可能造成危害而进行的一项安全教育。

1. 夏季施工期间的安全教育 .

夏季气温高、热浪高、雷雨多，是触电、雷击和房屋坍塌事故的高发季节。气候闷热易引起中暑；高温使工人在夜间无法得到充分的休息，易造成工人疲劳，精神不集中，造成安全事故；夏季受台风、暴雨等影响，易发生大型施工机械、设施、设备倒塌以及基坑、土方、临设等的坍塌，易引发触电事故。因此，在夏季施工中应加强对工人的安全教育。

夏季施工安全教育主要包括：

（1）对电力安全的认识。常见触电事故的原理、防止触电的基本常识、触电的一般救援方法等。

（2）防雷知识。介绍雷击的成因、避雷装置的工作原理、防雷知识和防雷知识。

（3）防塌方安全知识。主要介绍基坑开挖过程中应注意的问题，包括基坑开挖过程中应注意的问题，坑壁支护过程中应注意的问题，以及应注意的问题。

（4）了解防灾减灾知识，如防灾减灾、防灾减灾。

（5）关于防暑降温，饮食卫生，卫生防疫等方面的知识.

2. 冬季施工期间的安全教育

冬季天气寒冷干燥，工作面和路面经常结冰、打滑，影响正常的生产和安全；施工、抽水常需用到明火，易发生火灾、烟气中毒等事故；冬天穿着笨重，行动迟缓，也容易出事故。所以，要加强对工人的安全教育。

冬季施工安全教育主要包括以下几个方面：

（1）关于防冻防滑的知识。如对施工现场的防冰、防滑等安全操作知识的掌握。

（2）消防安全方面的知识。介绍施工现场常见的火灾事故，并对其原因进行了分析。

（3）电气安全知识。了解冬季用电取暖设备等。

（4）预防毒物中毒的常识。固体、液体及挥发性强的气体等有毒有害物质的特性，中毒症状的识别，救护中毒人员的安全常识以及预防中毒的知识等。重点加强对燃煤烟气中毒、亚硝酸盐混凝土添加剂中毒等知识的宣传教育。

十四、节假日期间的安全教育

节假日安全教育指的是节假日（如元旦、春节、劳动节、国庆节等）期间及前后，为了防止职工纪律松懈思想麻痹等，展开的安全教育。

节日前后及假期前后，员工的思想及工作情绪都比较不稳定，注意力难以集中，容易走神，影响安全生产。因此，有必要对员工进行安全教育。根据山东省建筑施工队伍的人员构成特点，在长时间的麦收和秋收期间，对施工人员也要有针对性地进行安全教育。节日安全教育主要包括以下几个方面：

（1）加强管理者、工人的思想教育，使工人的工作情绪得到稳定；

（2）强化劳动纪律教育，强化安全管理；

（3）班组长应做好岗前安全教育工作，可与安全工艺“交底”内容相结合；

（4）针对易发生事故的薄弱环节开展专项安全教育。

十五、建筑起重机所有权登记

1. 财产登记的概念

建筑起重机械产权备案指的是，建筑起重机械出租单位或自购建筑起重机械使用单位，统称为产权单位，在建筑起重机械第一次出租或安装之前，向该单位工商注册所在地县级以上地方人民政府建设主管部门进行备案。

2. 财产登记的范围

建筑起重机械产权备案范围包括在建筑施工现场使用的塔式起重机、施工升降机、物料提升机、高空作业吊篮等机械设备。

3. 须提交产权登记的材料

（1）企业法人营业执照复印件；

（2）生产特殊设备的许可证；

（3）产品质量证书；

（4）生产监督检查证书；

（5）施工起重设备购销合同及发票等有效凭证；

（6）装备登记机关要求的其他材料。

4. 未登记产权的范围

下列起重机械在未经备案的情况下，应当淘汰或报废：

（1）属于国家明令淘汰、禁用产品；

（2）超出了生产厂家规定的使用年限或超过了安全技术标准；

（3）经检查未达到安全技术标准要求的；

（4）存在重大安全隐患，无法进行改造和维修的；

（5）原建设部发布的禁止使用的机械设备。

①自制的简易吊篮，包括用扣件或钢管搭建的吊篮，未经设计计算制作的吊篮，以及没有可靠的安全保护及限位保险装置的吊篮。

② QT60/80型塔式起重机，为20世纪七八十年代生产的动臂式塔式起重机，其安全系数较低，安全系数较低。

③一种简单易行的塔式起重机，其塔体结构采用螺栓连接的杆件，受力不明，非标准节型，起重臂无风标效应；安全性能差，设备不完善，设备不稳定。

④ QTG20、QTG25、TG30 以及其他型号的塔吊以及自行安装的固定塔吊，因为没有起吊套架和机械装置，也没有安装在高处的工作平台，所以安装和拆卸条件不好，安全得不到保障。

⑤制作简易的钢丝绳式物料起重机，或使用摩擦式起重机驱动，起重机刹车系统由手动控制，不能实现升降限制及速度自动控制；没有安全设备，或者没有有效的安全设备，存在较大的安全隐患，技术落后，不符合目前的规范要求。

十六、施工起重设备的安装

1. 安装方的资质

从事起重设备安装的单位，应当具备建设部门核发的起重设备安装工程专业承包资质，并取得施工企业的安全生产许可证；按照原建设部 2007 年发布的《建筑业企业资质管理规定》的有关解释，未取得起重设备安装工程专业承包资质的单位，不得从事起重设备的安装和拆卸作业。

2. 起重设备的安装和拆卸通知

起重机械安拆通知制度是原建设部《建筑起重机械安全监督管理规定》中规定的一项新的管理制度，其内容主要有两个方面：一是安装拆卸通知。起重机械安装、拆卸告知，指的是安装单位在建筑起重机械安装、拆卸之前，以书面形式通知项目所在地县级以上地方人民政府建设主管部门，并按照规定提交经过施工总承包单位、监理单位审核通过的相关资料。主要内容有：

（1）施工吊车备案证明；

（2）安装方的资质证明，安装方的安全生产许可证复印件；

（3）安装单位特种作业人员从业资格证书；

（4）承租人在出借前的自我检查证明；

（5）建筑起重设备安装和拆装专项施工计划；

（6）安装方和使用方签署的安装方、拆装方和总包方签署的安全协议；

（7）由安装方负责对施工起重设备安装和拆装项目的专职安全生产管理人员和专业技术人员进行清册；

（8）建筑起重设备安装拆除施工过程中发生的生产安全事故的应急救援计划；

（9）辅助起重设备的数据和特殊工作人员的证明书；

（10）其他需要提供的信息。

3. 安装方的安全工作责任

建筑起重设备安装单位与使用单位应签订施工起重设备安装、拆卸合同，明确各自的安全责任。采用总承包方式的，应与安装单位签订安全协议书。安装方应履行以下安全责任：

（1）根据《安全技术规范》和《施工起重设备性能要求》，制定施工起重设备安装和拆装的专项施工方案，由施工单位技术负责人签字；

（2）根据安全技术标准、安装使用说明等，对施工起重设备进行检查，并对施工现场的施工条件进行检查；

（3）组织施工安全技术交底，并进行签字确认；

（4）做好通知工作；

（5）编制建筑起重设备安装拆除施工过程中发生的安全事故的应急救援计划；

（6）建立拆装工作文件。

安装方应按建筑起重设备安装和拆卸工程的专项施工计划和安全操作规程组织安装和拆卸工作。安装方应由安装方专业技术人员和专职安装方负责现场监管，并由技术负责人定期巡查。安装完成后，安装单位应根据安全技术标准和安装使用说明书的相关要求，对施工起重设备进行自检、调试和试运行。经自检合格后，应出具自检证明，并将安全使用说明告知使用单位。

4. 施工吊装设备的验收与检查

建筑起重机械安装完成后，在安装单位对其进行了自我检测和调试之后，使用单位应当组织出租、安装和监理等相关单位对其进行验收，或委托有相应资质的检验检测机构对其进行验收。施工起重机械经验收合格后才能投入使用，没有经验收或不合格的不能投入使用。

实行总承包的，由总承包单位组织验收 . 施工起重设备应通过具有相应资质的检测机构进行检测，并通过验收。检验检测机构及其工作人员应当依法对检验结果和鉴定结论负责。

十七、施工起重机的应用

1. 施工起重机的使用注册

所谓建筑起重机使用登记，指的是使用单位自建筑起重机械安装验收合格之日起 30 天内，向工程所在地县级以上地方人民政府建设主管部门办理施工起重机械使用登记手续，领取登记号牌。我国《建设工程安全生产管理条例》对此进行了法律上的规定。

注册标识通常置于或附于设备明显位置。

建筑起重机械使用单位办理使用登记时，一般应提交下列材料：

（1）施工吊车使用登记申请书；

（2）施工起重设备的检验、检验、安装、验收报告；

（3）特种作业人员从业资格证明书；

（4）施工起重设备的维修和保养管理制度；

（5）须提交的其他信息。

2. 承运人的安全责任

建筑起重机械的使用单位应当履行以下安全责任：

（1）根据施工的不同阶段，周边环境和季节和气候的变化，采取相应的安全防护措施；

（2）编制施工起重设备生产安全事故的应急处置方案；

（3）在施工起重机械作业区域，设置显著的安全警告标志，加强集中作业区域的安全保护；

（4）设立相应的设备管理机构或配备专职人员；

（5）指派专业的设备管理员和专职的安全生产管理人员，对施工现场进行监督和检查；

（6）施工起重机械发生故障或其他异常情况时，应立即停用，待故障及事故危险消除后，再重新使用；

（7）组织相关单位完成吊装设备安装验收工作。

使用单位应经常和定期地对正在使用的建筑起重机械及其安全防护装置、吊具、索具等进行检查、维护和保养，并做好记录。建筑起重机械在租赁期满时，应将日常的检修、维修、保养记录转交给出租人。

在使用过程中，需要对建筑起重机械进行附接的，使用单位应当委托原安装单位或具备相应资质的安装单位，按照专项施工方案进行安装，并按规定组织验收。经检验合格后方可投入使用。当建筑起重机械在使用过程中需要进行顶升时，使用单位委托原安装单位或具有相应资质的安装单位，根据专项施工方案进行施工后，就可以投入使用。未经许可，不得在施工吊车上安装非原装标准节及附接装置。

3. 总承包商的安全责任

工程总承包方应履行以下安全生产责任：

（1）为安装方提供设备安装地点的基本施工数据，保证施工起重设备进场安装和拆解所需的施工条件；

（2）审核特种设备生产许可证，产品质量证书，施工起重机械生产监督检查证书。文件，如备案证明；

（3）审核安装单位和使用单位的资质证书、安全生产许可证以及特种作业人员的特种作业操作资格证书；

（4）审核施工单位编制的建筑起重设备安装拆装专项施工方案及生产安全事故应急救援方案；

（5）对使用单位编制的施工起重设备生产安全事故应急救援计划进行审核；

（6）指派专职安全管理人员，对建筑起重设备的安装、拆卸和使用进行监督检查；

（7）如有多于一台塔吊在施工现场作业，应组织制订和执行防止塔吊碰撞的安全措施。

4. 监督机构的安全责任

工程监理单位应履行以下安全责任：

（1）审核建筑起重机械专用设备的生产许可证，产品质量合格证，生产监督检查证明，备案证明；

（2）审核建筑起重机械安装单位和使用单位的资质证书，安全生产许可证，特种作业人员操作特种作业的资格证；

（3）对建筑起重设备安装和拆卸的专项施工计划进行审核；

（4）监督施工单位对建筑起重设备安装和拆除的专项施工计划的实施；

（5）对施工吊车的使用进行监督检查；

（6）如发现有生产安全隐患，应责令安装单位和使用单位限期改正，对拒不改正的，应及时报告建设单位。

5. 施工单位的安全责任

在依法发包给两个及两个以上施工单位的工程中，不同施工单位在同一施工现场使用多台塔式起重机进行作业的时候，施工单位应当协调组织制定防止塔式起重机相互碰撞的安全措施。如果安装单位和使用单位拒不对其进行整改，建设单位在收到监理单位的报告后，应责令其停工整改。

十八、法定职责

《建筑起重机械安全监督管理规定》依据《建设工程安全生产管理条例》和《特种设备安全监察条例》的相关规定，进一步明确了建筑起重机械的所有权人、安装人和使用人的法律责任。

1. 所有权人的法律义务

有下列行为之一者，由县级以上人民政府建设主管部门责令改正，给予警告，并处以 5 000 元以上 10 000 元以下的罚款：

（1）未按要求进行备案的；

（2）未按规定办理注销登记的；

（3）未按规定建立施工提升机安全技术文件者。

2. 安装方的法定责任

有下列行为之一者，由县级以上人民政府建设主管部门责令改正，给予警告，并处以 5 000 元以上 30 000 元以下的罚款：

（1）未按安全技术标准、安装使用说明等检查施工起重设备和施工现场情况的；

（2）没有制定建筑起重机械安装、拆卸施工安全事故的应急救援计划；

（3）未向总承包方、监理单位报请工程总承包方、监理方审核，并通知工程所在地县级以上人民政府建设主管部门的；

（4）未按规定建立施工起重机械安装和拆卸工程文件；

（5）未按建筑起重设备安装拆卸专项施工计划和安全操作规程组织安装拆卸工作的。

3. 使用单位应承担的法律责任

有下列情形之一的，由县级以上人民政府建设主管部门责令改正，给予警告，并处以 5 000 元以上 30 000 元以下的罚款：

（1）未根据施工阶段、周边环境及季节气候的变化，采取适当的安全防护措施；

（2）没有制定施工起重机械生产安全事故的应急救援计划；

（3）没有相应的设备管理组织，也没有专职管理人员；

（4）施工起重机械发生故障或其他异常情况后，不立即停用，并消除故障或发生事故的危险，而继续使用；

（5）没有指派专门的设备管理员到现场监督检查；

（6）未经许可，将标准节及附接装置安装于建筑起重机械上者。

4. 总包商的法律责任

有下列行为之一者，由县级以上人民政府建设主管部门责令限期改正，给予警告，并处以 5 000 元以上 30 000 元以下的罚款。

（1）没有向安装单位提供设备安装地点的基本施工数据，以保证施工起重设备进场安装和拆卸所需的施工条件；

（2）未对安装单位进行审核，未对使用单位的资质证书、安全生产许可证以及特种作业人员的特种作业操作资格证书进行审核；

（3）未审核安装单位编制的建筑起重设备安装拆卸专项施工方案及生产安全事故应急救援计划；

（4）未对使用单位编制的施工起重机械生产安全事故应急救援计划进行审核；

（5）施工现场有多个塔吊在工作，没有组织制定和执行防止塔吊碰撞的安全措施。

5. 监督机构的法定职责

对监理单位不履行下列安全职责者，由建设部门责令改正，给予警告，并处以 5 000 元以上 30 000 元以下的罚款。

（1）审核建筑起重机械专用设备的生产许可证，产品质量合格证，生产监督检查证明，备案证明；

（2）审核建筑起重机械安装单位和使用单位的资质证书，安全生产许可证，特种作业人员操作特种作业的资格证；

（3）监督安装单位对建筑起重设备安装和拆除的专项施工计划的实施；

（4）对施工吊车的使用进行监督检查。

6. 营造者的法律责任

有下列情形之一者，由县级以上人民政府建设主管部门责令改正，给予警告；逾期不改正者，责令其停止施工：

（1）未按规定组织和协调制订防止多个塔吊发生碰撞的安全措施；

（2）在收到监理报告后，没有要求安装单位和施工单位立即停止施工并进行整改。

第七节　生产安全事故报告和调查处理

1989 年 3 月 29 日，国务院颁布了《特别重大事故调查程序暂行规定》，1991 年 2 月 25 日，国务院颁布了《企业职工伤亡事故报告和处理规定》，这两个条例，分别规定了企业职工伤亡事故的报告、调查、处理等各个环节。1989 年 9 月 30 日，原建设部依据国家有关法规颁布的《工程建设重大事故报告和调查程序规定》（第 3 号），对重大事故报告、现场保护和调查程序进行了规定。国务院颁布的《生产安全事故报告和调查处理条例》于 2007 年 6 月 1 日起施行，同时国务院的第 34 号、第 75 号两项法令同时废止。原建设部在国务院 493 号命令下，于 2007 年 11 月 9 日印发了《关于进一步规范房屋建筑和市政工程生产安全事故报告和调查处理工作的若干意见》，国务院于 2010 年 7 月 19 日下发了《国务院关于进一步加强企业安全生产工作的通知》（国发〔2010〕23 号），明确了房屋建筑和市政工程生产安全事故报告和调查处理。

一、事故的等级

建筑生产安全事故的分级在过去和现在，亦即在《生产安全事故报告和调查处理条例》颁布之前和之后有所不同。在条例颁布之前，“工程建设过程中，由于责任过失造成工程倒塌或报废、机械设备毁坏和安全设施失当造成人身伤亡或者重大经济损失的事故”，统称为重大事故，分为四个等级：

（1）一级重大事故，死亡30人以上，或者直接经济损失300万元以上；

（2）二级重大事故，死亡10人以上29人以下，或者直接经济损失100万元以上，不满300万元；

（3）三级重大事故，死亡3人以上9人以下，或者重伤20人以上，或者直接经济损失30万元以上，不满100万元；

（4）四级重大事故，死亡2人以下，或者重伤3人以上19人以下，或者直接经济损失10万元以上，不满30万元。

在条例颁布之后，《关于进一步规范房屋建筑和市政工程生产安全事故报告和调查处理工作的若干意见》中对建筑生产安全事故等级又重新进行了划分，根据生产安全事故造成的人员伤亡或者直接经济损失，也分为四个等级：

（1）特别重大事故，是指造成30人以，上死亡，或者100人以上重伤（包括急性工业中毒，下同），或者1亿元以上直接经济损失的事故；

（2）重大事故，是指造成10人以上30人以下死亡，或者50人以上100人以下重伤，或者5000万元以上1亿元以下直接经济损失的事故；

（3）较大事故，是指造成3人以上10人以下死亡，或者10人以上50人以下重伤，或者1 000万元以上5 000万元以下直接经济损失的事故；

（4）一般事故，是指造成3人以下死亡，或者10人以下重伤，或者1 000万元以下直接经济损失的事故。

二、事故报告

（一）事故报告的时限

1. 施工单位事故报告的时限

事故发生后，有关人员应立即向施工单位报告；施工单位负责人在接到事故报告后，应在一小时内向县级以上人民政府建设主管部门及有关部门报告。事故发生时，现场人员可直接向县级以上人民政府建设主管部门及有关部门报告。

实行总承包的工程，事故报告应由总承包单位负责。

2. 建设主管部门事故报告的时限

建设单位在接到事故报告后，应当按照下列规定及时上报，并向安全生产监督部门、公安部门和劳动保障部门报告。工会、检察院。

（1）重大、重大和特别重大的事故，应逐级向国务院建设主管部门报告；

（2）向省、自治区、直辖市建设主管部门报告一般事故。

（3）建设主管部门应当向上级人民政府报告，并向上级人民政府报告。国务院建设主管部门在接到重大、特别重大事故报告后，应当及时向国务院报告。

建设部门在必要的情况下，可以越级上报。

建设单位按规定逐级上报时，每次上报时间不能超过 2 小时。

（二）事故报告的内容

建设工程事故报告一般应包括以下内容：

（1）事故发生时间，地点，项目名称，相关单位名称；

（2）一则事故的简述；

（3）事故已造成或可能造成人员伤亡（包括下落不明人员）以及初步估算的直接经济损失；

（4）第一次事故起因；

（5）发生事故后所采取的措施和控制措施；

（6）举报事故的机构或举报人；

（7）应报告的其他情形。

事故报告应该及时、准确、完整，任何单位和个人对事故不得迟报、漏报、谎报或者瞒报。在事故报告之后，出现了新的情况，以及事故发生之日起 30 天内伤亡人数发生变化的，都应该及时补报。

（三）事故发生后采取的措施

事故发生单位负责人在接到事故报告之后，应该立即启动事故相应的应急预案，或者采取有效的措施，组织抢救，防止事故扩大，将人员伤亡和财产损失降到最低。同时，对事故现场及有关证据也要进行妥善的保护，任何单位或个人都不能对事故现场进行破坏或销毁有关证据。因为抢救人员防止事故扩大和疏通交通等原因，需要移动事故现场物品的时候，应该做出标志，绘制现场简图，并做出书面记录，对现场重要痕迹、物证进行妥善保存，在条件允许的情况下，可以拍照或录像。

三、事故调查和处理

（一）事故调查组的组成

在此期间，由人民政府组织调查。建设部门应当按照有关规定，组织有关部门对建设工程生产安全事故进行调查。

国务院或者国务院授权的有关部门，应当组织专门的调查小组，对特别重大的事故进行调查。事故发生地由省级人民政府负责。该调查由设区的市、县人民政府负责。省级人民政府、设区的市级人民政府、县级人民政府可以直接组织事故调查组进行调查，或者授权或者委托有关部门组织事故调查组进行调查。对未造成人员伤亡的一般事故，可以委托事故单位组织调查。

根据事故发生时的具体情形。事故调查组由有关人民政府、安全生产监督管理部门、负有安全生产监督管理职责的有关部门、监察机关、公安机关以及工会派人组成，还应当邀请人民检察院派人参加。在事故调查中，如有必要，必须有必要，必须有必要的专业知识，与事故调查无直接利害关系者，方可聘请有关专家参与事故调查。事故调查小组组长，由负责事故调查的人民政府指派。

上级人民政府认为有必要时，得对下级人民政府负责调查的事故进行调查。事故发生后三十日内，因伤亡人数发生变化，致使事故等级发生变化的，应当由上一级人民政府负责调查的，由下一级人民政府另行组织调查。事故发生地点与事故发生地点不在一个县以上行政区划内的，应当由事故发生地点和事故发生地点进行调查。发生事故的地方人民政府应当派人员参加。

（二）事故调查组的职责

对建设工程生产安全事故，事故调查小组应履行以下职责：

（1）确认发生事故的项目的基本情况，包括项目是否履行了法定的施工程序，参与施工的各方主体是否履行了自己的职责；

（2）根据国家相关法律法规及技术标准，查明事故原因、事故造成的人员伤亡及直接经济损失，对事故的直接原因及间接原因进行分析；

（3）对事故性质进行认定，确定事故责任单位及责任人员的责任；

（4）根据国家相关法律、法规，提出处理事故责任单位和责任人的意见；

（5）对事故进行总结，并提出预防措施和改进措施；

（6）提交一份意外事件的调查报告。

事故调查小组有权向有关单位或者个人询问有关情况，并向有关单位或者个人索取有关资料。事故发生单位负责人及相关人员在调查过程中不得擅自离开岗位，并应随时接受调查询问并如实提供有关情况。

在事故调查过程中发现有犯罪嫌疑的，应当及时将相关材料或复印件移送司法机关。事故调查小组成员在调查过程中应当诚实、公正，恪尽职守，遵守组织纪律，为事故调查保密。未得到事故调查小组组长的同意，事故调查小组成员不得向外界透露事故情况。

事故调查需要对事故进行技术鉴定的，由事故调查小组委托有国家规定资质的单位承担。事故调查小组在需要的情况下，可以直接组织专家对事故进行技术鉴定。

（三）事故调查报告

1. 事故调查报告的内容

事故调查报告应包含以下内容：

（1）事故发生地概况；

（2）事故经过及救援过程；

（3）人命及事故造成的直接经济损失；

（4）事故的起因和性质；

（5）确定事故责任人并提出处理意见；

（6）预防和纠正事故的措施。

事故调查报告应附有关证据材料，并由事故调查组成员签字确认。

2. 事故调查的期限

事故调查小组应当在发生事故后 60 日内提出事故调查报告；经主管部门批准，经有关部门批准，可以适当延期，延期期限以 60 天为限。在事故调查过程中，因事故发生而需进行技术鉴定者，该鉴定期间不计算在内。

事故调查报告报主管部门，事故调查终结。事故调查过程中产生的相关数据应当归档。

（四）事故处理

1. 事故调查报告的批复

对重大事故、较大事故和一般事故，负责调查的人民政府应当在接到调查报告后十五日内做出答复；对重大突发事件，应在三十日内做出答复，特殊情况可适当延长，但不得超过三十日。

2. 事故的处理

有关机关应当按照负责事故调查的人民政府的批复，依照法律、行政法规规定的权限和程序，对事故发生单位和有关人员进行行政处罚，对负有事故责任的国家工作人员进行处分。

对于发生的建筑施工生产安全事故，建设主管部门应当根据有关人民政府关于事故的批复以及相关法律法规的规定，对有关责任者实施行政处罚。不属于本一级建设主管部门的，应当在接到事故调查报告批复后的 15 个工作日内，将事故调查报告、结案批复、本一级建设主管部门对相关责任人的处理意见等转送有管辖权的建设主管部门。

建设单位应当依照有关法律法规，对造成安全生产事故的单位，给予暂扣或者吊销安全生产许可证；对发生事故的有关单位，处以罚款、停业、降级、吊销资质证书等处罚；对发生事故的有资质人员，处以罚款、停职或吊销执业证书等处罚。

发生事故的单位，应当按照负责事故调查的人民政府的批复，处理本单位的责任人员。对事故责任人员构成犯罪的，依法追究其刑事责任．同时，要求有关单位从事故中吸取教训，做好防范、整改工作，防止再发生事故。应当接受工会和职工群众的监督。

（五）事故的统计

建设部门除按以上规定上报生产安全事故外，还应按照有关规定，通过《建设系统安全事故和自然灾害快报系统》向国务院建设部门上报一般及以上的生产安全事故。经调查确认属非生产安全事故的，应于 10 个工作日内向上级主管部门报送有关资料。

四、法律责任

1. 事故发生单位和责任人的法律责任

（1）事故发生单位应负责任时，由主管部门依法暂扣或吊销其相关证件；对负有事故责任的人员，依法暂停或者吊销其在安全生产方面的执业资格和岗位资格；事故发生单位的主要负责人受到刑事处罚或者撤职处分的，自刑罚执行完毕或者受处分之日起，5 年内不得担任任何生产经营单位的主要负责人。

（2）发生事故的单位及其相关人员有下列情形之一者，处一百万元以上五百万元以下罚款；对企业的主要负责人，直接负责的负责人以及其他直接责任人员，处上一年度年收入的 60%~100% 的罚款；属于国家工作人员的，应当依法给予处分；构成违反治安管理行为的，应当依法给予相应的处罚；构成犯罪的，应当依法处理。

①对事故报告或隐瞒情况；

②对事故现场进行伪造或蓄意毁坏；

③转移、隐匿或销毁相关证据和材料；

④拒不接受调查或拒不提供相关情况、信息；

⑤在调查事故时，指使人做伪证；

⑥发生事故后尚在逃人员。

（3）发生事故的单位主要负责人没有依法履行安全管理职责，造成事故的，按照下列规定，处以罚款，并依照法律予以处分；构成犯罪的，应当依法处理。

（1）对于一般事故，罚款前一年年收入的 30%；

（2）对发生重大事故的，处以上一年度年收入的 40% 作为罚款；

（3）对发生重大事故的，处以上一年度年收入的 60% 的罚款；

（4）对发生特别严重的事故的，处以上一年度年收入 80% 的罚款；

2. 地方人民政府及其他负责安全生产监督管理的部门的法律责任

有关地方人民政府、安全生产监督管理部门以及其他有关部门有下列行为之一的，由其直接负责。

对主管人员和其他直接责任人员依法给予处分；构成犯罪的，应当依法处理。

（1）没有立即组织对事故的救援；

（2）隐瞒、不报、谎报或隐瞒事故情况；

（3）妨碍、干扰事故调查的；

（4）指使他人在调查事故时作伪证者。

如果有关地方人民政府或者有关部门故意拖延或者拒绝落实经批复的对事故责任人的处理意见，那么就由监察机关对相关责任人员依法给予处分。

3. 中介人及其相关责任人的法律责任

对为发生事故单位提供虚假证明的中介机构，依法暂停或者吊销其相关证件，并吊销其执业资格；构成犯罪的，依法追究刑事责任 .

4. 参与调查意外事件的人员应负法律责任

对参与调查的人员，依法给予纪律处分；构成犯罪的，应当依法处理。

（1）不负责事故调查，造成重大疏漏的；

（2）包庇、包庇事故责任者或借机进行报复者。

第八节　生产安全事故应急救援预案

一、应急救援预案的概念

应急救援是指发生事故后，为消除或减轻事故造成的危害，防止事故恶化，使事故损失最小化的措施。应急救援预案指的是在生产安全事故发生时，事先制定好的有关组织、程序、措施、责任以及协调等方面的方案和计划。

由于工程建设不可能完全杜绝生产安全事故的发生，为了减少安全事故的人员伤亡和财产损失，施工单位应当按照国家有关法律、法规的规定，制定本单位生产安全事故应急救援预案，建立应急救援组织或者配备应急救援人员，配备必要的应急救援器材、设备，并定期组织演练。与此同时，要根据建设工程的特点和范围，对施工现场容易发生重大事故的部位和环节展开监控，并制定出施工现场生产安全事故的应急救援预案。实行施工总承包的，由总承包单位统一组织编制建设工程生产安全事故应急救援预案：工程总承包单位和分包单位按照应急救援预案，各自建立应急救援组织或者配备应急救援人员，配备救援器材、设备，并定期组织演练。

二、制定应急救援预案的原则

建设单位应按照下列原则制订应急救援计划：

（1）重点突出，有针对性。要结合本单位安全方面的实际情况，对可能引起事故的原因进行分析，并制定相应的预案。

（2）指挥统一，分工明确。应在应急救援预案中明确预案实施的负责人以及施工单位各相关部门和人员的分工、配合、协调。

（3）过程简洁，步骤清楚。应急救援预案应做到程序简洁，步骤清晰，可操作性强，确保事故发生时能够及时启动，有条不紊地执行。

三、应急救援预案的主要内容

（1）编制突发事件应急救援计划的目的及应用。

（2）组织结构和责任。明确应急救援的组织机构，参与部门，负责人，人员，职责，作用，联络方法。

（3）风险识别和风险评估。确定可能发生的意外事件的类型，发生地点，影响范围和可能波及的人员；

（3）公告程序及警报系统．包括确定警报系统和程序，警报模式，通讯联络模式，警报标准，警报模式，警报信号等。

（5）紧急情况下的装备和设备。明晰应急救援所需的设施及维修制度，明晰相关部门使用的应急装备及危险监控设备。

（6）请求帮助的步骤。明确应急响应人员向外部求助的途径，包括联络消防局，医院，应急中心等。

（7）防范措施的步骤。保护事故现场的方式方法，明确可授权发布疏散作业人员及施工现场周边居民指令的机构及负责人，明确疏散人员的接收中心或避难场所。

（8）事故发生后的复原步骤。确定紧急情况终止及恢复正常秩序的责任人，宣布紧急情况终止及恢复正常状况的程序。

（9）训练和预演。包括定期的培训，演练计划，定期的检查制度，培训应急人员，保证合格的人员上岗。

（10）维持应急计划。对应急预案进行更新、修改，并依据演练、测试结果进一步完善。

四、应急救援组织与器材

为了真正落实应急救援预案，让应急救援预案真正发挥作用，施工单位应当根据相关规定，设立应急救援组织，并配备必要的应急救援器材和设备。

1. 应急救援组织与应急救援人员配备

建设单位应根据本单位及本项目的实际情况，设立相应的应急救援机构，并配备相应的人员。对于规模较大、人数较多的工程，应设立应急救援机构；对于一些规模小，人数少的施工单位，可在施工现场设置兼职人员，以确保应急救援工作的顺利进行。应该对应急救援人员进行培训，并进行必要的演练，让他们了解建筑业事故的特点，对本单位的安全生产情况了如指掌，对应急救援器材、设备的性能、使用方法以及救援、救护的方法、技能都了如指掌。施工现场应配备专职或兼职的应急人员．应急救护人员须经考核，并由山东省建设管理局颁发《施工现场应急工作资格证书》。

2. 应急救援器材、设备的配备

建设单位及工程项目部应根据其生产经营的性质及规模，以及工程项目的特点，合理配置相应的应急救援设备。如：灭火器、灭火桶及其他灭火设备；担架、急救药物（氧气袋、急救药物、消毒剂和解毒剂等）；电话、手机和内部通信设备；应急灯、闪光灯及其他照明设备；可随时调用的车辆、起重机、挖土机、推土机和其他机械设备。

五、应急救援的演练

经常性的军事训练是建筑企业在遇到重大的生产安全事件时，能够按照救灾计划有目的地进行救灾工作的一项实际训练。

1. 演示程序的目标

在排练中，一是可以检查排练计划的实用性，可用性和可靠性；二是对抢险队员的工作任务、工作流程、配合、应变、战斗技能等进行考核；三是要增强人们防范、防范和抵御意外的意识，增强人们对意外事件的警惕；四是总结出完善突发事件救助计划的经验。

2. 复述方法

按照演练的目标，演练可以采取室内演练（组织指挥演练）和现场演练，还可以进行单项演练、多项演练和综合性演练。突发事件的紧急救助演习要有规律地进行，每一次的间隔要视具体情况而定。

3. 演示操作的考虑因素

（1）为紧急情况下的紧急疏散演习做好了初步的筹备工作。要制订演习方案，安排好参与演习的各种人员，并做好应急救援所需的器材和装备的准备工作。

（2）事故发生时，必须严格依照事故处理计划进行。搜救工作应做到分工明确，分工协作；在事故发生时，必须遵守事故发生时的安全作业程序，并应注意事故发生时的事故情况。

（3）施救者应做好自己的防护工作。在进行营救活动之前，要做好各种准备工作，配备好各种防护用品，并做好自身的防护工作，这样才能保证在营救活动中的人员和财产的安全。

（4）适时做出小结。每次演习结束后，应该检查预案的落实情况，如果出现漏洞和漏洞，应该立即补充、调整和改进事故应急救援预案，保证在出现意外情况下，可以根据预案的规定，有序地进行事故应急救援工作。

第九节　作业人员安全生产方面的权利和义务

《安全生产法》明确了“企业员工有合法获取安全生产保证的权利，并对其承担相应的责任”。建筑工程中的从业人员不仅是工程建设中的主体，而且是工程建设中工程建设中的重要环节。要实现安全生产，预防和减少生产安全事故，就需要保证施工单位的工作人员依法享有安全保证的权益，并且工作人员也要遵守安全生产的义务。

一、作业人员在工作中的安全权益

1. 有权使用安全保护装置和保护衣服

取得劳动保护用品及劳动保护用品，是劳动者最根本的权利；为工人配备防护服和装备是建筑企业的法律责任。建设单位应拨出专门的资金，为建设工程提供相应的安全保护用品及装备，并不能将其作为其他用途。建设单位应按照国家或行业标准采购相应的安全保护用品及安全保护服装。

所谓安全防护用具，是指在施工操作中，可以对工作人员的人身安全起到保护作用，防止或减少各类个人伤害或职业危险的物品。工作人员可以用到的安全防护用具，具体内容有：安全帽、安全带、安全绳及特种劳动中所用的防护镜、焊接面罩等。工作服的种类有：工作服、防滑鞋、绝缘鞋、绝缘手套等。

2. 有权知道建筑工地及工作场所中的危险因素、预防措施及紧急情况下的紧急情况

《安全生产法》中明确规定：“企业的员工有权利知道自己的工作地点、工作地点的危险因素，并采取相应的预防措施，以及发生意外时的应变措施……”作业人员要对施工现场和工作岗位中所存在的危险因素有所认识，比如易燃易爆、有毒有害等危险物品以及它们可能对人体造成的伤害，高处作业、机械设备运转等中所存在的危险因素等，这对其提高防范意识、避免事故发生是非常重要的。

对各类风险的预防，旨在预防。在技术、操作和管理等方面，应尽量减少对工作人员的伤害。事故应急措施是建设企业以自身的具体状况为基础，在事故出现的时候，以可能出现的事故的类别、性质、特点和范围为依据，所制订的组织、技术措施以及其他的应急措施。对于员工来说，掌握员工的安全防护与应急预案，既是员工的基本权益，又是员工自身保障的必要手段，更是员工自身利益的保障。

3. 对有害工作场所的作业程序和违反作业危险的认识

对从事危险工作的工人，应将其工作内容以书面形式通知其工人，并对其进行安全检查。对于建筑工人来说，隐瞒事实，不仅是建筑工人的合法责任，而且也是建筑工人的一种知情权。这对于增强工人的安全意识，减少事故的发生，减少事故的损失具有十分重要的意义。

4. 有权批评、检举和投诉安全生产工作中出现的问题

对施工现场的作业条件、作业程序和作业方式中出现的安全问题，提出建议、批评、检举和控告，是依法授予施工单位作业人员的权利。

作业人员因为是直接参与到施工作业中的，所以他们对本岗位、本工程项目的作业条件、作业程序和作业方式中所出现的安全问题有着最直观的感觉，他们可以向建设单位和工程项目提供切中要害的、与现实相吻合的合理化的建议和批评意见，这对建设单位和工程项目持续改善安全生产工作，降低工作中的错误具有很大的帮助。对于安全生产工作中出现的问题，比如施工单位和工程项目违反安全生产法律、法规、规章等行为，施工人员有权向建设行政主管部门、负有安全生产监督管理职责的部门乃至监察机关、地方人民政府等提出检举、控告，这有助于相关部门及时了解和掌握施工单位安全生产工作中的问题，并采取相应的对策，阻止并查处施工单位违反安全生产法律、法规的行为，预防生产安全事故的发生。施工单位对施工单位的投诉举报，必须查明真相，严肃查处，不能镇压，不能打击，不能报复。

5. 有权拒绝违反规定或强迫他人进行危险操作

劳动者有权拒绝违规操作、强制操作，这是劳动者享有的权利。

违规指挥，是指工程建设单位的相关人员，其行为违背了国家的安全生产法律、法规和相关的安全规程和规章制度，并对工人的实际生产活动进行指挥或干预；强制实施风险操作，是指建设单位相关人员在知道实施或持续实施操

作可能存在严重的风险时，强制实施操作的行为。违章指挥，强令冒险操作，侵害工人的正当利益，是一种严重的违法性和违法性，是造成生产安全事故的主要因素。在实际工作中，由于违章指挥和强令冒险操作而造成了大量的安全事故。所以，规定了施工人员有权拒绝违章命令和强令冒险操作，这对维持正常的生产秩序，有效地预防了安全事故的发生，保护了施工人员自身的人身安全，有着非常重大的意义。

6. 在发生紧急事件时，有权终止操作或从危险区撤出

在建筑工程中，当出现威胁到生命的突发事件时，工人有权在进行必要的应急处理后，立即中止工作或撤出危险地区。

工程建设中存在着一些难以预料的危险，工人们在工作中会遭遇到一些突发状况，这些状况会对他们的生命安全构成威胁，这时，不暂停工作或撤出工作地点，将会导致严重的生命损失。所以，在发生突发事件时，给予操作人员中止操作和撤出操作地点的权力，是保障操作人员生命安全的关键。

7. 有权购买事故事故保险单

建设项目大多属于户外工作，有很多的高海拔和交叉工作，而且工作的环境比较复杂，工作地点和工作地点都有很多的风险，所以很难彻底地防止发生安全事故。我国《建筑法》对建筑行业中发生危害工作的工人进行人身伤亡保险，并缴纳保险费，以保障工人的利益。对于建筑企业中的从业人员，不管是固定工还是合同工，不管是正式工还是农民工，不管是作业人员还是管理人员，对于任何从事有危害的工作，都要购买和缴纳意外伤害保险费。实施总包的，工伤保险应由总包企业缴纳。承保人的人身伤亡险，从施工开始到施工结束，直至施工单位通过验收为止。

二、作业人员安全生产方面的义务

建筑企业从业人员既要享受安全生产的保障，又要承担相关的安全责任。

1.. 对与安全生产相关的法律、法规和规章负有的责任

建设工程的操作人员，必须严格执行建设工程的相关法律、法规和规定。这些关于安全生产的法律、法规和规章都是在我们对安全生产的经验和教训的基础上，按照科学规律和合法程序来制定的，它们是我们在实现安全生产的根

本要求和保障，因此，必须对它们进行严格的执行，这是我们的法律责任。

2.. 按照强制性的安全建设标准、本单位的规定及作业程序的责任

建设工程的施工现场，必须严格按照建设工程的有关规定进行。建筑工程的强制性规范是确保建筑工程的结构与施工安全的最根本的条件，对这些规范的违背，将会对建筑项目造成严重的结构与施工安全威胁。建筑企业根据自己的具体条件，制订了相应的安全工作制度及安全工作规范，以保障建筑企业员工在安全工作中的利益。

施工现场的工作人员作为施工活动的主要参与者，他们的行为是否符合项目建设的强制性标准、安全生产法规以及安全操作规程，对整个施工过程的安全起到了至关重要的作用。施工人员必须严格遵循并贯彻落实工程建设强制性标准、安全生产规章制度和安全操作规程，这是其安全生产的一项根本责任。

3. 有责任适当地运用保护装置和机械设备

工作时，必须正确佩戴各种保护设备。安全防护用具是一种用于保障工人在工作中的人身安全和身体健康的防卫设备，它是由建筑企业向工人们提供的，用于保证工人们在工作中的人身安全和身体健康。各种安全保护用品都有自己独特的佩戴和使用规则，只有佩戴和使用得当，才能发挥出最大的保护效果。所以，工作人员应该对安全防护用具的构造、功能了如指掌，并掌握相关的相关知识，并在工作的时候，遵守规定，对安全防护用具进行适当的穿戴和使用。

操作工人要按规定操作机器。建设工地中的各种机械设备数量众多，种类繁多，其自动化水平较差，在设计和制造方面，其本质的安全水平还不够，因此，有很多的不安全因素。另外，施工企业的员工文化水平较差，对施工企业的产品特性认识不足，导致施工企业在施工过程中因操作不当而导致施工企业出现重大的安全事故。所以，为了避免出现机器受伤，操作工人必须对机器的结构和特性有所了解，并且要有安全操作规程和相关知识和技能。

4. 有责任在其工作岗位上进行有关安全生产的教育和训练，以获得有关安全生产的相关信息

《安全生产法》明确了“从事该职业的人员，必须经过相关的教育与训练，使其具备相应的专业技术，具备相应的专业技术，并具备相应的防范与应对措施”。从事建筑工程的从业人员，在从事建筑工程工作之前，必须经过有关部门的教育和训练；未接受过教育训练的，或接受过教育训练的，不能从事工作。

由于施工作业的复杂与多元化，施工作业中的安全知识与技术也随之变得复杂与多样。要保证安全生产，作业人员必须具有安全生产知识、技能以及事故预防和应急处理能力。要实现这一目标，就需要对企业进行必要的安全生产教育和训练。施工企业应该根据国家的相关要求，对工人进行安全生产的教育和训练，让工人们对自己的工作有更多的了解，从而提升自己的工作水平，从而提升自己的工作水平，从而提升自己的工作效率，这也是施工企业的一项安全生产职责。

第七章 安全文化

第一节 概 述

作为人类文化的一个重要组成部分，安全文化不仅属于社会文化，也属于企业文化，它属于观念、知识及软件建设的范畴。安全文化可以从更深层的层面对人的观念、道德、态度、情感和品行等产生作用，从而提升人的安全素质，从而让人的自觉行动达到对安全健康的要求。构建一个企业的安全文化，应当以健全的安全技术措施和管理措施为前提，营造出一种能够提升员工的安全素质的气氛与环境，并将其融入企业的各项工作当中。

在现代科技不断发展、科技不断发展的今天，转变原有的安全管理方式，转变人们对安全理念的认识，已成为现代企业发展的必然趋势。安全文化对提高企业安全管理水平，有效预测和预防事故发生，保证安全生产具有重要意义。

一、安全文化内涵

（一）文化

“文化”这一术语，从更广泛的意义上讲，是指在人类的历史活动中，人们在一定的时间内，在一定程度上形成了一种既有物质又有精神的财富的总和。从狭义上讲，它是一个人的思想观念及其相应的体制与组织。人们在特定的社会环境中进行着各种活动，而这些活动又与其所处的社会环境密切相关。

（二）安全文化

安全文化这个词的含义和外延非常广泛。对企业的安全文化，可以分为“宽”与“窄”两大类。

在更广泛的意义上，“安全文化”指的是人类在生产、生活的实践中，为保证自己的身体、心理、身体的健康，而创造的一种安全的物质财富和一种安全的精神财富的总和。具体可以从三个角度进行表达。一是在社会发展的过程中，在向自然界获取生活、生产资料活动的时候，为了保护自己不受到意外伤害，而创造的各类物态产品及所形成的意识形态领域成果的总和。二是指人们在生产生活过程中所产生的精神状态、意识状态、行为状态及物质状态。三是体现了企业对企业的安全价值观念与行为准则。

作为安全文化的开创者，国际核安全咨询组（INSAG）给出了一个较窄的界定：安全文化是指存在于单位和个人中的各类品质和态度的总和。英国卫生和安全委员会的核设施安全顾问委员会修改了 INSAG 的概念，提出：一个单元的安全文化是个体和集体的价值观、态度、能力和行为模式的结合，是由卫生和安全的承诺，工作风格，以及对卫生和安全的掌握所决定的。这两种界定实质上是将人的精神修养、人的素养等局限于“人”的层面，属于狭义的“人”的范畴。安全文化具体表现为每一个人、每一个单位、每一个群体对安全的态度、思维程度以及所采取的行为方式，它是一种将人放在第一位，对人的身心健康进行保护，对人权和人的生命进行尊重，从而实现人的价值的文化。

二、安全文化概念产生的背景

随着人们的生产生活，各种安全问题也随之出现。在奴隶制的社会中，尽管生活方式比较简单，但是也存在着一定的安全隐患，只是他们的主人并没有把他们放在心上。在工业革命之后，伴随着企业的不断发展和企业的不断壮大，企业的经营管理也逐渐成为企业经营管理中的一个重要课题。当今世界，“以人为本”的管理思想已经引起了一场全球性的管理变革。20世纪初期，英国从“安全第一”开始，就开始倡导和发展安全经营理念，建立了以经理与员工为主体的“安全理事会”。尤其是核电的发展，对运行中的安全性提出了更高的要求。

我国的企业在发展过程中，对企业的管理和企业的管理都存在较多的关注。基于对切尔诺贝利泄露事件中人类活动影响的分析， IAEA 于 1986 年正式确立了“安全文化”这一理念，并对它进行了科学的界定。而且，从客观上讲，一种安全文化已经很久了，只是由于这次的灾难才使得它显得更为必要。1991 年，由美国原子能与安全顾问小组出版的《安全文化》一书，对其含义与特点，对其对决策层、管理层与执行层的不同需求进行了较全面的论述。为方便推广和推广，该书通过一套问题式和质化的方法，对各层级应当实现的安全教育水平进行量化评价，以期在推广过程中安全度方面发挥积极的效果，将“安全文化”这个抽象的理念转化为具有实际应用意义的理念。《安全文化》将其界定为：“企业与个体所具有的各种性格与行为的总和”。这个定义具有很高的普遍性和很大的意义。清楚地阐明了企业的安全文化不仅是一种观念，更是一种制度；这个问题不仅涉及工作单位，也涉及自己。企业的安全文化与员工的文化素养、思维方式、工作态度、工作风格密切相关。

自从“安全文化”这一理念被提出来以来，受到了国内外许多国家的高度关注。在发达国家及新兴经济体中，通过大力推行安全文化，使人民群众的安全素养得到了显著的提升，因而对企业的安全生产起到了很好的作用。例如，韩国工业安全局于 1987 年开始大力推行平安文化，以加强民众的平安观念，90 年代更设立平安文化促进中心，以首相为会长。随着国家的大力倡导，很多企业都把安全文化作为自己的一项主要内容，并建立起具有自身特点的企业安全文化。韩国在经历了多年的改革与发展后，其企业数目与规模逐年增加，而其企业的安全事故发生率则逐年降低。

在我们国家，安全文化的建设与发展，首先是从核安全方面入手的，然后逐步向各个行业延伸。1994 年 3 月，由国家紧急事务办和中国核工业学会共同主办，并于 1995 年 4 月，在北京举行了一次由 100 多名专家、学者组成的“国家安全文化高峰论坛”，并提交了一份《中国安全文化发展战略建议书》。《关于制定〈21 世纪国家安全文化建设纲要〉的建议》也是一些专家和学者在 1997 年再次发表的，并获得了相关主管机关的批准。当前，安全文化的影响力已经由企业安全文化向企业安全文化、城市安全文化和社区安全文化等方面延伸，对提升我国人民的安全文化水平发挥着重要作用。

三、安全文化的特征

安全文化的基本特点如下。

（1）实践性。企业的安全文化产生于企业的经营活动，并对企业的经营活动起到导向作用。安全文化并非无中生有，而是源于人们在生命观念和安全观念的影响下，对自然和社会进行了长期的认知、适应和变革。在这个过程中，主体和客体都发生了变化。

（2）系统性。在对企业的管理中，企业的管理是一个系统工程，它注重企业文化的整体构建，并寻求企业文化的和谐与发展。而在此基础上，以文化的方式将企业的安全终极目的转化为一种社会性的价值体系，从而使这种目的得以实现。

（3）人本性。“以人为本”是企业安全文化的中心，是企业安全生产中体现人类安全价值的重要内容。人是文化创新的基础。安全价值观是人类在生理安全、社会安全和自我价值实现三个层面上的需要与概念。

（4）全面性。企业的企业和个人的企业都要参与到企业的管理之中。在现实生活中，通过对全过程的全面的、全面的、全的、全过程的管理，来解决各类的安全问题。

第二节 企业安全文化的结构和形式

一、企业安全文化的结构

企业安全文化，就是企业的职工在长期的工作中，通过预防事故，抵御灾害，创造一个安全、文明的工作环境，从而创造出的一种安全、文明的工作环境。安全文化是人们对安全的认识、信念、习惯、职业道德和价值的综合体现。安全文化作为企业的一个重要组成部分，是企业生产和安全管理现代化的一个重要特点。它包括心理安全文化，行为安全文化，制度安全文化，物质安全文化。

企业安全文化包括了三个层面。第一个层面，也就是表层的企业安全文化，它是一种可以看到的形式，听到的声音的文化现象，比如企业的厂容、厂貌、厂风、厂纪、安全文明生产等。第二个层面是中等规模的企业安全文化，它是一个企业的安全管理系统，它包含了企业内部的组织机构，管理网络，内部组织机构的分工，以及企业的安全工作体系和规定。第三个层面，也就是深度的企业安全文化，它是一种被沉淀在企业和工人内心深处的安全思想，比如安全思维方式、安全行为准则、安全道德观、安全价值观等，它是企业员工对问题的反应和情绪的认可。

在这三个层面之中，最主要的是深层的企业安全文化，它决定着企业员工的行为倾向，而表层和中层的企业安全文化的现状也会对深层的企业安全文化产生反作用。

二、企业安全文化的表现形式

而安全文化则是一种对传统的、陈旧的、不完善的、不科学的、不合理的安全理念进行改造、创新、创新，实现了“合理”的、“不合理”的安全体系与“不合理的”安全意识的统一。在企业内部，企业内部的安全文化主要体现在两个层面：一是企业内部的制度，即企业内部的管理行为；二是对融入以上制度并受益于社会各界人士持有的心态。在企业的安全文化中，企业的决策层、企业的管理者和员工都有各自的需求，并对企业的各层级在企业的安全工作中所应担负的职责和义务做出了清晰的界定。

第三节　企业安全文化的作用

强化企业安全文化建设，可以有效地提升员工的安全文化素养，更新员工的安全理念，进而推动企业的安全生产。在进行企业安全生产文化的过程中，可以将企业的决策层、管理层和全体员工都培养成为具备现代安全观的安全生产者，进而将其转化为安全生产力。

（一）创造安全生产的氛围

企业的决策者和管理层利用先进典型来引领员工，利用事故案例来警示员工，利用规章制度来规范员工，通过言传身教来感化员工，营造出一种“谁遵守了安全行为规范，谁就会受益，谁违反了安全行为规范就会受到惩罚”的管理氛围，通过教育、宣传、奖惩、营造群体氛围等方式，坚持下去，持续改善员工的安全意识和行为，让员工从被迫服从管理规定的被动执行，变成了积极、自觉地按照安全需求行事，也就是从“要我遵章守纪”变成“我要遵章守纪”，让员工的总体安全素养有了很大的提升。

（二）强化安全意识，不断更新安全观念

在对安全文化进行广泛的宣传和教育过程中，能够让员工逐渐建立起一种正确的安全意识、态度和信念，从而建立起一种具有科学性的安全道德、理想、目标、行为准则等，从而为企业的生产经营活动和员工的生产生活提供了一种正确的指引。向员工提供适应改革、开放、进取的安全新观念和新意识，让其对安全的价值和作用有一个正确的认知和理解，以新的安全理念来引导自己的活动，对自己的安全生产行为进行规范。

（三）进一步凝聚职工的思想和行为

“以人为本”“尊重人权”“关爱生命”的公共安全文化，是保障员工生命与生命的一种重要的思想依据。以安全文化知识的普及、宣传与教育，营造人人关心生命与安全的良好风气。在安全文化的作用下，职工的思想、意识情感和行为规范会在潜移默化中产生趋同性，对安全文明生产及企业的发展有一个准确的认识和共同的观点，进而将员工的思想团结起来，在企业的发展进程中形成强大的合力。

（四）有效约束职工的安全生产行为

在进行安全文化的宣传和教育过程中，可以让员工深化对安全法律法规、标准规范和企业安全法规规定的了解，并在此过程中，主动地进行安全知识和操作技巧的学习，从而建立起对安全的工作和生活的思想、观念及行为准则。

（五）促进企业步入安全高效的良性状态

以构建安全文化为手段，制定并健全企业的安全管理制度，构建安全保证系统，加强对安全的宣传、教育与培训，提升企业抵抗安全意外的能力，推动企业进入一个安全、有效的良好环境，从而提升企业的总体安全质量。

结果表明，仅仅依靠改进安全设备是不够的。仅靠装备是无法保障企业的安全、有效、有序运转的，更需要高层次的管理，高质量的员工。企业要想提升企业的安全管理能力，提升企业的员工的安全素养，首先要建立企业的安全文化。

第四节　企业安全文化的建设

一、企业安全文化建设的原则

（一）企业安全文化建设要有系统性和科学性

企业安全文化的构建不仅包括了安全科学、安全教育、安全管理、安全法制等方面的内容，还包括了安全技术、生产设施、安全工程等方面的内容，这就让企业的安全管理措施和手段更加具有体系性。从传统的安全经营方式向本质安全和超前预防的安全经营方式转化，使安全经营更加科学。

在构建企业安全文化的过程中，可以让企业的安全管理方式迅速地从传统的安全管理方式向现代化的科学管理方式转变，从而为企业创造出一个更好的安全环境，从而推动企业稳步、迅速地发展。

（二）企业安全文化建设要体现“以人为本”的思想

据有关数据显示，在我国建筑业中，安全事故发生率较高。“三违”行为的发生，与员工的安全文化素养有着密切的联系，所以，加强对员工的管理，加强对员工的培训，是做好企业的一项重大举措。

在安全文化的构建中，应坚持“以人为本”的原则，对决策层、管理层和员工进行安全意识、安全态度和安全行为的培养，使人们的安全价值观和安全文化素养得到充分发挥，培养人们的思想意识，从而激发人们对安全的关注和对安全工作的不断改善。通过安全文化来对安全进行培养、激发、塑造、熏陶，让安全渗透进人的内心，让安全在他们的内心中产生质变，让他们能够做到安全自律，从而自然而然地培养出一种善待人生，爱护生命，我要安全的品格。

（三）企业安全文化建设要体现在全员、全过程的安全管理上

安全生产是一项系统工程，对全过程的安全工作实行全员安全管理，是保证安全工作顺利进行的关键。要做到这一点，仅凭几个人的力量是不够的，而需要全体员工的力量，如员工的安全知识、安全技能、安全意识、安全观念、安全装置、安全施工工艺、生产设施设备、机械、材料、工作环境等，这些都不是几个人的力量能够完成的，而要做到这一点，就需要全体员工的力量，运用“人因工程”的方法，来克服“三违”现象，消除安全隐患，降低安全风险，控制安全的问题。

（四）企业安全文化的建设要体现“预防为主”的方针

安全文化从“听天由命”到“亡羊补牢”再到“系统安全”，伴随着高科技的持续发展和运用，人类的安全意识已经步入了“本质安全理论”时期，在此基础上，高科技安全理念和方法推动了传统行业和科技行业安全措施和措施的发展，并逐渐形成了以本质安全、超前预防为主的现代化安全文化。

“安全第一，预防为主”是我国的安全生产方针，这也是目前各企业安全管理期望达到的目的。以预防性安全管理为核心的现代化安全管理模式，是防止事故发生的一项基本项目，而安全文化的构建，将促进企业的安全管理工作在实际工作中得到加强和改进，从“事故处理，事后预防”到“本质安全，提前预防”的转变，使企业的安全观念和经营方式发生质变，从而使企业在“预防为主”的道路上得到发展。

二、企业安全文化建设的途径

在进行安全文化建设的时候，需要立足于本单位的具体情况，对本单位的文化背景进行综合研究，对在机制转变的过程中，员工价值观念的导向以及他们的心理承受力进行客观的分析，对目前安全生产的现状以及对事故隐患的失控风险进行分析，并根据自身的优势进行合理的引导，从而在最短的时间内推进安全文化的建设。企业必须把现行的安全管理内容、方法、观念及效果放到市场的环境中，重新认识、重新评价，对传统的安全管理方式进行合理的处理，用当前和将来的价值观与以往的观念进行同化，从而使安全思想、安全规章制度和安全管理机制得到普遍认可，并以安全生产为目的，有重点、有次序地进行安全文化的构建。

（一）通过宣传活动，提高各层次人员的安全意识

从安全工作的主体角度来看，人是为了确保企业的正常运行，预防事故的发生而所采取的所有措施和行为的计划者、执行者、控制者。但是，人通常也是事故的引发者、责任的承担者、后果的受害者。为此，我国企业的企业安全管理必须重视人的影响，并重视企业内部原因对企业安全保障的影响。

要想把安全工作落实到位，最重要的还是要靠人，人的安全意识的高低，将会直接关系到企业的安全生产。一个有强烈安全观念的人，一定会按照规定去做。相反，一些安全观念薄弱的人，往往不注意安全，违反规定，造成了很多的事故。为此，要将加强对员工的安全观念教育，当作企业安全文化的一个重要组成部分。

企业可以使用音像制品、报刊、读本等多种宣传媒体，具体包括：安全演讲会、事故案例分析会、安全技术交流会、安全表彰会、安全知识讲座等。企业还可以组织“安全生产月”、“百日安全竞赛”、“创建安全文明工地”、安全知识竞赛、歌咏文艺演出等活动。在施工现场，可以使用黑板报、宣传栏、标语、横幅等宣传媒体。企业还可以开展创建安全先进班组、争当安全生产标兵、安全漫画、安全主题活动日等活动，来实施企业安全文化，并提倡“生产必须安全”的观念。随着时间的推移，随着时间的推移，随着时间的推移，各级（决

策层、管理层、员工层）的安全意识将会不断提升。

（二）通过教育培训，提高职工的安全素质

在企业中，进行安全文化建设的土壤就是员工，员工所受教育的程度、知识水平的高低、业务能力的强弱等基本文化素质，都与安全文化工作的开展有很大关系。通过对人员死亡和死亡的经验总结，发现人员的文化和技术水平较差，缺少安全知识是造成人员死亡的主要因素之一。加强员工的职业技能培训，是加强员工的职业技能培训，促进员工的职业技能培训，提升员工的职业技能水平。有了高质量的员工，才能提高企业的文化品位，增强企业的安全意识，提高企业的工作技术，提高企业的自我保护水平。所以，要努力提升员工的思想政治素质、职业道德素质、专业技术素质以及遵纪守法素质，从而营造出一个持续稳定的安全生产环境，这就是安全文化建设所追求的目标。

对员工展开企业安全文化教育，可以采用三级安全教育、季节性安全教育、节假日安全教育、转场和转岗安全教育、年度安全教育培训和经常性的安全教育等各种方式，对员工展开包括了安全知识、安全技术、安全管理及安全科技等方面的具有丰富内涵的安全教育培训，从而提升各个层次员工的安全综合素质。

（三）通过制度建设，统一职工的安全行为准则

建筑是一个劳动力密集的产业，它具有大量的农民工，他们的质量很高，他们的安全意识很弱，他们对安全生产的规律和重要程度的理解比较落后，因此，在构建和完善他们的安全生产制度和工作流程方面，建筑企业可以在某种程度上保证他们的安全文化的稳定和持续。并在此基础上，组织相关单位完善相关的制度和程序。利用这样一项活动，可以将企业各个层级的工作人员从理论到实际工作，展开深入、详细的探讨和学习，最终达到统一认识、统一企业安全价值观的目标。用企业的安全法规来对员工的安全行为进行规范，对个体的行为和人际关系进行规范，并将企业统一的安全行为准则付诸实施。

（四）通过全员参与，营造安全文化氛围

安全文化融合了现代企业经营理念、管理方式、价值观念、群体意识、道

德规范等多个方面的内容，构建安全文化是一个非常复杂的系统工程，它要求各方面都要积极地投入到工作中去。决策层不仅是安全文化构建的组织者，而且还是被教育者。决策层应该主动地对安全生产的相关法律、法规进行研究，对“安全责任重于泰山”的观念有一个深刻的认识，认真地将自己的安全责任落实到位，在把所有的安全技术措施和安全管理都做好的前提下，积极地提倡并全力支持企业的安全文化，在对自己的行动进行严格的监督的前提下，要在安全文化的制约下对自己的行动进行规范，从而提升自己的安全素养和安全决策的能力。在构建安全文化方面，管理层是一个非常关键的环节，管理部门要持续地提升自己的安全管理能力，持续地对所有的安全管理体系以及安全作业流程进行改进，将安全文化建设当作是将物质文化与精神文明建设结合起来的最好的地方，组织起一系列的、能够让雇员们喜欢的安全文化活动，让他们能够在一定程度上起到引导公众的宣传和引导的效果，对安全生产方面的典型经验进行及时的宣传，将一些不安全的行为公之于众，对安全知识进行宣传，传播安全文化观念，形成一种良好的安全文化氛围。建立企业的安全文化，要使企业的每一位雇员时时、处处、事事都牢记于心，并将其付诸实际，使每一位雇员都能够“自主管理”，并自觉地遵循企业的各种规定和工作流程，以“不危害他人”为己任。

在全体员工的齐心协力中，营造出一个“每个人都爱安全，每个人都会懂得安全，每个人都会维护安全”的安全文化。

参考文献

[1] 荣瑞兴 . 新形势下水利建设工程质量监督管理与创新模式 [J]. 世界热带农业信息，2021（8）：66-67.

[2] 陈武云 . 政府监督视角下工程质量安全监督管理问题及对策 [J]. 建筑与预算，2021（7）：41-43.

[3] 张有平 . 对农田水利工程建设质量监督管理的思考 [J]. 农业科技与信息，2021（14）：93-95.

[4] 郝飞行，刘珊珊，钟景 . 强化石油天然气长输管线安全管理建设思考 [J]. 化工设计通讯，2021，47（7）：15-16..

[5] 张德福 . 建设工程实体质量监督检测工作探讨 [J]. 智能城市，2021，7（13）：86-87.

[6] 李丽 . 水利灌溉工程建设质量与安全管理探析 [J]. 农家参谋，2021（13）：169-170.

[7] 黄亮清，吴家慧 . 借鉴德国经验探索工程质量监督改革 [J]. 工程质量，2021，39（7）：1-6.

[8] 王军，王楚，陈思远，等 . 电力建设工程中的质量管理与安全管理研究 [J]. 中国设备工程，2021（13）：10-11.

[9] 巩小龙 . 农村公路建设工程质量监督与管理探究 [J]. 科技视界，2021（19）：164-165.

[10] 张锦堂 . 安消一体化安全管理体系建设研究 [J]. 电脑知识与技术，2021，17（19）：145-147.

[11] 杨启福 . 青海水利工程质量监督情况分析及思考 [J]. 人民黄河，

2021，43（S1）：243-244.

[12] 邢正江 . 浅析建筑管理中加强工程质量监督的方法和途径 [J]. 建筑与预算，2021（6）：50-52.

[13] 苏虎 . 煤矿建设工程质量监督及控制研究 [J]. 能源与节能，2021（06）：49-50，52.

[14] 樊欣 . 政府监督与施工、监理企业在建设工程质量安全管理中的博弈分析 [D]. 乌鲁木齐：新疆大学，2020.

[15] 唐建昌 . 交通建设工程质量监管研究 [D]. 成都：西南交通大学，2014.

[16] 唐绍明 . 建设工程质量安全政府监督管理模式及机制研究 [D]. 杭州：浙江大学，2013.

[17] 潘玉成 . 越南与中国政府建筑工程管理比较研究 [D]. 广州：华南理工大学，2013.

[18] 李国孝 . 煤矿建设工程质量监督及其控制研究 [J]. 科学之友，2012（13）：33-34.

[19] 湖北省建设工程质量安全监督总站 . 建设工程质量管理研究湖北省建设工程质量安全监督总站 [M]. 武汉：华中科技大学出版社，2012.

[20]《浙江通志》编纂委员会 . 浙江通志第 35 卷质量技术监督管理志 [M]. 杭州：浙江人民出版社，2019.

[21] 韩国波 . 建设工程项目管理 [M].2 版 . 重庆：重庆大学出版社，2017.

[22] 蔡军兴，王宗昌，崔武文 . 建设工程施工技术与质量控制 [M]. 北京：中国建材工业出版社，2018.

[23] 杨兴荣，姚传勤 . 建设工程项目管理第 2 版 [M]. 武汉：武汉大学出版社，2017.

[24] 代红涛 . 框架结构工程项目施工技术与安全管理研究 [M]. 郑州：黄河水利出版社，2019.

[25] 复旦大学审计处 . 建设工程管理审计知识读本 [M]. 上海：复旦大学出版社，2018.

[26] 蔡健 . 建设工程质量安全技术监督管理 [M]. 北京：中国建筑工业出版社，2004.

[27] 环球网校一级建造师命题研究组 . 建设工程项目管理 [M]. 北京：中国

建材工业出版社，2015.

[28] 郑洁 . 建筑工程管理中加强质量监督的措施探讨 [J]. 四川建材，2020，46（5）：203-204.

[29] 李会义，李宇晴 . 加强工程质量监管队伍建设的思考 [J]. 工程质量，2020，38（5）：21-23.

[30] 金小溶 . 高层办公楼装饰装修工程质量监督和管理要点 [J]. 城市建设理论研究（电子版），2020（13）：23.

[31] 朱双鹏 . 工程质量监督人员如何严守工程质量最后一道防线 [J]. 中国石油和化工标准与质量，2020，40（7）：38-39.

[32] 丁强 . 浅谈交通工程质量监督管理 [J]. 现代物业（中旬刊），2020（3）：74-75.

[33] 李驰 . 水利工程质量监督管理存在的主要问题及对策研究 [J]. 科技风，2020（6）：186-187.

[34] 柴建业，张亚歌 . 水利工程建设质量监督管理分析 [J]. 中国设备工程，2020（4）：227-229.

[35] 张旭 . 装配式建筑质量监督管理的模式和要点分析 [J]. 重庆建筑，2020，19（2）：27-30.

[36] 杨雪松 . 石油化工建设工程质量监督新模式探讨 [J]. 花炮科技与市场，2020（1）：95.

[37] 李晓卿 . 房屋建筑工程管理质量管理控制 [J]. 四川建材，2020，46（2）：231-232.

[38] 张还清 . 建设工程质量监督管理探索 [J]. 建材与装饰，2020（4）：212-213.

[39] 邬天明 . 建设工程质量监督管理方法与模式创新 [J]. 居舍，2019（36）：154.

[40] 郑敏 . 水利工程质量监督工作探究 [J]. 吉林农业，2019（24）：60.

[41] 徐建伟 . 浅谈建设工程质量安全监督工作 [J]. 四川水泥，2019（12）：200.